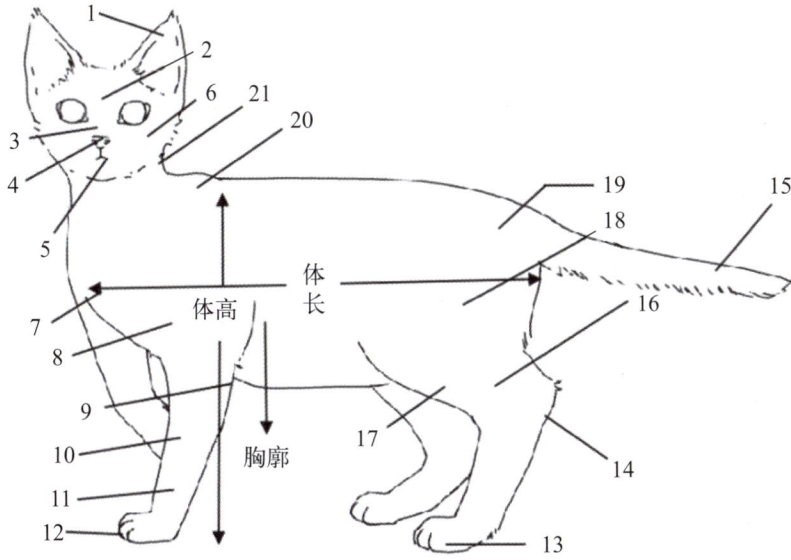

图1 猫的各部位名称

1.	12.
2.	13.
3.	14.
4.	15.
5.	16.
6.	17.
7.	18.
8.	19.
9.	20.
10.	21.
11.	

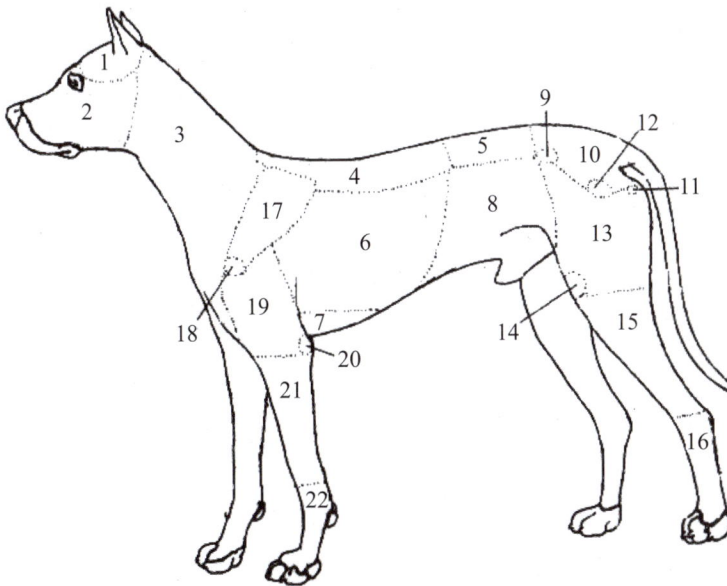

图2 犬的各部位名称

1.	12.
2.	13.
3.	14.
4.	15.
5.	16.
6.	17.
7.	18.
8.	19.
9.	20.
10.	21.
11.	22.

体高　体长　胸廓

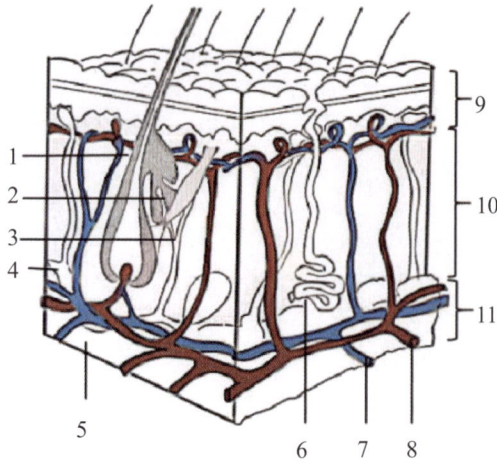

图3 皮肤的结构图

1.
2.
3.
4.
5.
6.
7.
8.
9.
10.
11.

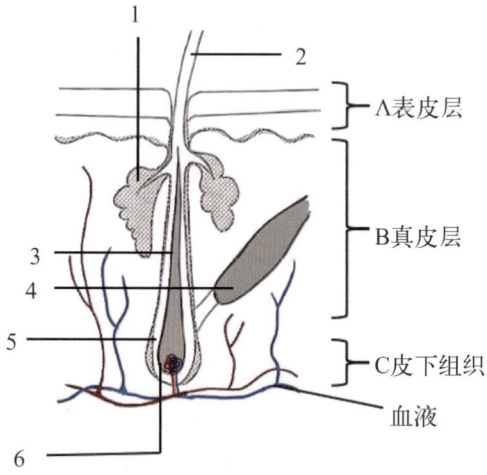

图4 毛的结构图

1.
2.
3.
4.
5.
6.

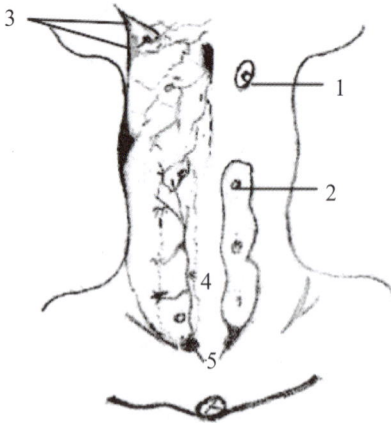

图5 犬乳腺位置

1.
2.
3.
4.
5.

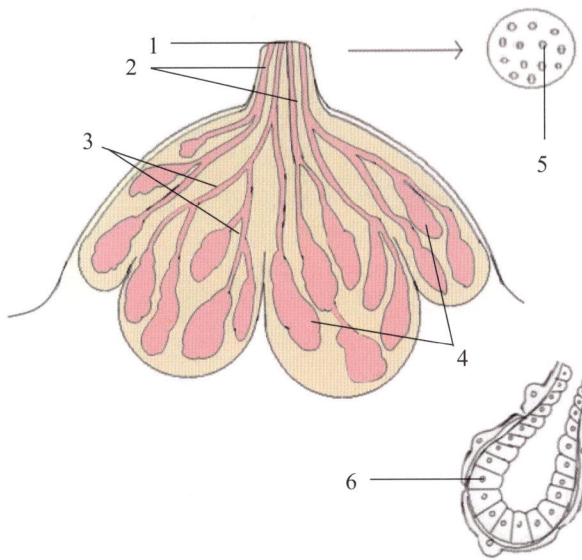

图 6　犬乳腺结构图

1.

2.

3.

4.

5.

6.

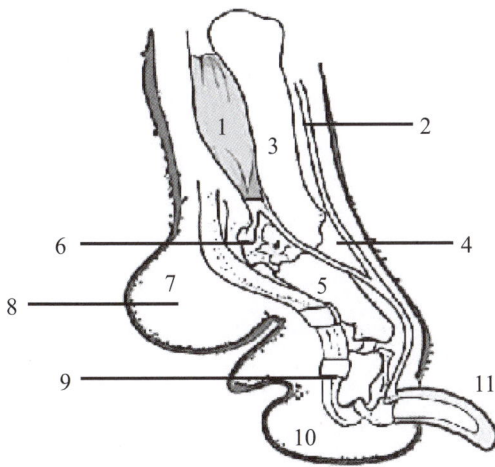

图 7　犬前脚的纵切面

1.

2.

3.

4.

5.

6.

7.

8.

9.

10.

11.

图 8　长骨结构图

1.
2.
3.
4.
5.
6.
7.
8.
9.

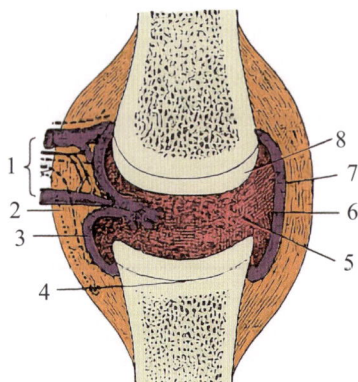

图 9　关节构造模式图

1.
2.
3.
4.
5.
6.
7.
8.

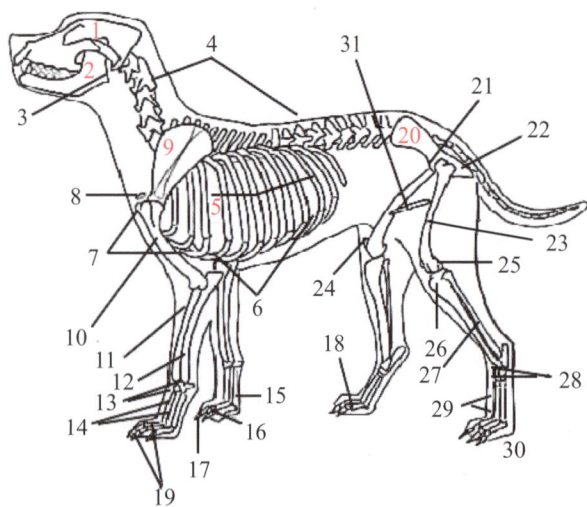

图 10　犬的整体骨骼模式图

1.	12.	23.
2.	13.	24.
3.	14.	25.
4.	15.	26.
5.	16.	27.
6.	17.	28.
7.	18.	29.
8.	19.	30.
9.	20.	31.
10.	21.	
11.	22.	

图 11　犬的头骨背面结构

1.　　　　　　　8.
2.　　　　　　　9.
3.　　　　　　　10.
4.　　　　　　　11.
5.　　　　　　　12.
6.　　　　　　　13.
7.

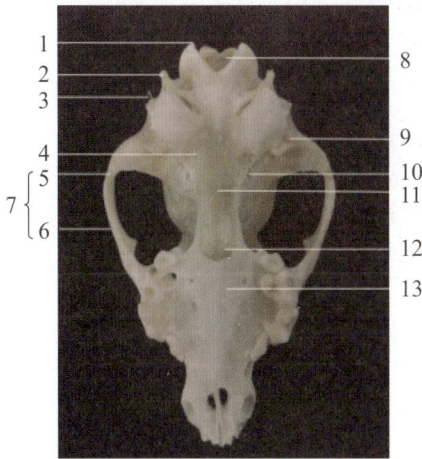

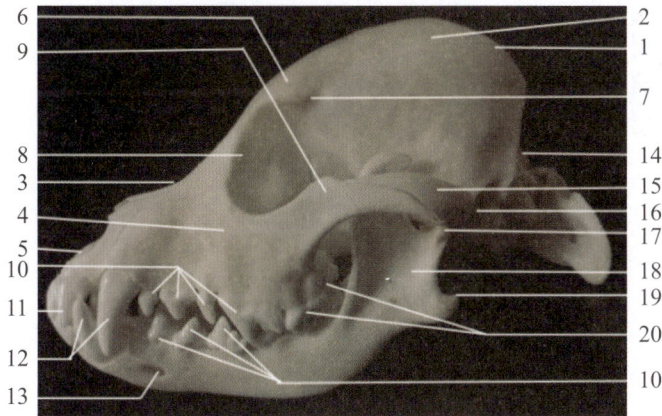

图 12　犬的头骨腹面结构

1.　　　　　　　8.
2.　　　　　　　9.
3.　　　　　　　10.
4.　　　　　　　11.
5.　　　　　　　12.
6.　　　　　　　13.
7.

图 13　犬的头骨侧面结构

1.　　　　　　　11.
2.　　　　　　　12.
3.　　　　　　　13.
4.　　　　　　　14.
5.　　　　　　　15.
6.　　　　　　　16.
7.　　　　　　　17.
8.　　　　　　　18.
9.　　　　　　　19.
10.　　　　　　20.

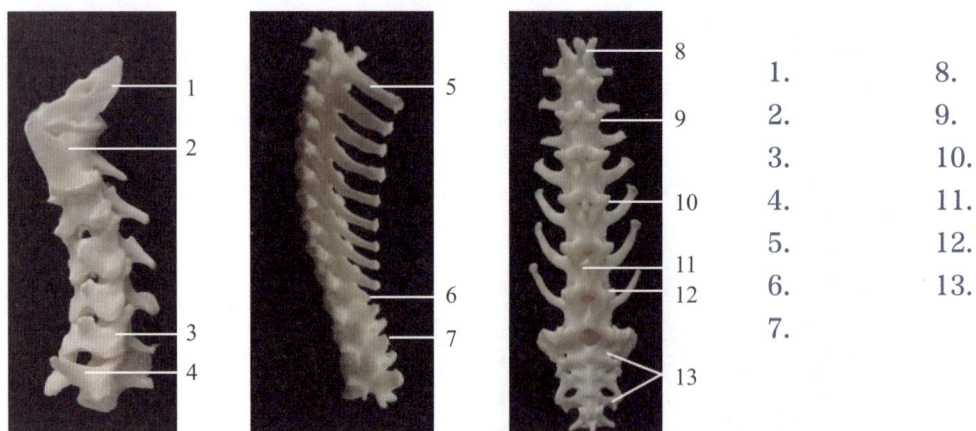

图 14　犬的颈椎、胸椎、腰椎及荐椎构造

1.	8.
2.	9.
3.	10.
4.	11.
5.	12.
6.	13.
7.	

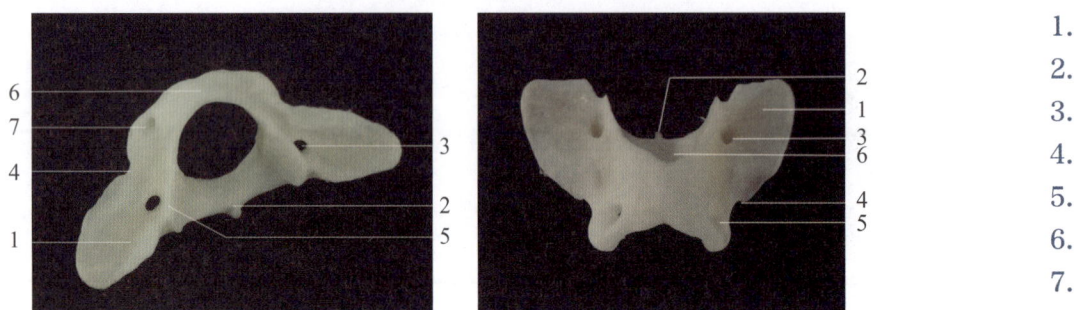

图 15　犬的寰椎构造

1.
2.
3.
4.
5.
6.
7.

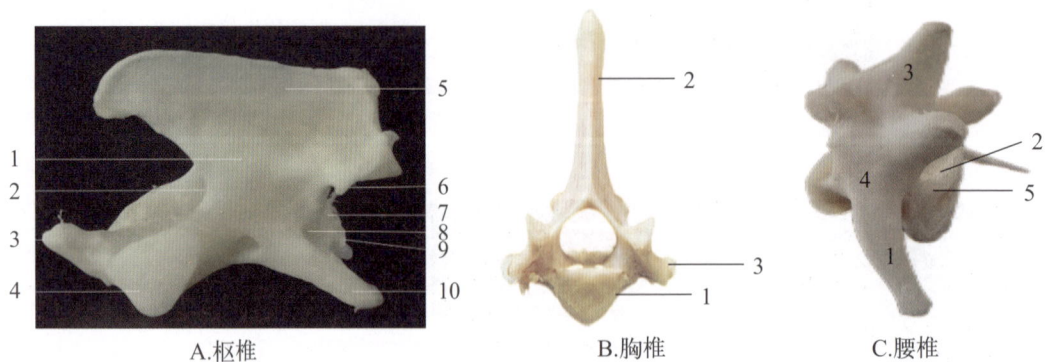

A.枢椎　　　　　　　B.胸椎　　　　　　　C.腰椎

图 16　犬的枢椎、胸椎和腰椎构造

A. 枢椎		B. 胸椎	C. 腰椎
1.	6.	1.	1.
2.	7.	2.	2.
3.	8.	3.	3.
4.	9.		4.
5.	10.		5.

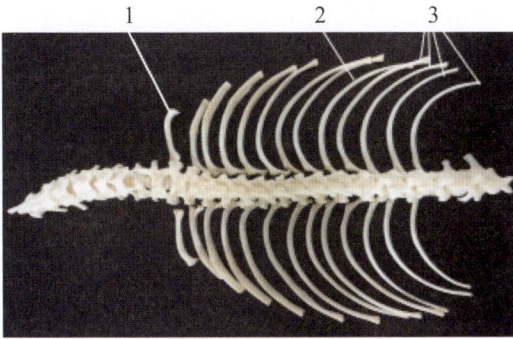

图17　犬的肋骨背面构造

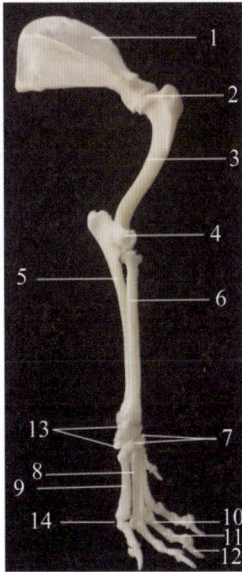

图18　犬的右前肢外侧骨骼及关节构造

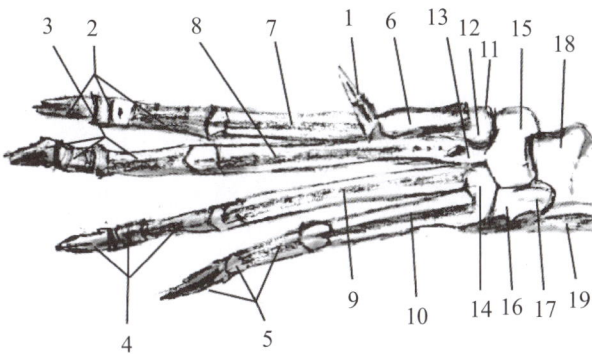

图19　犬的左前脚部构造

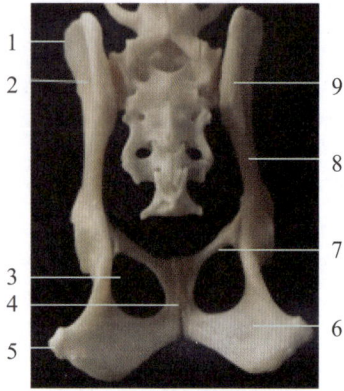

图 20　犬的髋骨背面构造

1.

2.

3.

4.

5.

6.

7.

8.

9.

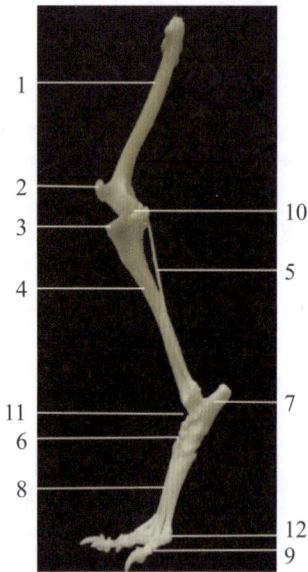

图 21　犬的后肢骨及关节构造

1.

2.

3.

4.

5.

6.

7.

8.

9.

10.

11.

12.

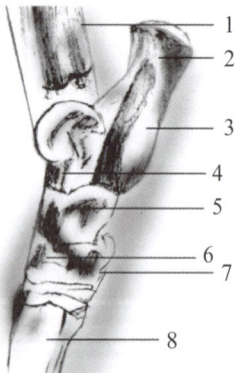

图 22　犬的后肢跗骨构造模式图

1.

2.

3.

4.

5.

6.

7.

8.

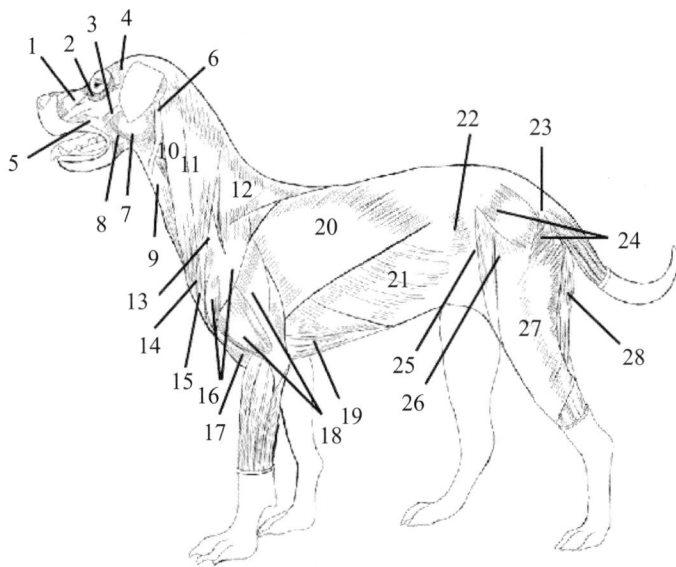

图23 犬浅层肌肉解析图

1.		15.	
2.		16.	
3.		17.	
4.		18.	
5.		19.	
6.		20.	
7.		21.	
8.		22.	
9.		23.	
10.		24.	
11.		25.	
12.		26.	
13.		27.	
14.		28.	

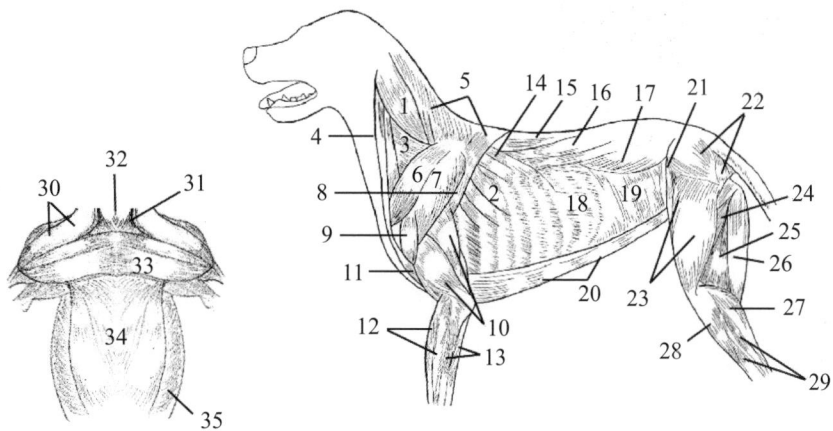

图24 犬深层肌肉解析图

1.	2.	3.	4.	5.
6.	7.	8.	9.	10.
11.	12.	13.	14.	15.
16.	17.	18.	19.	20.
21.	22.	23.	24.	25.
26.	27.	28.	29.	30.
31.	32.	33.	34.	35.

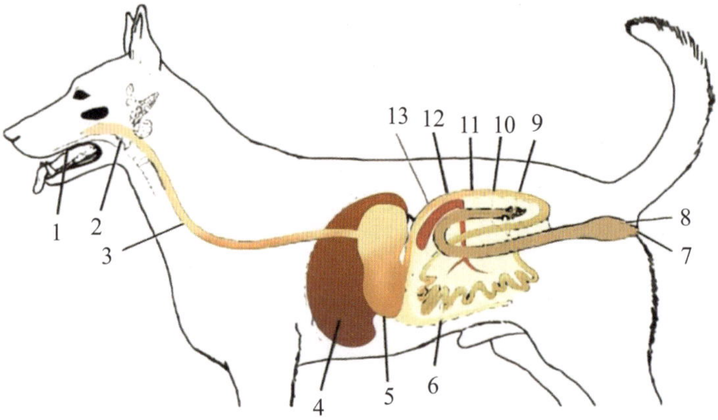

图 25　犬消化系统的组成

1.　　　　　　8.
2.　　　　　　9.
3.　　　　　　10.
4.　　　　　　11.
5.　　　　　　12.
6.　　　　　　13.
7.

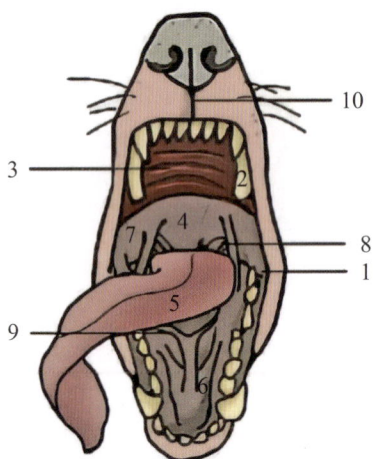

图 26　犬口腔底和舌结构

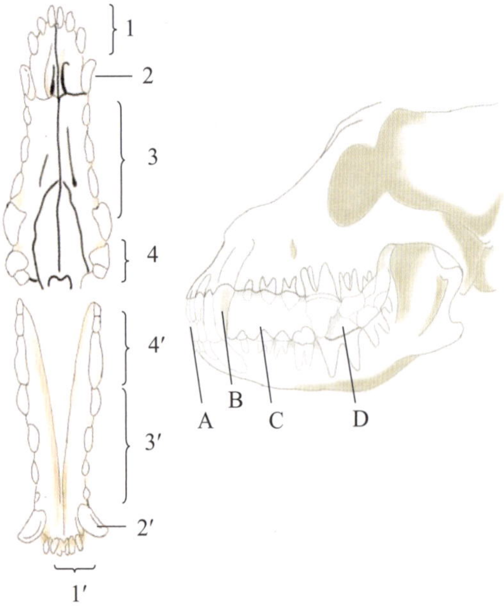

1.
2.
3.
4.
5.
6.
7.
8.
9.
10.

图 27　犬牙齿的组成及数量

A.　　　　　　1.
B.　　　　　　2.
C.　　　　　　3.
D.　　　　　　4.
　　　　　　　1'.
　　　　　　　2'.
　　　　　　　3'.
　　　　　　　4'.

图 28　犬牙齿构造

A.
B.
C.

1.
2.
3.
4.
5.
6.
7.
8.

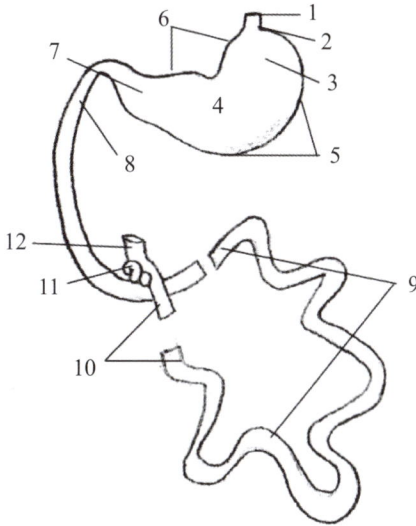

图 29　犬胃和肠结构

1.
2.
3.
4.
5.
6.
7.
8.
9.
10.
11.
12.

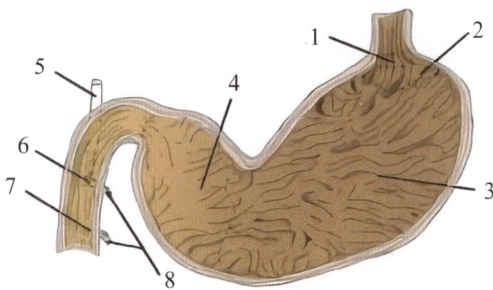

图 30　犬胃内部构造

1.
2.
3.
4.
5.
6.
7.
8.

图 31　犬各段肠管结构

1.　　　　　　　8.
2.　　　　　　　9.
3.　　　　　　　10.
4.　　　　　　　11.
5.　　　　　　　12.
6.　　　　　　　13.
7.　　　　　　　14.

图 32　犬肝脏分叶图

1.　　　　　　　1'.
2.　　　　　　　2'.
3.　　　　　　　3'.
4.
5.

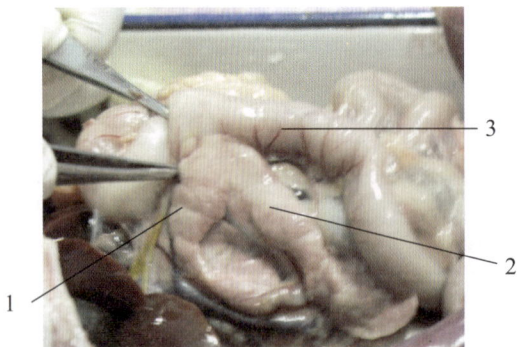

图 33　犬胰腺分叶图

1.
2.
3.

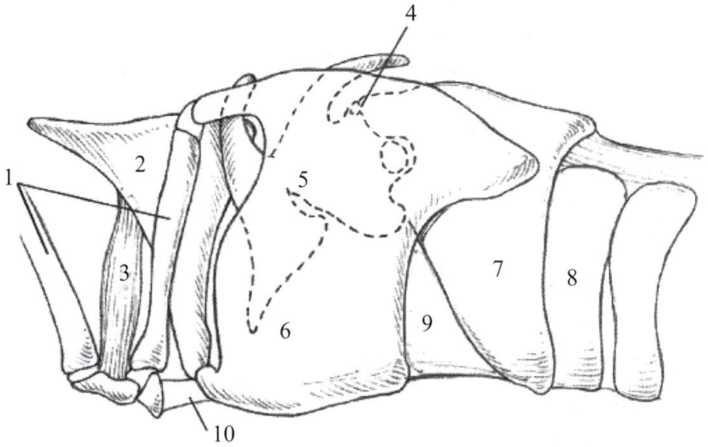

图34 犬的喉结构

1.   2.   3.   4.   5.

6.   7.   8.   9.   10.

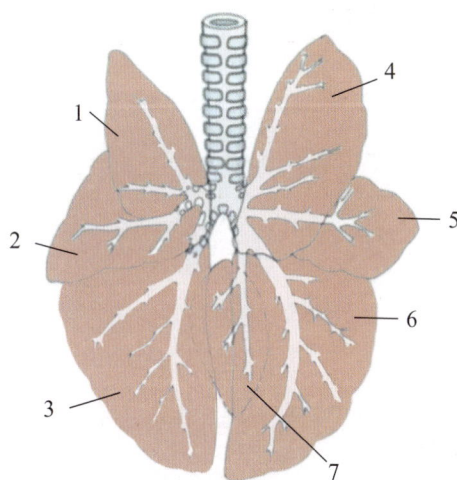

图35 犬肺的分叶

1.   2.   3.   4.   5.

6.   7.

图 36　犬心脏纵剖面（经肺动脉）模式图

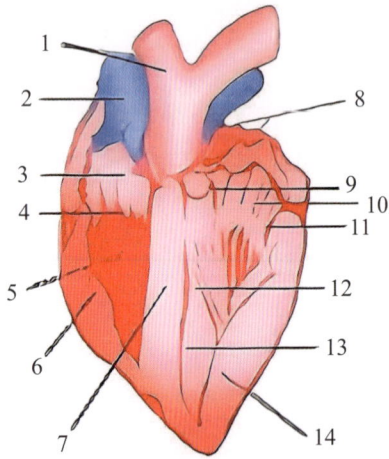

1.　　　　　　　7.

2.　　　　　　　8.

3.　　　　　　　9.

4.　　　　　　　10.

5.　　　　　　　11.

6.　　　　　　　12.

图 37　犬心脏纵剖面（经主动脉）模式图

1.　　　　　　　8.

2.　　　　　　　9.

3.　　　　　　　10.

4.　　　　　　　11.

5.　　　　　　　12.

6.　　　　　　　13.

7.　　　　　　　14.

图 38　犬心脏传导系统模式图

1.

2.

3.

4.

5.

6.

7.

图 39 犬的体循环血管分布

1.   7.
2.   8.
3.   9.
4.   10.
5.   11.
6.   12.

图 40 犬的胸主动脉及其分支

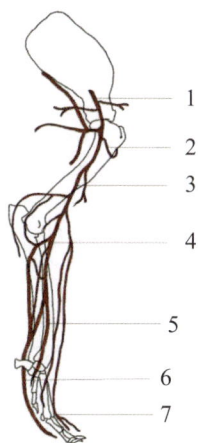

1.   7.
2.   8.
3.   9.
4.   10.
5.   11.
6.

图 41 犬的前肢动脉

1.
2.
3.
4.
5.
6.
7.

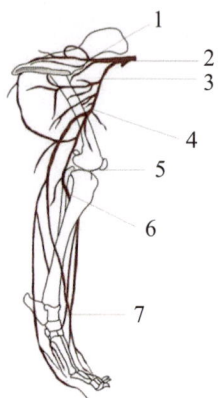

1.
2.
3.
4.
5.
6.
7.

图 42　犬的后肢动脉

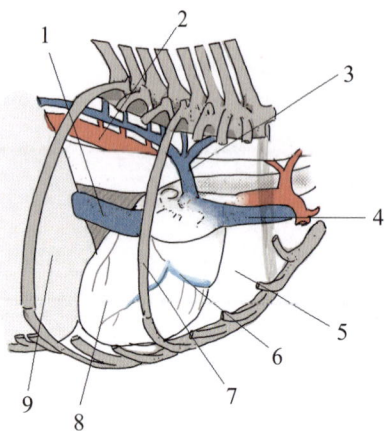

1.
2.
3.
4.
5.
6.
7.
8.
9.

图 43　犬的胸腔静脉及分支

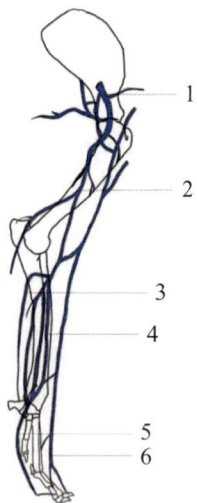

1.
2.
3.
4.
5.
6.

图 44　犬的前肢静脉

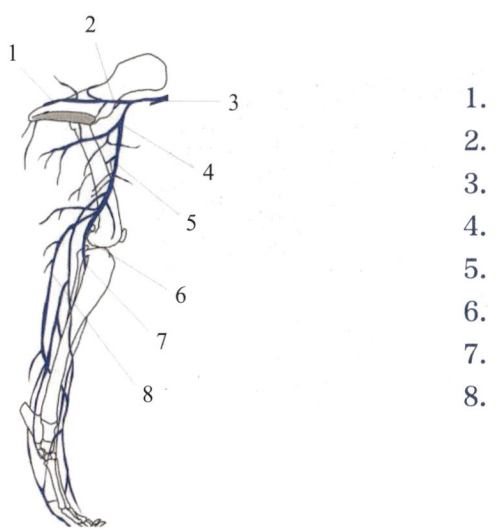

图45 犬的后肢静脉

1.

2.

3.

4.

5.

6.

7.

8.

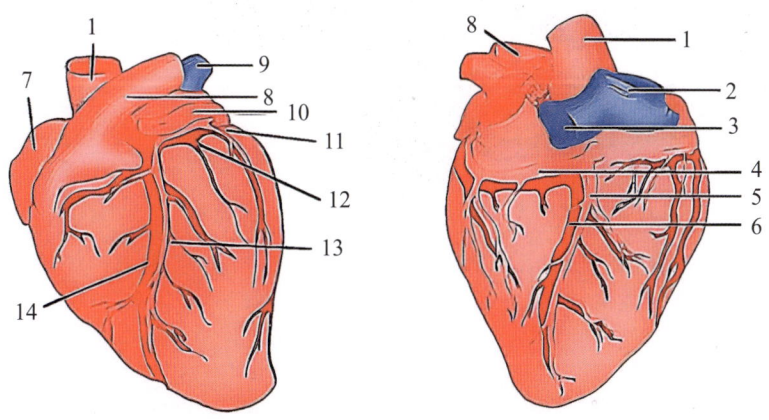

图46 犬的心脏及自身血管

1.　　　　2.　　　　3.　　　　4.　　　　5.

6.　　　　7.　　　　8.　　　　9.　　　　10.

11.　　　　12.　　　　13.　　　　14.

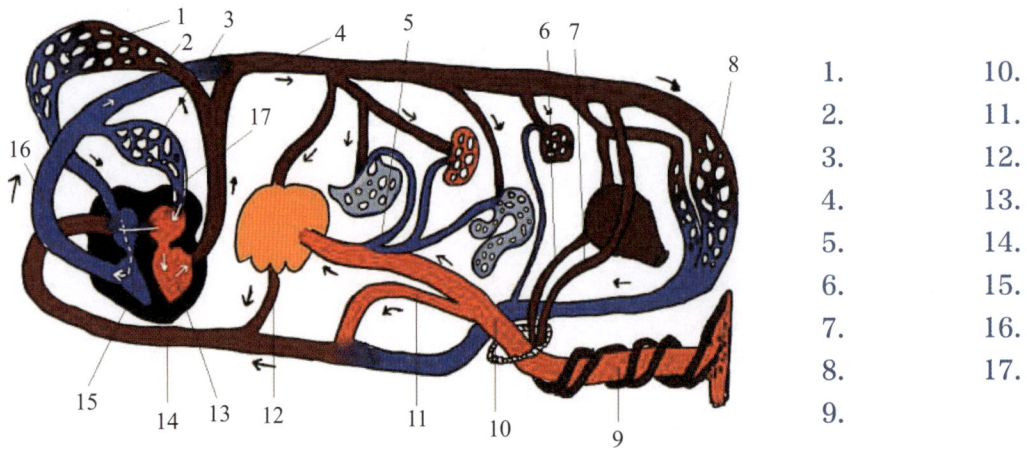

图 47　产前胎儿血液循环

1.　　　　　10.
2.　　　　　11.
3.　　　　　12.
4.　　　　　13.
5.　　　　　14.
6.　　　　　15.
7.　　　　　16.
8.　　　　　17.
9.

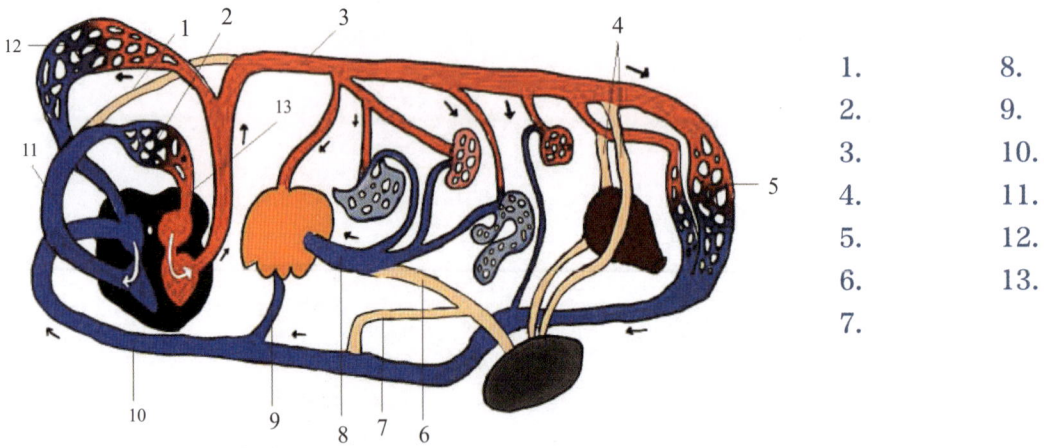

图 48　产后胎儿血液循环

1.　　　　　8.
2.　　　　　9.
3.　　　　　10.
4.　　　　　11.
5.　　　　　12.
6.　　　　　13.
7.

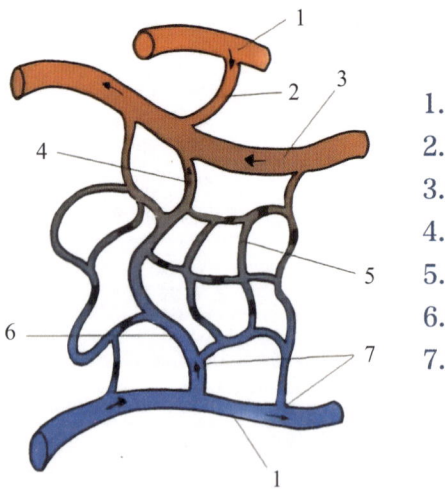

图 49　微循环通路示意图

1.
2.
3.
4.
5.
6.
7.

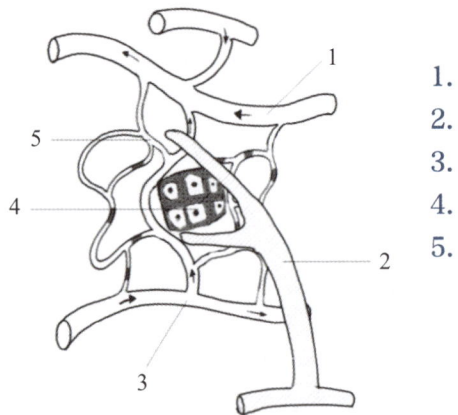

图 50　组织液生成示意图

1.
2.
3.
4.
5.

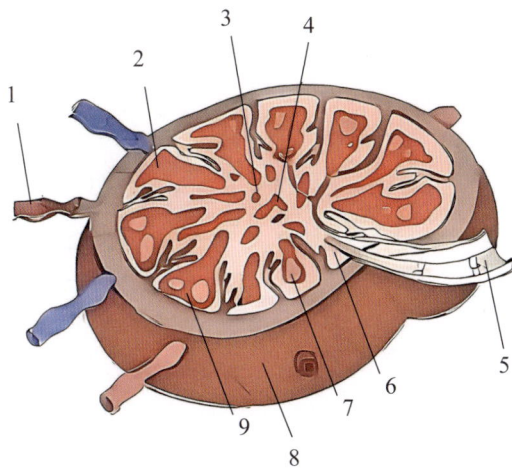

图51　淋巴结的形态结构

1.
2.
3.
4.
5.
6.
7.
8.
9.

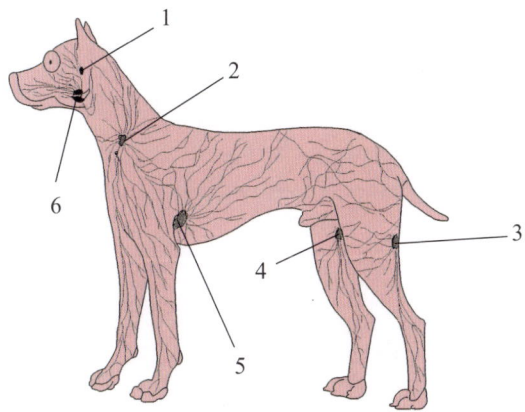

图52　犬体表淋巴结分布

1.
2.
3.
4.
5.
6.

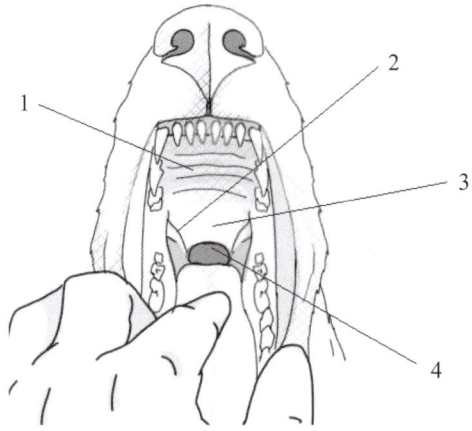

图53　犬扁桃体结构

1.
2.
3.
4.

图 54　犬泌尿系统器官组成

1.
2.
3.
4.

图 55　雌性犬泌尿生殖系统

1.
2.
3.
4.
5.
6.
7.
8.
9.
10.
11.
12.
13.

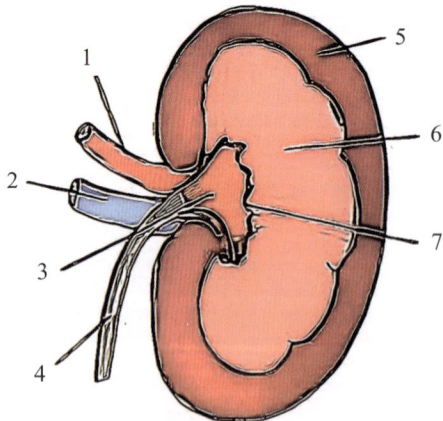

图 56　肾脏结构

1.
2.
3.
4.
5.
6.
7.

图 57　肾小管模式图

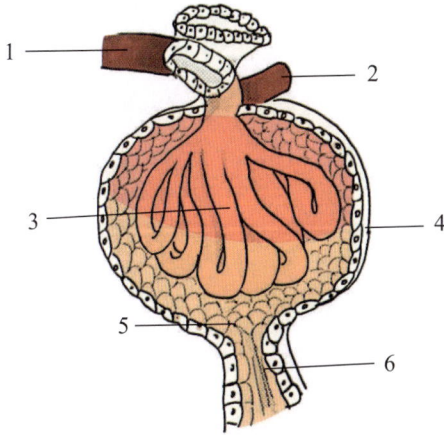

1.
2.
3.
4.
5.
6.

图 58　肾小体模式图

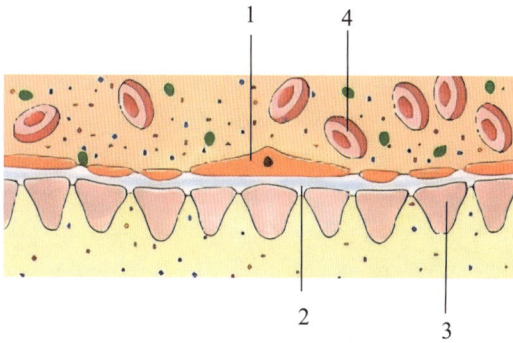

1.
2.
3.
4.
5.
6.

图 59　肾小球滤过膜模式图

1.
2.
3.
4.

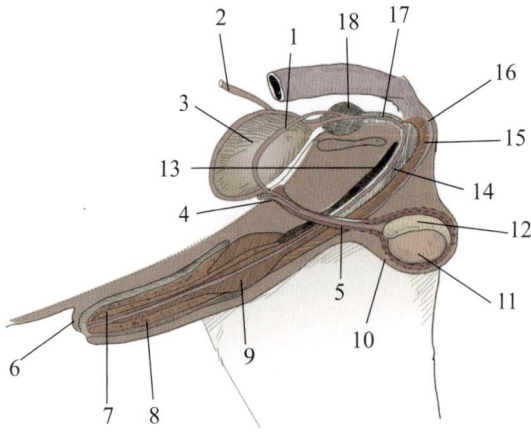

图 60　雄性犬生殖器官

1.	10.
2.	11.
3.	12.
4.	13.
5.	14.
6.	15.
7.	16.
8.	17.
9.	18.

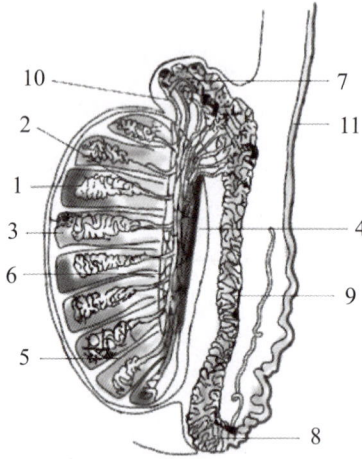

图 61　犬的睾丸结构

1.	7.
2.	8.
3.	9.
4.	10.
5.	11.
6.	

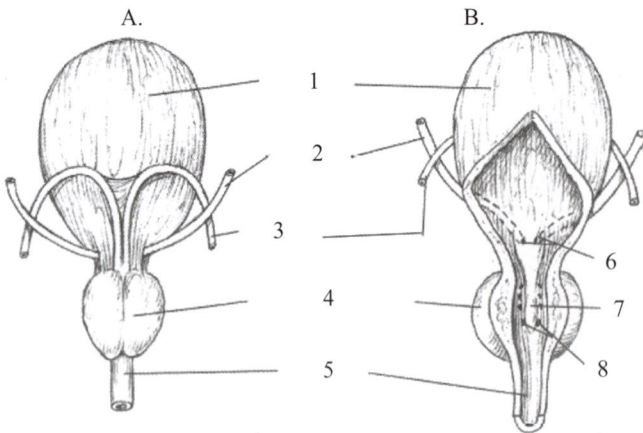

图 62　犬的前列腺结构

1.
2.
3.
4.
5.
6.
7.
8.

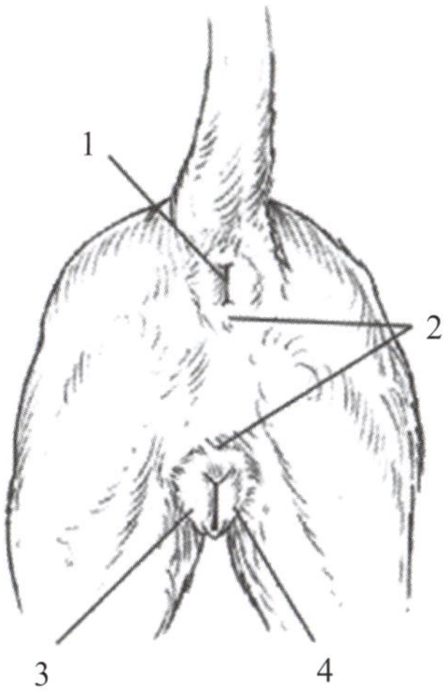

图 63　雌性犬生殖器官外部观

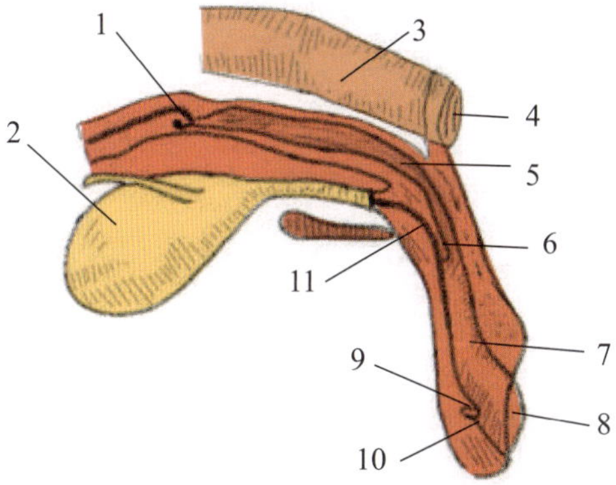

1.
2.
3.
4.

图 64　雌性犬生殖器官侧面观

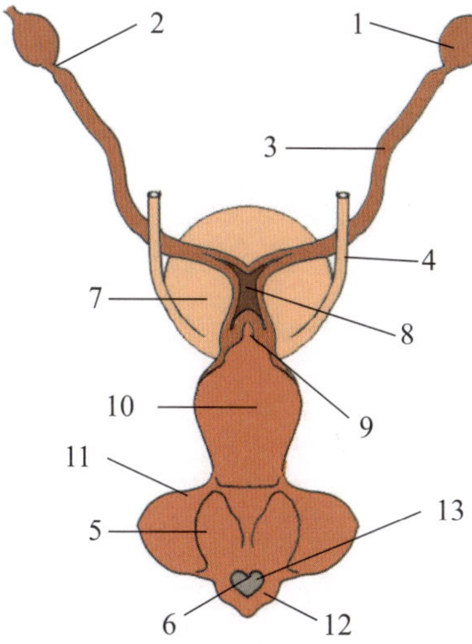

1.　　　　　　7.
2.　　　　　　8.
3.　　　　　　9.
4.　　　　　　10.
5.　　　　　　11.
6.

图 65　雌性犬生殖系统组成

1.　　　　　　8.
2.　　　　　　9.
3.　　　　　　10.
4.　　　　　　11.
5.　　　　　　12.
6.　　　　　　13.
7.

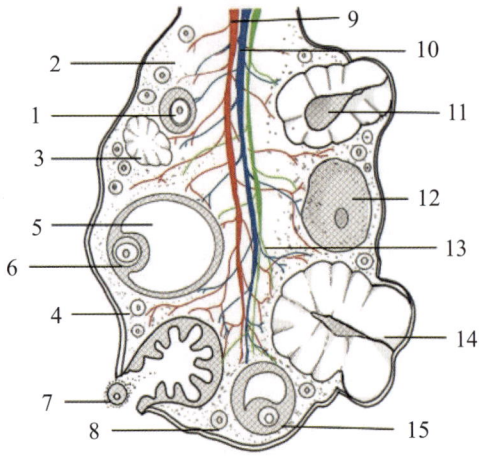

图66　卵巢结构

1.	9.
2.	10.
3.	11.
4.	12.
5.	13.
6.	14.
7.	15.
8.	

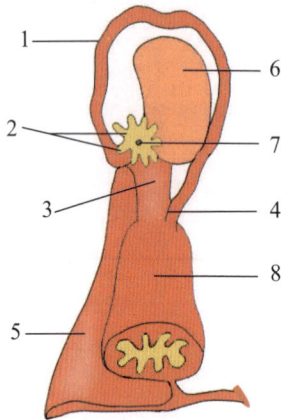

图67　输卵管结构

1.
2.
3.
4.
5.
6.
7.
8.

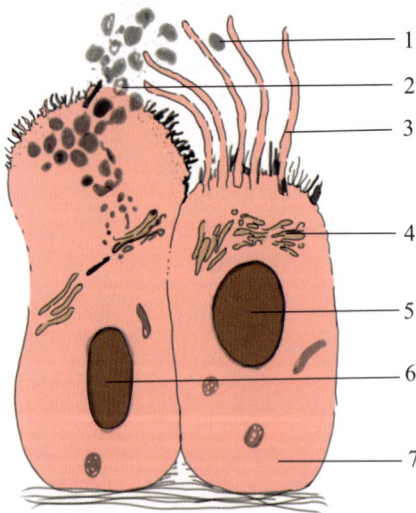

图68　输卵管上皮细胞模式图

1.
2.
3.
4.
5.
6.
7.

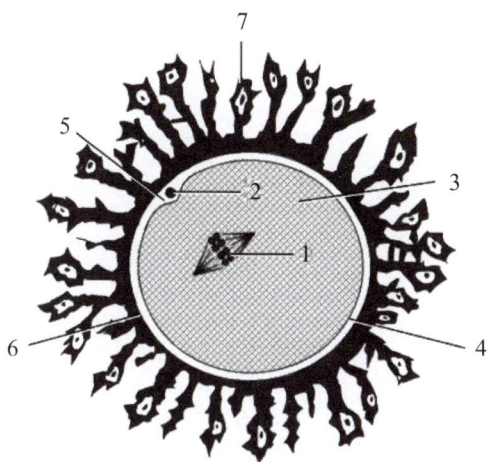

图 69　卵子结构

1.
2.
3.
4.
5.
6.
7.

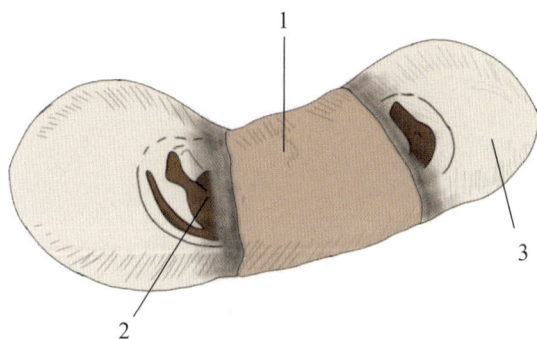

图 70　胎盘结构

1.
2.
3.

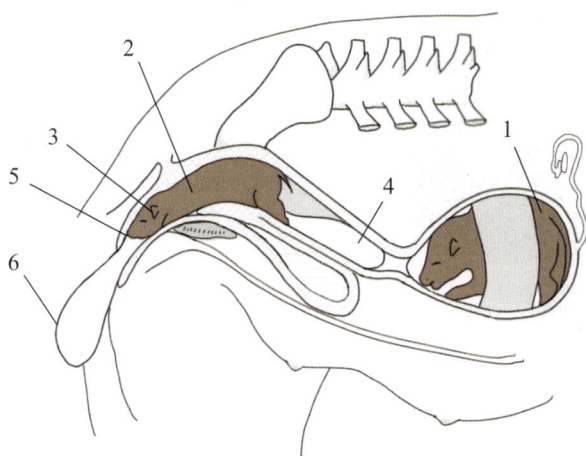

图 71　分娩模式图

1.
2.
3.
4.
5.
6.

图 72　神经元模式图

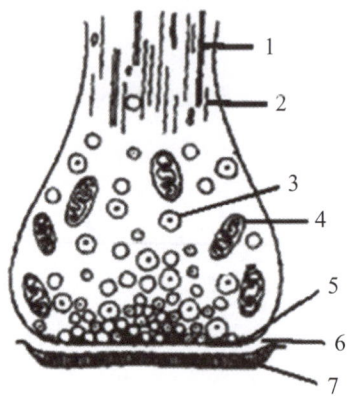

1.
2.
3.
4.
5.
6.
7.
8.

图 73　突触结构

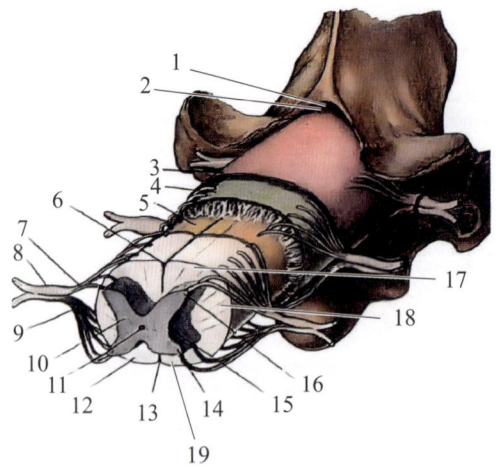

1.
2.
3.
4.
5.
6.
7.

图 74　脊椎横断面

1.
2.
3.
4.
5.
6.
7.
8.
9.
10.
11.
12.
13.
14.
15.
16.
17.
18.
19.

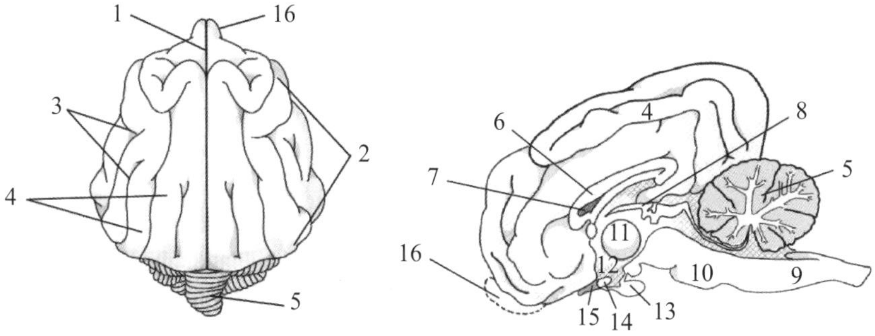

图 75 犬的大脑结构

1.	9.
2.	10.
3.	11.
4.	12.
5.	13.
6.	14.
7.	15.
8.	16.

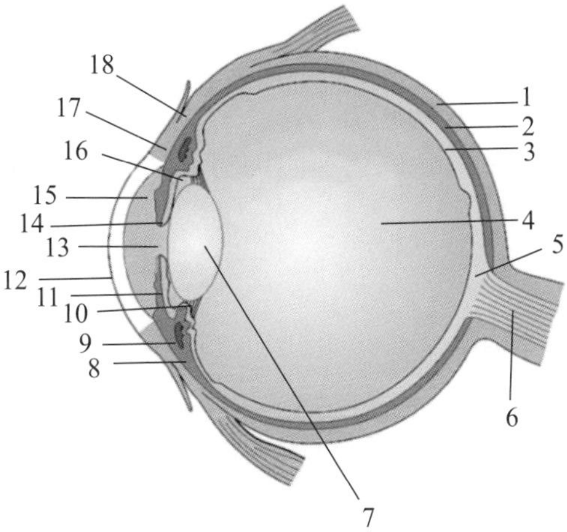

图 76 眼球的结构图

1.	10.
2.	11.
3.	12.
4.	13.
5.	14.
6.	15.
7.	16.
8.	17.
9.	18.

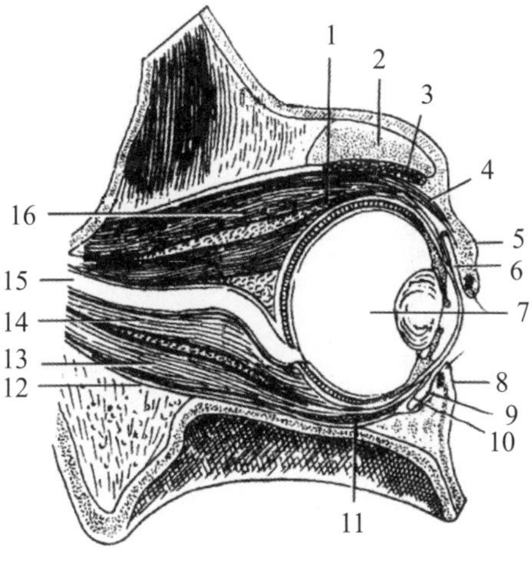

图 77 眼的辅助器官结构图

1.	9.
2.	10.
3.	11.
4.	12.
5.	13.
6.	14.
7.	15.
8.	16.

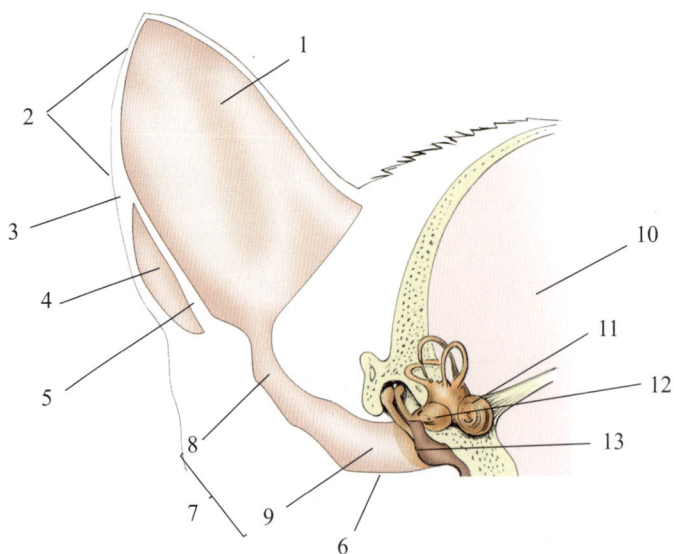

图78　外耳结构图

1.　　　　2.　　　　3.　　　　4.　　　　5.

6.　　　　7.　　　　8.　　　　9.　　　　10.

11.　　　12.　　　13.

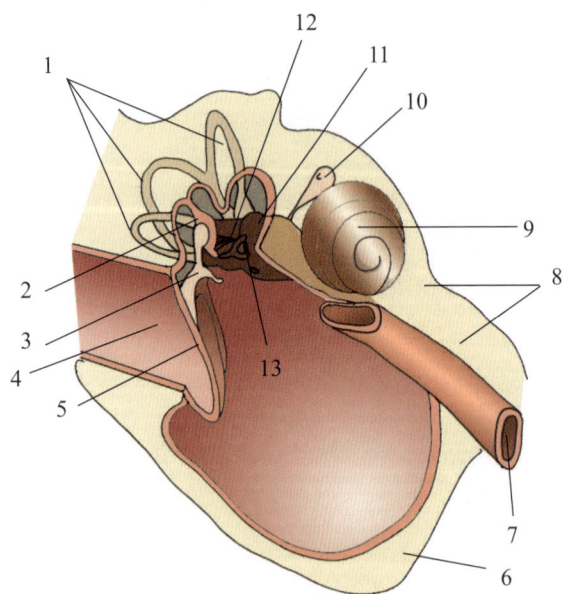

1.	8.
2.	9.
3.	10.
4.	11.
5.	12.
6.	13.
7.	

图79　内耳结构图

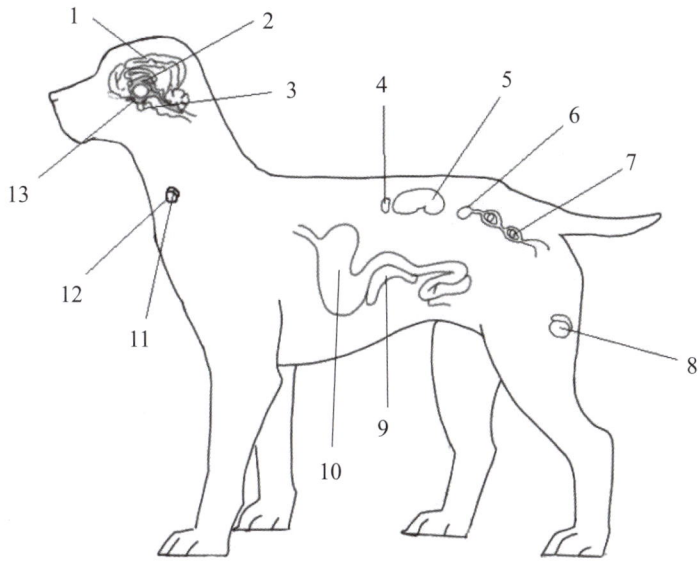

图 80　内分泌器官在犬体内的分布图

1.　　　　　 2.　　　　　 3.　　　　　 4.　　　　　 5.

6.　　　　　 7.　　　　　 8.　　　　　 9.　　　　　 10.

11.　　　　　 12.　　　　　 13.

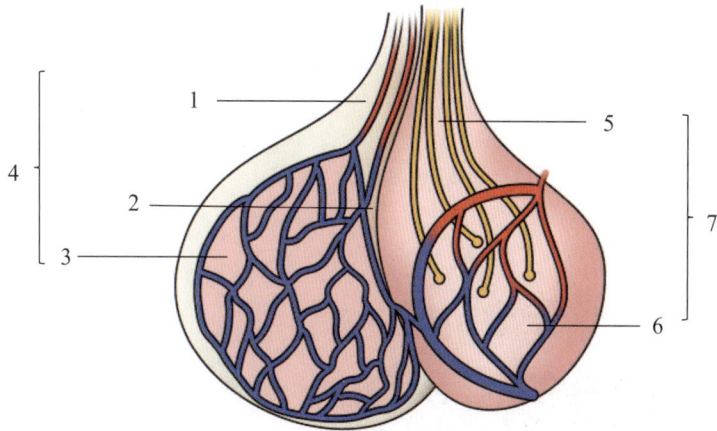

图 81　脑垂体结构图

1.　　　　　 2.　　　　　 3.　　　　　 4.　　　　　 5.

6.　　　　　 7.

图 82　猫的全身骨骼模式图

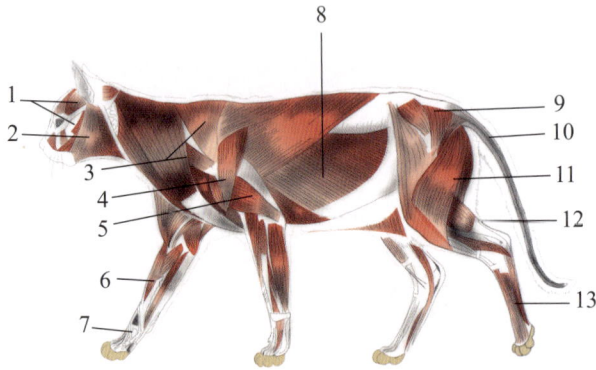

1.　　　　　12.
2.　　　　　13.
3.　　　　　14.
4.　　　　　15.
5.　　　　　16.
6.　　　　　17.
7.　　　　　18.
8.　　　　　19.
9.　　　　　20.
10.　　　　21.
11.　　　　22.

图 83　猫的全身浅层肌肉模式图

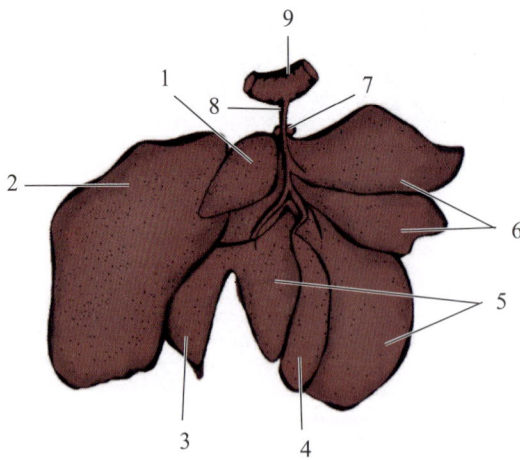

1.　　　　　8.
2.　　　　　9.
3.　　　　　10.
4.　　　　　11.
5.　　　　　12.
6.　　　　　13.
7.

图 84　猫的肝脏脏面模式图

1.
2.
3.
4.
5.
6.
7.
8.
9.

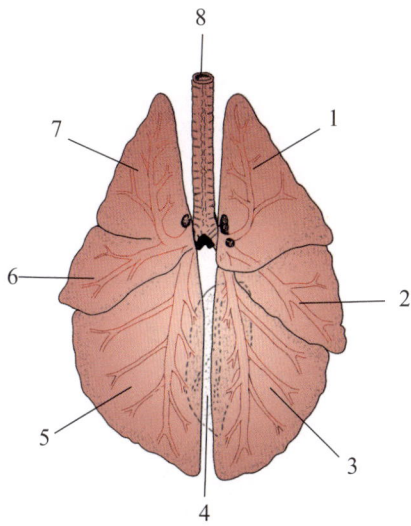

图 85　猫的肺脏结构模式图

1.
2.
3.
4.
5.
6.
7.
8.

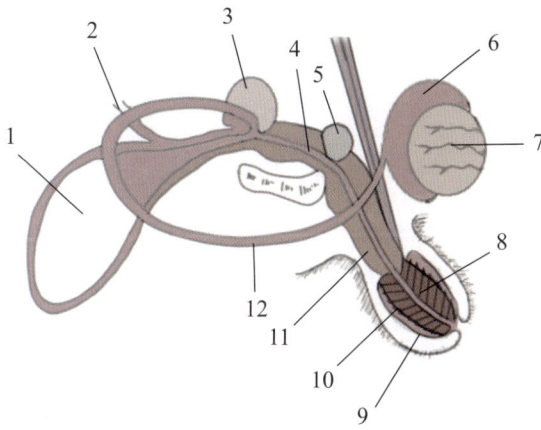

图 86　公猫的生殖系统结构模式图

1.　　　　　7.
2.　　　　　8.
3.　　　　　9.
4.　　　　　10.
5.　　　　　11.
6.　　　　　12.

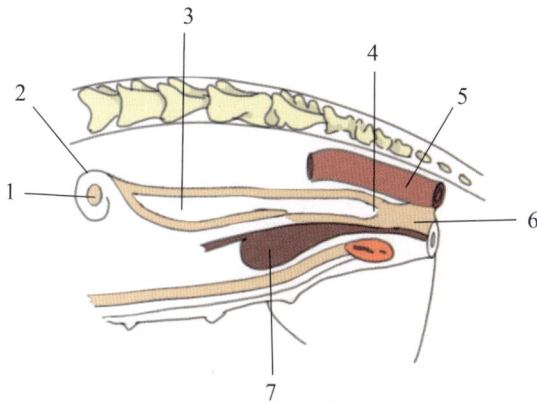

图 87　母猫的生殖系统结构模式图

1.
2.
3.
4.
5.
6.
7.

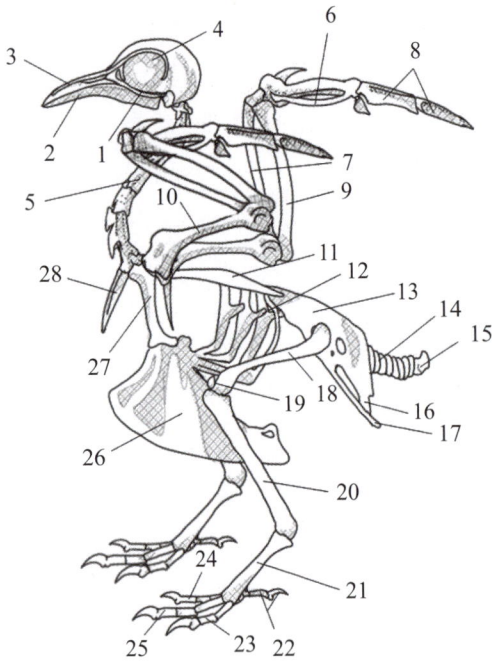

图 88　鸽的骨骼结构图

1.　　　　　　　　　　15.
2.　　　　　　　　　　16.
3.　　　　　　　　　　17.
4.　　　　　　　　　　18.
5.　　　　　　　　　　19.
6.　　　　　　　　　　20.
7.　　　　　　　　　　21.
8.　　　　　　　　　　22.
9.　　　　　　　　　　23.
10.　　　　　　　　　24.
11.　　　　　　　　　25.
12.　　　　　　　　　26.
13.　　　　　　　　　27.
14.　　　　　　　　　28.

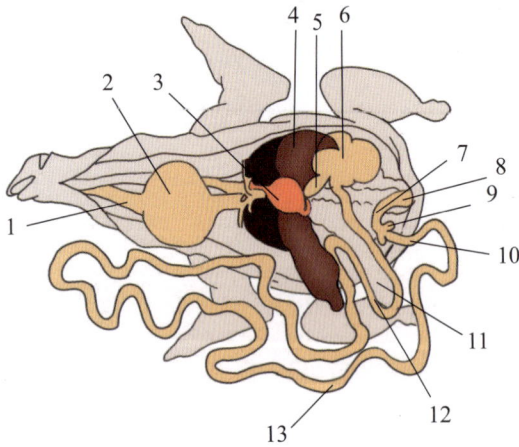

图 89　鸽的消化系统模式图

1.　　　　　　　　　8.
2.　　　　　　　　　9.
3.　　　　　　　　　10.
4.　　　　　　　　　11.
5.　　　　　　　　　12.
6.　　　　　　　　　13.
7.

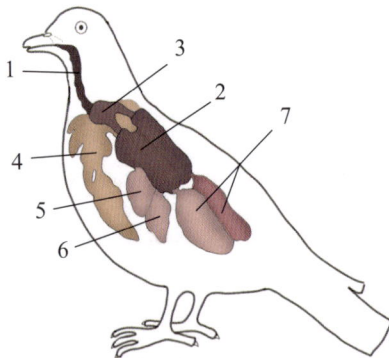

图 90　鸽的呼吸系统模式图

1.
2.
3.
4.
5.
6.
7.

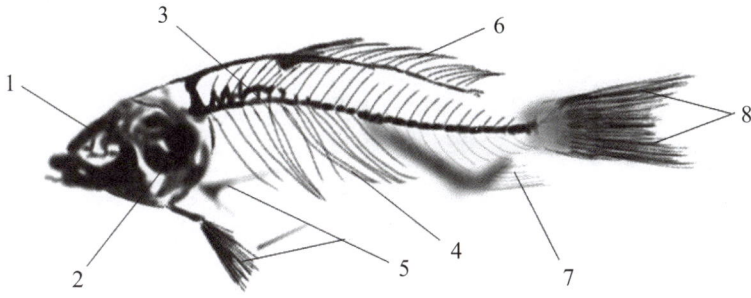

図 91 鱼的骨骼结构模式图

図 92 鱼鳞位置示意图

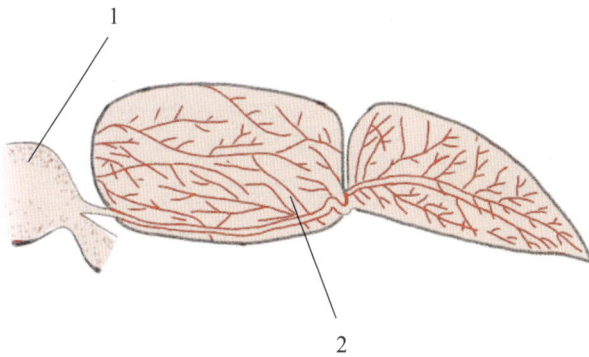

図 93 鱼鳔的结构模式图

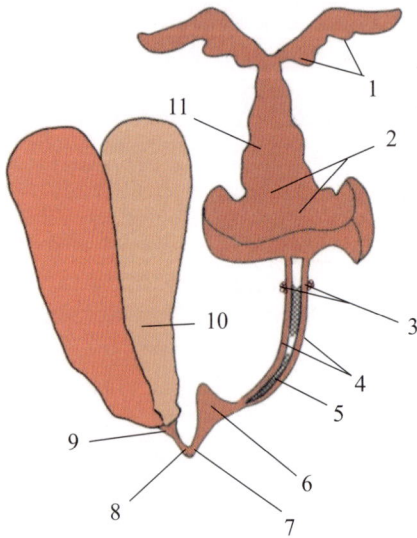

1.	12.
2.	13.
3.	14.
4.	15.
5.	16.
6.	17.
7.	18.
8.	19.
9.	20.
10.	21.
11.	22.

图 94　鱼的内脏器官模式图

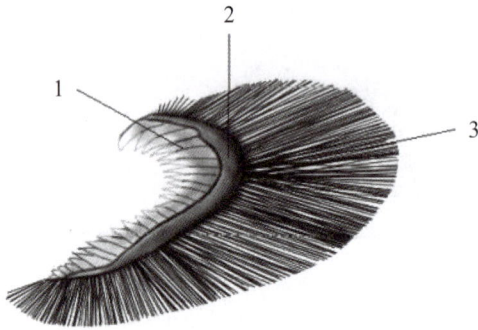

1.
2.
3.

图 95　硬骨鱼鳃的结构模式图

1.	7.
2.	8.
3.	9.
4.	10.
5.	11.
6.	

图 96　雌性鲤鱼泌尿生殖系统结构

参考答案

销售分类建议：农林牧渔/宠物

ISBN 978-7-122-48304-1

9 787122 483041 >

定价：59.80元
（附填充图谱）

职业教育宠物类专业新形态系列教材

宠物 解剖生理

万 玲　曲 强　主编

宋连喜　主审

DOG

CAT

化学工业出版社

职业教育宠物类专业新形态系列教材

宠物 解剖生理

万　玲　曲　强　主编

宋连喜　　主审

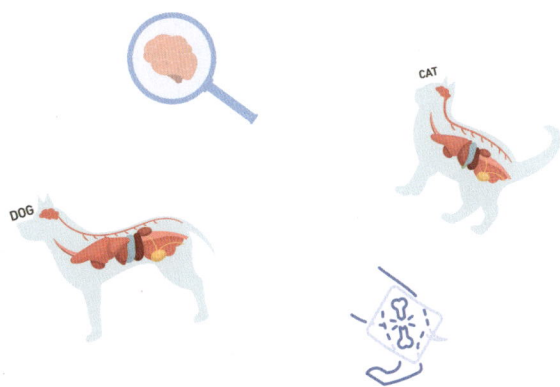

DOG

CAT

化学工业出版社

·北京·

内容简介

《宠物解剖生理》共分为十二个模块，前十一个模块主要是以犬为代表进行阐述的，分别介绍宠物机体的基本结构和功能，以及被皮、运动、消化、呼吸、心血管、淋巴、泌尿、生殖、神经和内分泌系统的解剖构造和生理功能，模块十二介绍了猫、观赏鸟、观赏鱼及宠物鼠等其他代表性宠物的解剖生理特征。本教材包含视频、微课、动画、在线答题等数字资源，可扫描二维码学习；同时配有《宠物解剖生理填充图谱》，体现教材的实用性与新形态；电子课件可从www.cipedu.com.cn下载参考。全书采用四色印刷，符合教学需求。

本教材适于职业教育宠物类相关专业使用，也可供广大畜牧兽医、实验动物、特产科学、宠物繁育等方面的科研人员，专业犬、猫舍从业人员和广大宠物饲养者阅读参考。

图书在版编目（CIP）数据

宠物解剖生理 / 万玲，曲强主编 . -- 北京 ： 化学工业出版社，2025. 9. --（职业教育宠物类专业新形态系列教材）. -- ISBN 978-7-122-48304-1

Ⅰ. Q954.5

中国国家版本馆 CIP 数据核字第 2025S9872H 号

责任编辑：迟 蕾 刘红萍 李植峰　　　装帧设计：孙 沁
责任校对：李雨函

出版发行：化学工业出版社
　　　　　（北京市东城区青年湖南街 13 号　邮政编码 100011）
印　　装：中煤（北京）印务有限公司
787mm×1092mm　1/16　印张 15　字数 400 千字
2025 年 10 月北京第 1 版第 1 次印刷

购书咨询：010-64518888　　　　　售后服务：010-64518899
网　　址：http://www.cip.com.cn
凡购买本书，如有缺损质量问题，本社销售中心负责调换。

定　　价：59.80 元

《宠物解剖生理》编审人员

主　编　万　玲　曲　强

副主编　张传师　高　锋　王　超　王雨田

编　者（按姓氏拼音排序）

白欣洁（北京农业职业学院）

陈一丹（温州科技职业学院）

高　锋（辽宁农业职业技术学院）

冷春青（金华职业技术学院）

刘馨忆（吉林工程职业学院）

麻延峰（金华职业技术学院）

曲　强（辽宁农业职业技术学院）

宋　林（黑龙江职业学院）

孙伟品（鞍山市状元训养犬技术有限公司）

孙智远（江苏农林职业技术学院）

万　玲（辽宁农业职业技术学院）

王　超（辽宁农业职业技术学院）

王　龙（黑龙江农业工程职业学院）

王晓艳（重庆三峡职业学院）

王雨田（辽宁农业职业技术学院）

张传师（重庆三峡职业学院）

钟登科（上海农林职业技术学院）

钟佳莲（福建农业职业技术学院）

朱　源（上海朋朋宠物有限公司）

主　审　宋连喜（辽宁职业学院）

绘　图　耿佩珩（辽宁农业职业技术学院）

刘希健（辽宁农业职业技术学院）

张晓彤（辽宁农业职业技术学院）

前言

PREFACE

为贯彻落实《职业院校教材管理办法》和《职业教育提质培优行动计划（2020—2023年）》等文件精神，本教材以建设宠物类专业内容与产业对接、形式素材与学情对接的立体化教材为目标，深度践行产教融合理念，组建了校企深度融合的教材编写团队。重组教材内容和结构，建立丰富的一体化教学资源库，思政和创新教育贯穿教材建设的始终。本教材由8所职业教育院校和1家企业联合编写，供全国职业教育宠物类专业使用。

宠物解剖生理是高等农业职业院校宠物类专业的一门重要的专业基础课。编写中始终遵循"以提升学生的综合职业能力，培养适应行业企业需求的复合型、创新型高技能人才为目标"的原则，立足产教融合的核心要求，根据宠物相关岗位需求，以任务为导向，重视学习过程和能力培养。

教材共设置12个模块，其中包含了42个知识点，针对一些抽象知识插入校企联合开发的数字资源二维码帮助学生理解，以完成在线答题和《宠物解剖生理填充图谱》的形式量化学习过程，做到学练结合。将传统枯燥的学习方式改为体验式学习，激发学生学习积极性，帮助学生更好地掌握宠物解剖生理基础知识。教材具有如下特点：

1. 在线答题及《宠物解剖生理填充图谱》练习，使学习任务具体化。

本教材配套有在线答题数字资源、《宠物解剖生理填充图谱》，符合《国家职业教育改革方案》对职业教育教材建设的要求，体现教材的实用性与新形态，将抽象的理论知识分解成一个个容易完成的学习任务，边学边练，既巩固了知识，又增加了成就感。

2. 数字资源丰富，使理论知识形象化。

教材中插入数字资源的二维码，学生遇到难以理解的问题扫描二维码就可以看到更加直观的视频、微课、动画等，使理论知识形象化，易懂易记，也使教材不再枯燥。

3. 以系统为主线组织内容，使教材形式新颖化。

在同类教材中都是按照先讲解剖结构再写生理功能和特征，本教材打破传统教材的组织形式，按照宠物行业岗位工作中"系统结构识别-生理功能判断-临床问题分析"的实际逻辑，将各系统结构和生理特征相结合重组内容，符合生命规律和学习规律，形式新颖，易于理解。

4. 以产教融合为支撑，使教材编写特色化

在教材编写中企业在技术资料提供、岗位需求调研、实践案例筛选等方面给予了核心支撑，充分体现了产教融合"共编、共审、共用"的特色。本教材在编写过程中注重教学相长，书中插图由编者所带学生绘制。这一过程不仅为教材补充了贴合学习视角的视觉素材，更让学生在实践中深化了对宠物解剖生理知识的理解与应用，实现了教材编写与学生能力培养的有机融合，也成为产教融合理念在教学实践中的生动体现。

本教材在编写和出版过程中得到了各参编院校及上海朋朋宠物有限公司的大力支持。在编写中参考了同行专家的文献和资料，书中部分插图是根据参考文献绘制或修改的，在此对原书作者和出版者致以衷心的感谢。

由于编者水平有限，书中难免存在不妥之处，敬请同仁和广大读者批评指正。

编者

2025年6月

目 录
CONTENTS

01

模块一

宠物机体的基本结构和功能

知识点一　细胞

微课：细胞

　　动物的基本结构和功能单位是细胞。单个细胞具有新陈代谢、生长发育、繁殖、遗传和变异等全部生命过程，但不能单独实现多细胞机体的完整生命过程。

一、细胞的形态和大小

　　构成动物机体的细胞形态多种多样，有圆形、扁平形、多边形、梭形或长圆柱形、星形等（图1-1）。细胞的大小也不一致，一般都必须在显微镜下才能看到。体内最小的细胞，如小脑内的颗粒细胞，直径约为4μm；最大的细胞是成熟的卵细胞，直径可达200μm；最长的细胞是神经细胞，可长达1m左右。但不同动物的同一种细胞的大小差别不大，如几吨重的大象和几十克重的小白鼠，他们的肝细胞的大小基本一样。

二、细胞的构造与功能

　　动物细胞由细胞膜、细胞质和细胞核三部分组成。

1.细胞膜

　　细胞膜是细胞表面一层连续而封闭的界膜，亦称质膜。它起着维持细胞内环境相对稳定的作用，同时具有调节细胞的物质交换、代谢活动、信息传递和细胞识别等功能。

　　（1）细胞膜的结构　细胞膜是由脂质双层镶嵌蛋白质构成，此外还有少量多糖。细胞膜所含糖类甚少，主要是一些寡糖和多糖链。细胞膜的液态镶嵌模型由桑格和尼克森于1972年提出，为大多数人所接受。该模型认为，磷脂双分子层构成了膜的基本支架，这个支架不是静止的，具有流动性；蛋白质分子有的镶在磷脂双分子层表面，有的部分或全部嵌入磷脂双分子层中，有的贯穿于整个磷脂双分子层，大多数蛋白质分子也是可以运动的。在细胞膜的外表，有一层由细胞膜上的蛋白质与糖类结合形成的糖蛋白，叫作糖衣；除糖蛋白外，细胞膜表面还有糖类和脂质分子结合成的糖脂（图1-2）。

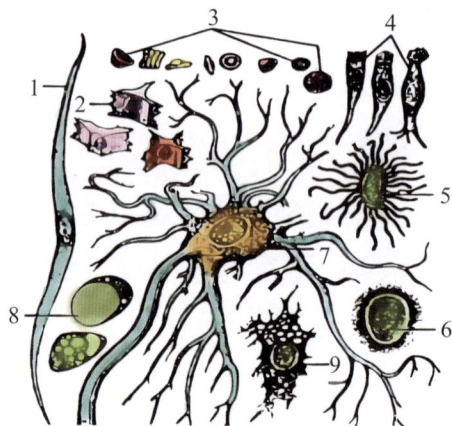

图1-1　动物细胞的形态

1—平滑肌细胞；2—腱细胞；3—血细胞；4—上皮细胞；
5—骨细胞；6—软骨细胞；7—神经细胞；
8—脂肪细胞；9—成纤维细胞

（2）细胞膜的功能

① 物质运输　细胞内液和细胞外液间的物质交换均需要通过细胞膜。

a. 扩散作用：物质从高浓度区通过细胞膜运送到低浓度区的不耗能过程。物质扩散速度不仅取决于浓度梯度、物质粒子大小和电荷，脂溶度也起一定的决定作用。

b. 主动运输：某些物质可以逆浓度梯度进入或移出细胞。必须依靠细胞膜上的"泵"（载体蛋白），并需要ATP为载体蛋白直接提供能量。如转

图1-2　细胞膜的液态镶嵌模式图

1—脂质双层；2—糖蛋白；3—表在蛋白；4—嵌入蛋白；5—糖链

运 Na^+、K^+ 的钠钾泵，实际上就是 Na^+-K^+ ATP 酶，是膜中的内在蛋白，可以把细胞内的 Na^+ 泵出细胞外，同时把 K^+ 泵入细胞内。另一种对细胞基本功能有重要作用的是钙泵，即 Ca^{2+} ATP 酶。

c. 胞吞作用与胞吐作用：大分子物质不能以渗透方式跨越细胞膜，而是通过细胞膜本身的运动，以形成小泡的方式将细胞外物质摄入细胞内，即胞吞作用；而胞吐作用则是把胞质小泡内的大分子物质排出细胞外。胞吞作用和胞吐作用需要能量供应，也需要载体蛋白的参与。

② 构成受体　细胞膜上有的蛋白质可作为受体，能接受外界化学信号，如激素、神经递质等的作用。信号与细胞膜的受体相结合，引起受体蛋白发生构型变化，导致细胞内部继发一系列生理效应。细胞膜上的受体种类很多，如激素受体、神经递质受体等。不同的受体接受不同的信号，引起细胞内不同的生理反应。

③ 其他功能　细胞膜还参与细胞的运动、分化和保护等作用。

2. 细胞质

细胞质是细胞内进行代谢作用和执行各种功能活动的场所，包括细胞质基质、细胞器和细胞内含物。

（1）细胞质基质　是半透明胶状物质，含较多蛋白质，约占细胞蛋白质总量的20%～25%，由水、糖类、脂类、无机盐和酶类等组成。

（2）细胞器　是细胞质内具有一定形态结构和化学组成、执行一定生理功能的结构（图1-3）。

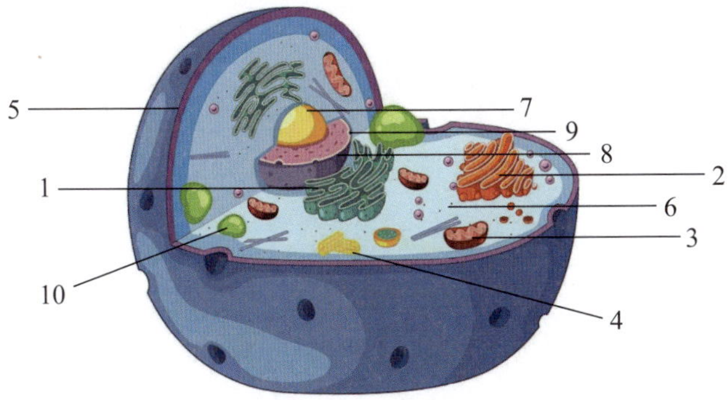

图1-3　细胞器结构模式图

1—内质网；2—高尔基复合体；3—线粒体；4—中心体；5—细胞膜；
6—基质；7—核仁；8—核膜；9—核孔；10—脂滴

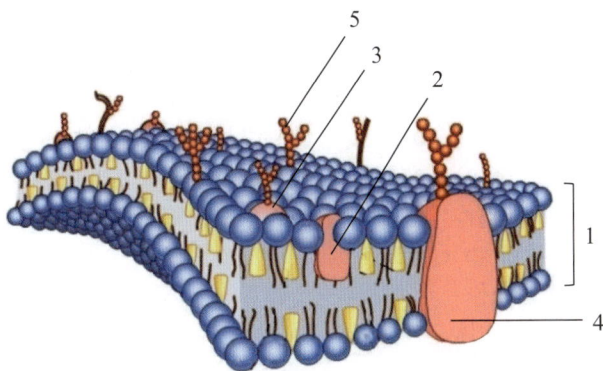

① 线粒体　在光镜下可见呈线状或粒状。线粒体内含有各种氧化酶，参与细胞内的物质氧化，释放能量，所以线粒体具有"能量供应站"的作用。有人把它比作"锅炉房""发电厂"，供应细胞代谢所需的能量。

② 内质网　只有在电镜下才能见到内质网为薄膜所包绕的小管状或小泡状结构，相互连接成网。内质网有两种，一种内质网上附有大量核蛋白体，外形粗糙，叫粗面内质网。粗面内质网上的核蛋白体可以合成蛋白质。如浆细胞中的抗体、各种腺细胞

的消化酶和一切细胞中的全部酶系，都是在这里合成的。另一种内质网上没有核蛋白体，表面光滑，叫滑面内质网。滑面内质网的功能比较复杂，参与固醇类激素、糖原和脂类的合成及解毒作用等。

③ 高尔基复合体　在光镜下呈线状或网状结构。可对一些细胞合成的物质（特别是蛋白体）进行加工、包装，有利于合成物排出细胞外，所以它有"加工车间"之称。

④ 溶酶体　电镜下为圆球形，内含酸性磷酸酶和多种水解酶，可分解蛋白质。它能把进入细胞内的异物（如细菌、病毒等）或者已经衰老的细胞器吞噬和消化，并将残体排出细胞。因此有人把它比作一台"清洁机"或者细胞内的"消化器官"。

⑤ 中心体　多位于细胞中央、核的附近，在光镜下可见它是由两个中心粒构成。中心体参与细胞的有丝分裂过程。

细胞质内非膜性细胞器主要有核糖体、微管和微丝等。

（3）内含物　内含物是指储存于细胞内的营养物质和细胞的代谢产物。如糖原、脂类、蛋白质和色素等。

3. 细胞核

在哺乳动物体内，除成熟的红细胞外，所有细胞均有核。细胞核的形状多样，有圆形、椭圆形、杆形等。细胞核的数量，一般1个细胞只有1个，少数也有2个或更多。如肝细胞、心肌细胞可以有2个核，骨骼肌细胞则有几百个核。

细胞核由核膜、核基质、核仁和染色质构成。

（1）核膜　是细胞核表面由两层单位膜组成的被膜，它将核物质与细胞质隔开。核膜最重要的功能是调节细胞核与细胞质间的物质交换，核膜外层附有核糖体，有合成蛋白质的功能。

（2）核基质　除去核膜、核仁和染色质以外，存在于细胞核内的物质称核基质，含有水、无机盐和多种酶类，如DNA聚合酶、核糖核酸酶等。核基质为核内代谢提供稳定的良好环境，也为核内物质运输和可溶性代谢产物提供必要的介质。

（3）核仁　是球形的致密体，一个细胞核内常有1~2个核仁，也有多个者。核仁无界膜包裹，主要由纤维成分、颗粒成分和核仁基质组成。核仁与细胞内蛋白质合成有密切关系。

（4）染色质　是遗传物质的一种存在形式，是由脱氧核糖核酸（DNA）、核糖核酸（RNA）、组蛋白和非组蛋白组成的纤维状复合物。

三、细胞的生物电现象

生命活动过程中出现的电现象称为生物电现象，它是细胞基本特性之一，是细胞兴奋性的基础。

1. 静息电位

细胞在安静时，即未受刺激时，膜内外两侧的电位差（呈膜外为正、膜内为负的极化状态）称为静息电位或膜电位。

2. 动作电位

可兴奋组织或细胞接受刺激而发生兴奋时，细胞膜原来的极化状态立即消失，并在膜的内外两侧发生一系列电位变化，这种电位变化称作动作电位。

动作电位包括三个基本过程（图1-4）

（1）去极化　膜内原来存在的负电位迅速消失，即膜电位的极化状态消失。

（2）反极化　继去极化之后，发展为极化状态倒转，即转变为膜内为正，膜外为负。

（3）复极化　膜内电位达到顶峰后开始下降，恢复至原来静息电位水平。

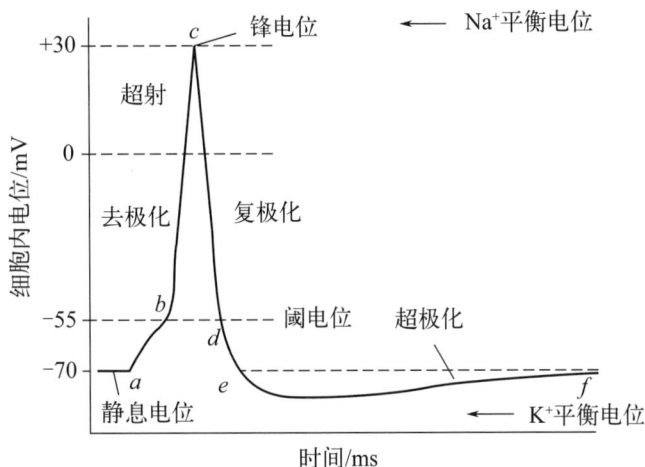

图1-4　动作电位时相示意图

注：ab，膜电位逐步去极化到达阈电位水平；bc，动作电位快速上升相；cd，动作电位快速复极相；bcd，构成锋电位；de，负后电位；ef，正后电位。

3. 生物电现象产生的机理

细胞膜内外离子分布很不相同。在正离子方面，细胞内 K^+ 浓度高，而细胞外 Na^+ 浓度高。负离子方面，细胞外 Cl^- 浓度较细胞内高，而细胞内大分子有机物（A^-）较细胞外多。因此细胞膜内外两侧存在离子分布的不平衡，即存在离子浓度差和电位差，在电化学梯度的作用下，离子就有扩散到膜另一侧的可能性。

细胞在静息状态下，膜对 Na^+ 的通透性小，而膜对 K^+ 有较大的通透性，于是 K^+ 浓度差推动 K^+ 从膜内向膜外扩散，正电荷随钾离子外流，而带负电荷的蛋白质不能外流而留在膜内，于是膜外积累正电荷，膜内积累负电荷，这种电位差随着 K^+ 的外流逐渐增大，并对 K^+ 外流产生阻碍作用。当膜内外 K^+ 浓度差（K^+ 外流动力）与电位差（K^+ 外流阻力）达平衡时，K^+ 跨膜净转运为 0，膜内外电位动态稳定于一定水平，即形成静息电位。因此，细胞的静息电位主要由 K^+ 外流所产生，反映 K^+ 的平衡电位。

当细胞受刺激而兴奋时，细胞膜对 Na^+ 通透性突然增大，于是在膜两侧 Na^+ 浓度差的推动下，Na^+ 向细胞内流，而这时对 K^+ 的通透性降低，致使 K^+ 外流减少，膜内正电荷积累，形成去极化和反极化过程。随后膜对 Na^+ 通透性迅速降低，而对 K^+ 通透性又增高，于是 K^+ 外流增多，逐渐恢复到原来的静息电位水平，为复极化过程。在锋电位结束时，膜内 Na^+ 和膜外 K^+ 的浓度都比正常时有所增加，复极化（锋电位后）除靠 Na^+、K^+ 的被动扩散外，还有赖于逆浓度差的主动扩散作用，在 ATP 分解供能使钠钾泵运转下，膜内增多的 Na^+ 被排出膜外，同时把膜外增多的 K^+ 吸进膜内，使膜内外的 Na^+、K^+ 浓度完全恢复到静息状态水平，构成后电位时相。

4. 动作电位的传导

细胞某一部位兴奋产生动作电位后，能够沿着细胞膜传导至整个细胞。这是可兴奋细胞的特征之一。

动作电位发生传导的原因是：当膜受刺激时，兴奋部位的膜两侧电荷分布为内正外负，而相邻部位则是内负外正。由于两部位存在电位差产生局部电流，局部电流刺激邻近的静息部位引起兴奋，使膜去极化，引发新的动作电位，如此顺次重复，使动作电位沿整个膜传导。

知识点二 基本组织

微课：细胞和
基本组织

　　动物组织是由一些起源、形态和功能相似的细胞和细胞间质结合在一起构成的，根据组织的形态和功能特点可分为上皮组织、结缔组织、肌组织和神经组织。

一、上皮组织

　　上皮组织由密集排列的细胞和极少量的细胞间质所组成，具有保护、分泌、吸收、排泄等功能。上皮组织的组织结构具有共同特征：细胞成分多，间质成分极少；上皮组织中富含神经末梢，但一般缺血管和淋巴管分布，靠渗透方式通过基膜与深层的结缔组织间进行物质交换。

1. 被覆上皮

　　根据细胞的排列层数的不同，被覆上皮分为单层上皮和复层上皮。根据细胞的形态不同，单层上皮分为单层扁平上皮、单层立方上皮、单层上皮、单层柱状上皮、假复层柱状纤毛上皮和变移上皮。复层上皮分为复层扁平上皮、复层柱状上皮和复层立方上皮等。

　　（1）单层上皮

　　① 单层扁平上皮　由一层多边形扁平细胞组成，彼此以锯齿状边缘相嵌合，顶面观呈鳞片状，侧面观呈梭形，胞核扁圆，位于细胞中央。主要分布于心血管和淋巴管内表面，体腔内表面和体腔内器官外表面（图1-5）。

　　② 单层立方上皮　细胞侧面呈正立方形，细胞的高与直径无明显差距，表面观则呈多边形。胞核大而圆，位于细胞中央。主要分布在肾集合管、肺的细支气管、卵巢的表面和腺体等处。主要起分泌等作用（图1-6）。

　　③ 单层柱状上皮　由一层柱状细胞紧密排列而成，核椭圆，长轴与细胞一致，位于细胞近基底部，游离面可见微绒毛，细胞之间常夹杂着一些杯状细胞。单层柱状上皮主要分布于胃肠黏膜内表面。主要起消化吸收等作用（图1-7）。

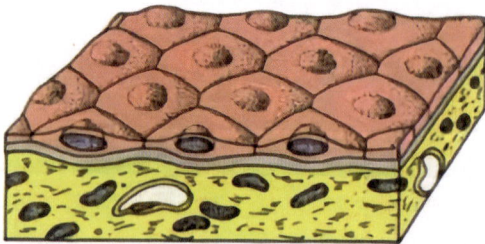

图1-5　单层扁平上皮

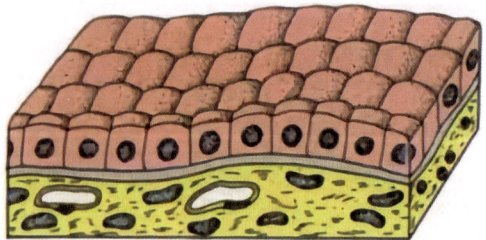

图1-6　单层立方上皮

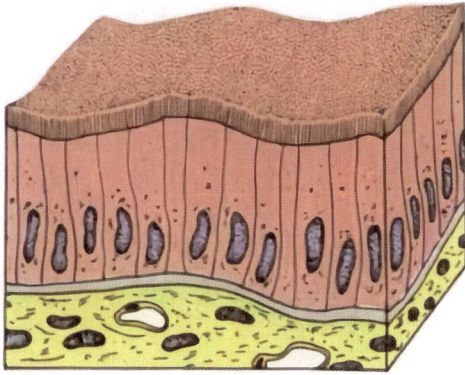

图1-7 单层柱状上皮

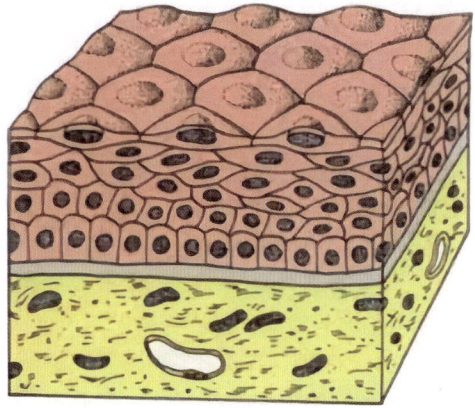

图1-8 假复层纤毛柱状上皮

④ 假复层柱状纤毛上皮 由高低不同的柱状细胞、梭形细胞和锥形细胞组成，柱状细胞游离缘有纤毛。由于细胞的高度不同，细胞核不在同一水平面上，形似复层，但每个细胞的基底面均附着于基膜上，实为单层，纤毛细胞之间常有柱状细胞分布。假复层柱状纤毛上皮主要分布于上部呼吸道的内表面，能借纤毛的摆动，清除细胞分泌物及吸附的细菌、尘埃等（图1-8）。

⑤ 变移上皮 又称移行上皮，主要分布于肾盏、肾盂、输尿管和膀胱等处的黏膜内表面。细胞的层数和形态随器官的功能状态而变动，如膀胱被尿液充满时，上皮细胞层次减少，仅有2～3层，表面细胞扁平，深层细胞为不规则的立方形。当膀胱收缩，尿液排空时，上皮细胞层数变多（图1-9）。

电镜下观察发现，变移上皮的各层细胞下方均有突起附着于基膜。据此说明，变移上皮属于假复层上皮。

（2）复层上皮

① 复层扁平上皮 又称复层鳞状上皮，表层细胞扁平，是直接与外界环境或外物接触的部位，表层细胞角质化，形成角质层，具有抗摩擦、抗损伤及防止异物侵入等功能。表层细胞衰老脱落后，由深层细胞不断增殖补充。中间层由数层多角形细胞组成，细胞间隙明显（图1-10）。复层扁平上皮分布于皮肤、口腔、食管、阴道等处。

图1-9 变移上皮（膀胱）

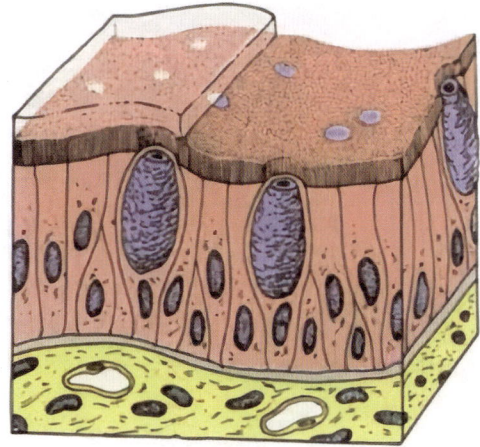

图1-10 复层扁平上皮

② 复层柱状上皮 表面为一层柱状细胞，基底层细胞呈矮柱状，中间为多角形细胞，仅分布于眼睑结膜，有些腺体内较大的导管也可见到，具有保护作用。

③ 复层立方上皮 很少见，仅分布于汗腺的导管。

2. 腺上皮

由具有分泌功能的细胞组成的上皮组织叫腺上皮。腺上皮细胞多排列成索状或团块状，也可形成腺管或腺泡。以腺上皮为主要成分组成的器官，称腺。根据腺的生理功能和结构的不同，可分为两大类，即内分泌腺和外分泌腺。

（1）内分泌腺 因无导管，故亦称无管腺。这类腺细胞的分泌物称激素，直接进入细胞周围丰富的毛细血管或毛细淋巴管内，由血液或淋巴输送到全身各个组织、器官内，以调节组织和器官的生长和活动。

（2）外分泌腺 具有由上皮细胞形成的导管，故亦称有管腺，其分泌物经导管排出，如唾液腺、肝脏和胰腺等。

3. 感觉上皮

有些部位的一些上皮细胞能感受某种物理或化学性的刺激，则称感觉上皮细胞，是上皮的功能分类之一。感觉上皮含有感觉细胞，具有接受刺激的感受功能，主要分布于舌、鼻、眼、耳等感觉器官内。

二、结缔组织

结缔组织是动物体内分布最广、形态结构最多样化的一类组织。其特点是由少量的细胞和大量的细胞间质组成。细胞间质包括纤维和基质两部分。细胞分散于细胞间质中，无极性。结缔组织在体内主要起连接、支持、保护、营养和运输等作用。

1. 疏松结缔组织

疏松结缔组织广泛存在于皮下和全身各器官间及器官内，肉眼观察时，呈白色网泡状或蜂窝状，因而也叫蜂窝组织。疏松结缔组织除具有营养、防护、运输代谢产物和修复的作用外，还有支持、连接等机械作用。

疏松结缔组织由胶状的基质、纤维和细胞组成（图1-11）。

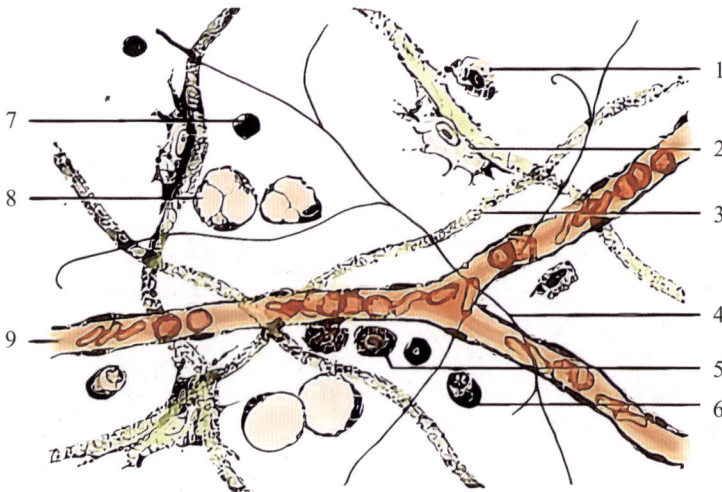

图1-11 疏松结缔组织

1—巨噬细胞；2—成纤维细胞；3—胶原纤维；4—弹性纤维；5—肥大细胞；6—浆细胞；
7—淋巴细胞；8—脂肪细胞；9—毛细血管

（1）基质　是无定形、无色透明胶状质，各种细胞和纤维都浸于其中，主要化学成分是由透明质酸与蛋白质结合而成的黏多糖蛋白。

（2）纤维

① 胶原纤维　含量最多，呈波纹状交织分布。韧性大，抗拉力强。由胶原蛋白组成，在沸水或弱碱中易于溶解变为明胶，可轻易被胃蛋白酶消化。

② 弹性纤维　黄色，折光性强，有弹性。易被胰液消化。

③ 网状纤维　含量较少，主要分布于疏松结缔组织与其他组织的交界处，如毛细血管周围可见到细致的网状纤维。

（3）细胞

① 成纤维细胞　成纤维细胞是疏松结缔组织中的主要细胞成分，细胞体积较大，外形呈多突扁平形，常位于胶原纤维附近。

② 巨噬细胞　又称组织细胞，数量也较多，呈星形或梭形。巨噬细胞能作变形运动，当细胞受到抗原、变性蛋白及某些趋化因子作用时，可定向地向目的物移动并进行吞噬，并能处理和储存抗原物质，故能给未致敏的淋巴细胞传递抗原信息，在免疫反应中起重要作用。

③ 肥大细胞　呈圆形或椭圆形。细胞膜表面有许多微绒毛。肥大细胞多分布于皮下结缔组织、肠系膜、消化管和呼吸道黏膜结缔组织中的小血管周围。

④ 浆细胞　呈圆形或椭圆形，偏位于细胞一侧，核内染色质粗大呈块状，在核膜下呈放射状排列，形如车轮。

⑤ 脂肪细胞　是储存脂肪的细胞，体积较大，多呈球形，胞质脂肪滴由小变大。疏松结缔组织中的脂肪细胞多成群分布于毛细血管和淋巴管周围。

2. 致密结缔组织

致密结缔组织由大量紧密排列的纤维成分和少量的细胞成分（主要为成纤维细胞）构成，基质含量少，形态固定。致密结缔组织包括以下两种：

（1）不规则致密结缔组织　以胶原纤维为主，纤维排列方向不规则，互相交织，构成坚固的纤维膜。如真皮、骨膜、软骨膜和巩膜等。

（2）规则致密结缔组织　有的以胶原纤维为主，如肌腱（图1-12）；有的以弹性纤维为主，如项韧带，纤维排列十分规则而致密，具有弹性和抗牵引力作用。

图1-12　肌腱
1—腱细胞；2—弹性纤维

3. 网状组织

网状组织主要分布于骨髓、淋巴结、脾脏及淋巴组织等处，由网状细胞和网状纤维组成。其基质是组织液或淋巴。网状组织一般认为是构成淋巴组织的支架，并为淋巴细胞和血细胞的发育提供一个适宜的微环境。

4. 脂肪组织

脂肪组织由大量脂肪细胞聚集而成，细胞表面包绕着致密而纤细的网状纤维，基质含量极少。少量疏松结缔组织和小血管伸入脂肪组织内，将其分隔成许多小叶。脂肪细胞呈球形、卵圆形或多角形。细胞内充满脂滴，细胞质和细胞核被挤到细胞的外围，呈一狭窄的指环状带。在HE染色的切片中，由于脂滴被溶解，细胞呈现大空泡状（图1-13）。

脂肪组织主要分布在皮下、肠系膜、腹膜、大网膜及

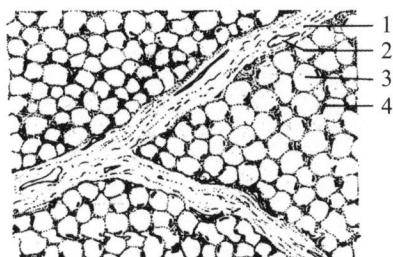

图1-13　脂肪组织
1—小叶间结缔组织；2—毛细血管；
3—脂肪细胞；4—脂肪细胞核

某些器官的周围。主要功能是储存脂肪并参与能量代谢，是体内最大的能量库。此外，还有支持、保护和维持体温等作用。

5. 软骨组织与软骨

（1）软骨组织　略具弹性，有较强的支持力，能承受压力和摩擦。软骨组织参与构成呼吸道和耳郭的支架，还构成光滑的关节面及组成骨连接。软骨组织由软骨细胞和细胞间质组成。

（2）软骨　由软骨组织形成，除关节软骨的关节面之外，均覆有一层由致密结缔组织构成的骨膜。软骨膜分为内外两层，外层富含纤维，内层富含细胞、血管和神经末梢。根据细胞间质所含纤维成分的不同，可将软骨分为透明软骨、纤维软骨和弹性软骨三种类型。

① 透明软骨　外观半透明，主要分布于关节面、肋软骨、气管环喉软骨及胸骨等处。

② 纤维软骨　白色，主要分布于椎间盘、半月板等处。软骨与软骨膜之间无明显界限。

③ 弹性软骨　微黄色，有弹性，主要分布于耳郭、喉部、会厌等处。

6. 骨组织

骨是一种坚硬的组织，由骨细胞、骨基质（大量钙化的细胞间质）和纤维（胶原纤维）组成。

（1）骨细胞　骨细胞位于骨陷窝内，主要由骨原细胞、成骨细胞、骨细胞、破骨细胞组成。

（2）骨基质　骨基质呈板层状，称为骨板。其有机成分约占35%，包括大量骨胶纤维及少量凝胶状无定形基质（骨黏蛋白）。无机成分约占65%，又称骨盐，主要为羟基磷灰石。

依骨板排列的松密程度不同，可分为骨松质和骨密质两种。骨松质分布在长骨骨端及短骨内部。数层骨板构成粗细不同的骨小梁，骨小梁纵横交错成网，网孔中充满红骨髓。骨密质分布在骨表面，结构复杂，主要由规则排列的骨板及分布于骨板内、骨板间的骨细胞构成。

骨组织与软骨组织一起，构成动物体的支架，具有支持和保护作用。

7. 血液和淋巴组织

详见心血管系统、淋巴系统。

血液是呈液态的结缔组织，其基质是呈液体的血浆，基质中的纤维是以纤维蛋白原的形式存在。

淋巴是流动在淋巴管内的透明液体，其成分与血浆相似，但蛋白质含量较少，其细胞成分主要是淋巴细胞。

三、肌肉组织

肌肉组织由肌细胞构成。肌细胞细而长，也称肌纤维，其细胞膜称肌膜，细胞质称肌浆。肌细胞间有少量结缔组织和丰富的血管、淋巴管和神经等。按其结构和功能的不同，可分为骨骼肌、平滑肌和心肌3类（图1-14）。

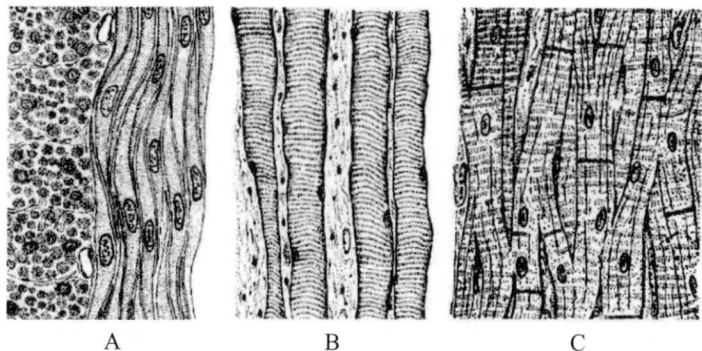

A　　　　　B　　　　　C

图1-14　三种肌组织

A. 平滑肌；B. 横纹肌；C. 心肌

1. 平滑肌

由平滑肌细胞构成，主要分布在胃肠道、呼吸道、泌尿生殖道及血管和淋巴管等管壁内。肌原纤维细而光滑，不形成肌节，无横纹。平滑肌不受意识支配，属于不随意肌，其收缩有节律，缓慢而持久。

2. 骨骼肌

骨骼肌通过肌腱附着在骨骼上，肌纤维纵切面在镜下可见明暗相间的横纹，也叫横纹肌。骨骼肌受意识支配，故属于随意肌。

3. 心肌

心肌分布于心壁，也可见于靠近心脏的大血管壁上，其收缩力强而持久。肌纤维上有染色较深的粗线，以阶梯形横越肌纤维，称闰盘。因心肌不受意识支配，故也属不随意肌。

四、神经组织

神经组织全是由细胞成分构成，包括神经细胞（神经元）和神经胶质细胞。

1. 神经元

是神经系统的基本结构和功能单位，它包括胞体和突起两部分（图1-15）。

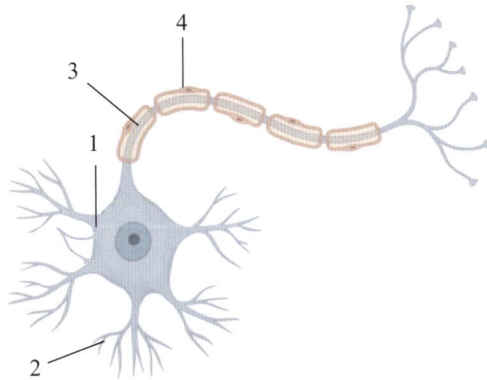

图1-15　神经元及相关结构
1—神经元胞体；2—树突；3—轴突；4—施万细胞

（1）胞体　呈多角形，圆形，细胞核位于胞体中央。胞体主要存在于脑、脊髓和神经节内。

（2）突起　从神经元的胞体发出。根据突起的形态和功能的不同，分为树突和轴突两种。

① 树突　有1个或多个，树突能接受刺激，把冲动传给胞体。

② 轴突　轴突是1条长的突起，一般只有1个。轴突末端借分支与其他神经元的树突或胞体接触，或者进入器官及组织的内部。轴突能把细胞体发出的冲动传向另一个神经元，或者传至某一器官或组织。

2. 神经胶质细胞

除神经元外，神经组织内还有大量的神经胶质细胞，在中枢神经系统内有星形胶质细胞、少突胶质细胞、小胶质细胞和室管膜细胞；在周围神经系统，有包绕轴索形成髓鞘的施万细胞和脊神经节中的卫星细胞（图1-16）。神经胶质细胞具有分裂和增殖能力，特别是脑或脊髓受到损伤时能大量增殖，局部出现许多巨噬细胞，吞噬变性的神经组织碎片，并由星状胶质细胞填充缺损。这些胶质细胞还起到支持、营养神经细胞的作用。

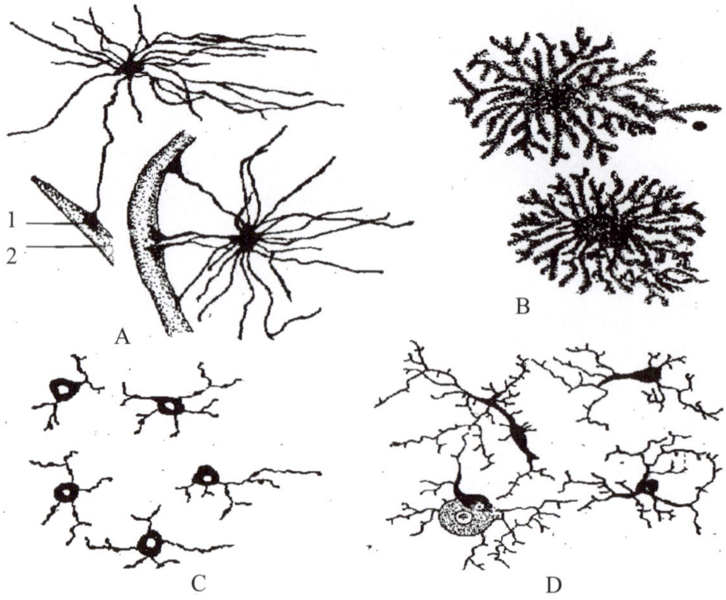

图 1-16 神经胶质细胞

A—纤维里星形胶质细胞；B—原浆性星形胶质细胞；C—少突胶质细胞；D—小胶质细胞

1—脚板；2—毛细血管

知识点三 显微镜的构造、使用和保养

【知识目标】

　　1. 识别显微镜各个结构的位置及名称。

　　2. 总结显微镜使用的注意事项。

【技能目标】

　　1. 能够正确使用和保养显微镜。

　　2. 能够利用显微镜清晰地看到组织切片中的组织。

【职业素养目标】

　　1. 培养认真观察、细致严谨的工作态度。

　　2. 培养规范操作、爱护仪器等职业素养。

微课：显微镜的
结构及使用

　　光学显微镜一般可分为体视显微镜和生物显微镜两种。体视显微镜的工作距离较长，可对物体进行立体观察和操作，比如对昆虫、电路板等进行观察和操作；而生物显微镜主要用于观察透明或半透明的生物样本，如细胞、组织等，它的放大倍数通常较高，能更清晰地观察到细胞的细微结构。因此，生物显微镜是观察宠物细胞组织结构最常见的设备。

一、显微镜的构造

生物显微镜的种类很多，但基本构造可分为两大部分（图 1-17）。

1. 机械部分

（1）镜座　呈马蹄铁形或方形，是直接与实验台接触的部分。

（2）镜柱　是与镜座相连接的部分，与镜座一起支持和稳定整个显微镜。在斜行显微镜的镜柱内有细调节器的螺旋。

（3）镜臂　与镜柱连接的弯曲部分，握持移动显微镜时使用。

（4）镜筒　是附着于镜臂上端前方的圆筒。

（5）活动关节　可使镜臂倾斜，用于调节镜柱与镜臂之间的角度。

（6）粗调节器　可调节物镜与组织切片标本之间的距离。

（7）细调节器　可调节切片中物体的清晰度，用以精确调节焦距。旋转一周，可使镜筒升降 0.1mm。

（8）载物台　是放组织切片的平台，有圆形和方形的。中央有通光孔。

（9）压夹　用于固定组织切片。

（10）推进器　用于移动组织切片。可使标本前、后、左、右移动。

（11）转换器　在镜筒下部，内有不同倍数的物镜，用于转换物镜。

（12）聚光器升降螺旋　能使聚光器升降，从而调节光线的强弱。

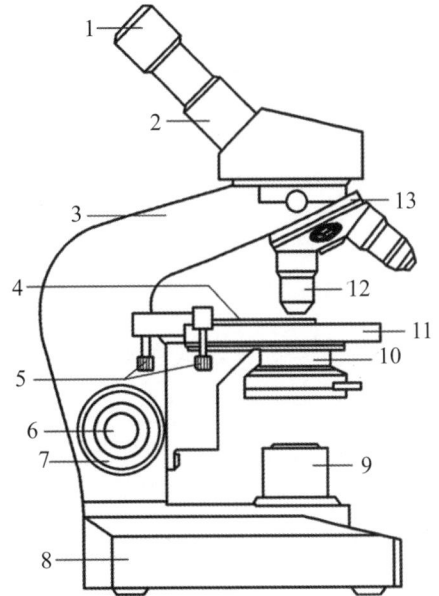

图 1-17　生物显微镜的构造

1—目镜；2—镜筒；3—镜臂；4—压夹；
5—推进器；6—细调节器；7—粗调节器；
8—镜座；9—电光源；10—聚光器；
11—载物台；12—接物镜；
13—物镜转换器

2. 光学部分

（1）目镜　在镜筒的上端，其上有数字，表示放大的倍数。目镜有 5×、8×、10×、15×、16× 等不同的倍数。

（2）物镜　安装在转换器上，是显微镜中最贵重的部分。有低倍镜、高倍镜、油镜三种。低倍物镜有 8×、10×、20×、25×。高倍物镜有 40×、60×。油镜一般为 100×。显微镜的放大倍数是目镜和物镜倍数的乘积。

（3）反光镜　有平面和凹面。大多数显微镜无反光镜，直接安装灯泡作为光源。

（4）聚光器　在载物台的下方，内装有光圈。

二、生物显微镜的使用方法

① 取放显微镜时，必须右手握镜臂，左手托镜座，靠在胸前，轻拿轻放。

② 先用低倍镜对光（避免光线直射），直至获得清晰、均匀、明亮的视野为止。如用自然光源（阳光），可用反光镜的平面；如果用点状光源（灯光）可用反光镜的凹面。

③ 置组织切片于载物台上，将欲观察的组织切片中的组织，对准通光孔的中央（有盖玻片的组织切片，盖玻片朝上），用压夹固定。

④ 旋动粗调节器，使显微镜筒徐徐下降，将头偏于一侧，用眼睛注视显微镜的下降程度（原则上物镜与组织切片之间的距离缩到最小），防止压碎组织切片，当转换高倍镜或油镜时更要注意。

⑤ 观察组织切片时，身要坐端正，胸部挺直，用左眼自目镜观察，右眼睁开，同时转动粗调节器，物镜上升到一定的程度，就会出现物像，再慢慢转动细调节器进行调节，直到物像清晰为止。在观察时，要遵循"先低后高"的原则，即先用低倍镜观察，如果需要观察细胞的结构，可再转换高倍镜，至镜筒下，并转动细调节器进行调节，以获得清晰的物像。有些显微镜在转换

高倍镜时，必须先转动粗调节器，使载物台下移（或镜筒上移），然后再转动细调节器，使载物台上移（或镜筒下移），到接近组织切片时进行观察。

组织学的切片标本，大多数在高倍镜下即能辨认。如果需要采用油镜观察时，应先用高倍镜观察，把欲观察的部位置于视野的中央，然后移开高倍镜，将香柏油滴在欲观察的标本上，转换油镜与标本上的油液相接触，再轻轻转动细调节器，直到获得最清晰的物像为止。

⑥ 在调节光线时，可扩大或缩小光圈的开孔；也可调节聚光器的螺旋，使聚光器上升和下降；有的还可以直接调节灯光的强度。

三、生物显微镜的保养方法

① 使用完显微镜后，取下组织切片标本，旋动转换器，使物镜叉开呈八字形，转动粗调节器，使载物台下移，然后用绸布包好，放入显微镜箱内。

② 若显微镜的目镜或物镜落有灰尘时，要用擦镜纸擦净，严禁用口吹或手抹。

③ 切勿粗暴转动粗、细调节器，并保持该部的清洁。

④ 切勿将显微镜置于日光下或靠近热源处。

⑤ 不要随意弯曲显微镜的活动关节，防止机件因磨损而失灵。

⑥ 不许随意拆卸显微镜任何部件，以免损坏和丢失。

⑦ 在使用过程中，切勿用乙醇或其他药品污染显微镜。一定将其保存在干燥处，不能使其受潮，否则会使光学部分发霉，机械部分生锈，尤其是在多雨季节或地区更应特别注意。

⑧ 用完油镜后，应立即用擦镜纸蘸少量的二甲苯擦去镜头、标本的油液，再用干的擦镜纸擦。对无盖玻片的标本片，可采用"拉纸法"，即把一小张擦镜纸盖在玻片上的香柏油处，加数滴二甲苯，趁湿向外拉擦镜纸，拉去后丢掉，如此 3～4 次，即可把标本上的油擦净。

知识点四 　宠物机体的组成

【知识目标】
1. 说明机体的构成。
2. 指出宠物机体各部位名称。
3. 描述常用宠物解剖方位术语。

【技能目标】
1. 能够准确说出解剖方位术语。
2. 能够准确说出犬、猫躯体的各部位名称。

【职业素养目标】
1. 培养空间思维的想象能力和感知能力。
2. 培养认真观察、细致严谨的工作态度。

动画：犬机体的
各系统组成

一、器官

由几种不同的组织按一定的规律结合在一起，形成的具有一定形态和功能的结构，称为器官。器官可分为两大类，即中空性器官和实质性器官。中空性器官是内部有较大腔隙的器官，如食管、胃、肠管、气管、膀胱、血管、子宫等。实质性器官是内部没有较大管腔的器官，如肝、肾、脾等。

二、系统

由几个功能相关的器官联合在一起，共同完成机体某一方面的生理功能，这些器官就构成一个系统。动物体由十大系统组成，分别为运动系统、被皮系统、消化系统、呼吸系统、泌尿系统、生殖系统、心血管系统、免疫系统、神经系统和内分泌系统。

三、机体

由器官、系统构成完整的机体。机体内器官、系统与其生活的周围环境间也必须保持经常的动态平衡。这种统一，是通过神经、体液调节和器官、组织、细胞的自身调节来实现的。

1. 神经调节

是指神经系统对各个器官、系统的活动进行的调节。神经调节的基本方式是反射，是指在神经系统的参与下，机体对内外环境的变化所产生的应答性反应。

神经调节的特点是作用迅速、准确，持续的时间短，作用的范围较局限。

2. 体液调节

是指体液因素对某些特定器官的生理机能进行的调节。体液因素主要是内分泌腺和具有分泌功能的特殊细胞或组织所分泌的激素。此外，组织中的一些代谢产物，如 CO_2、乳酸等局部体液因素，对机体也有一定的调节作用。

体液调节的特点是作用缓慢，持续的时间较长，作用的范围较广泛。这种调节，对维持机体内环境的相对恒定，以及机体的新陈代谢、生长、发育、生殖等，都起着重要的作用。

机体内大多数生理活动，经常是既有神经调节参与，又有体液因素的作用，二者是相互协调、相互影响的。但从整个有机体看，神经调节占主要地位。

3. 自身调节

指动物机体在周围环境变化时，许多组织细胞不依赖于神经调节或体液调节而产生的适应性反应。这种反应是组织细胞本身的生理特性，所以叫自身调节。如血管壁中的平滑肌受到牵拉刺激时，发生收缩性反应。它是全身性神经调节和体液调节的补充。

四、方位术语

1. 轴和面

（1）轴　哺乳动物大都是四足着地的，其身体长轴（或称纵轴），是指从头端至尾端与地面是平行的。与地面垂直或垂直于长轴的轴，称横轴。

（2）面　包括矢状面、横断面、额面（水平面）。

① 矢状面　是指与动物体长轴平行且与地面垂直的切面，分正中矢状面和侧矢状面。正中矢状面只有 1 个，位于畜体长轴的正中线上，将动物体分为左右对称的两部分。侧矢状面与正中矢状面平行，位于正中矢状面的两侧（图 1-18）。

② 横断面　是指与动物体长轴垂直的切面，位于躯干的横断面可将动物体分为前后两部分。与器官长轴垂直的切面也称横断面。

③ 额面　是指与身体长轴平行且与矢状面和横断面相垂直的切面。额面可将动物体分为背侧和腹侧两部分。

2. 解剖方位术语

靠近动物体头端的称前或头侧；靠近尾端的称后或尾侧；靠近脊柱的一侧称背侧（上面）；靠近腹部的一侧称为腹侧（下面）；靠近正中矢状面的一侧称内侧；远离正中矢状面的一侧为外侧。确定四肢的方位常用近端或远端，近端是靠近躯干的一端；远端是远离躯干的一端。四肢的前面为背侧；前肢的后面称掌侧，后肢的后面称跖侧。

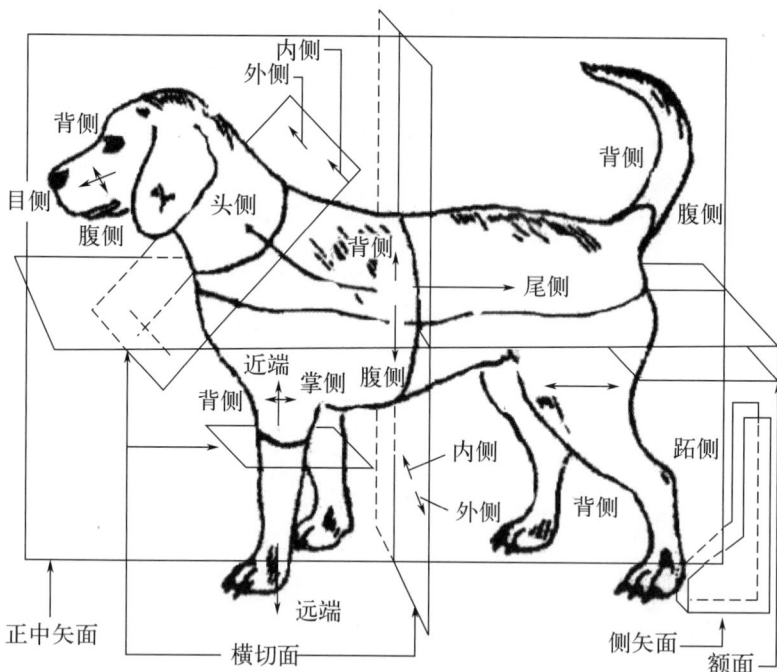

图1-18 解剖方位模式图

五、犬、猫各部位名称

犬的各部位名称（图1-19）。

图1-19 犬的各部位名称

1—颅部；2—面部；3—颈部；4—背部；5—腰部；6—胸侧部；7—胸骨部；8—腹部；9—髋结节；
10—荐臀部；11—坐骨结节；12—髋关节；13—股部；14—膝关节；15—小腿部；16—后脚部；
17—肩带部；18—肩关节；19—臂部；20—肘关节；21—前臂部；22—前脚部

猫的各部位名称（图1-20）。

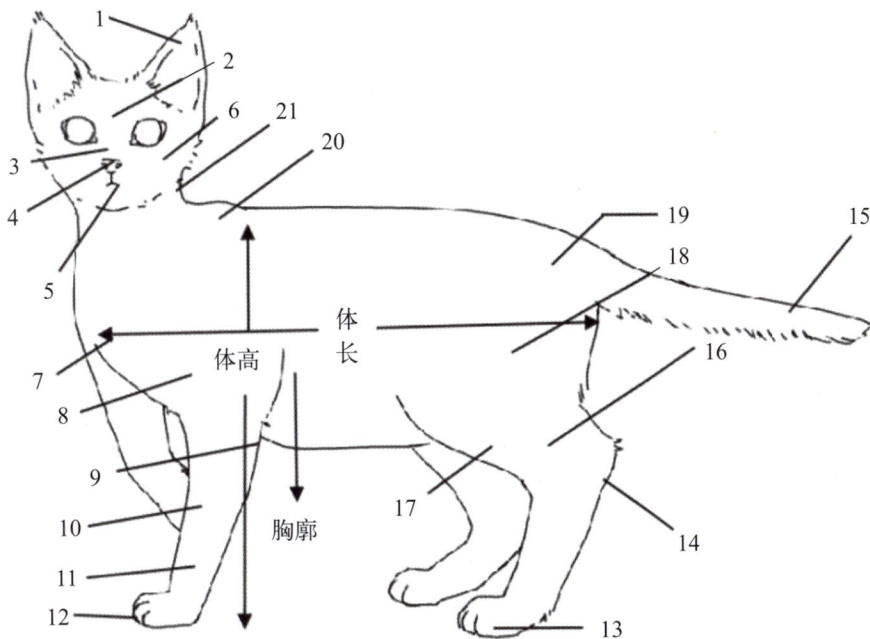

图1-20　猫的各部位名称

1—耳；2—颅；3—鼻梁；4—鼻；5—嘴唇；6—颊；7—前胸部；8—上臂部；9—肘部；10—前臂部；
11—腕部；12—指；13—趾；14—跗关节（飞节）；15—尾；16—小腿；17—膝部；
18—股部；19—臀部；20—肩部；21—颈部

目标检测

1. 简单绘制细胞的组成结构图。
2. 简述细胞膜物质转运的方式。
3. 列表总结细胞器及其功能。
4. 详细绘制机体基本组织的构成思维导图（各部分组成详尽展示）。
5. 按照下列各器官的功能，将其与相应的被覆上皮连线在一起。

胃肠黏膜	单层立方上皮
气管黏膜	单层柱状上皮
甲状腺滤泡	变移上皮
食管黏膜	复层扁平上皮
膀胱黏膜	假复层柱状上皮
体腔浆膜表面	复层柱状上皮
眼睑结膜	单层扁平上皮

6. 绘制被覆上皮分类、分布与功能表格。
7. 完成《宠物解剖生理填充图谱》中模块一内容。

在线答题

02

模块二

被皮系统

知识点一　皮肤的结构

【知识目标】
　　1. 说明皮肤的结构。
　　2. 解释皮肤的功能。

【技能目标】
　　1. 能够辨别皮肤的表皮层、真皮层及皮下组织。
　　2. 能够评判犬、猫健康皮肤的特征。

【职业素养目标】
　　培养认真的学习态度，建立结构和功能相联系的思维方法。

微课：皮肤及其
衍生物的识别

　　宠物机体由被皮系统、运动系统、消化系统、呼吸系统、心血管系统、免疫系统、泌尿系统、生殖系统、神经系统和内分泌系统组成，模块二至模块十一以犬为例介绍宠物机体的十大系统。

一、皮肤的构造

　　皮肤由表皮、真皮和皮下的组织构成（图2-1）。

1. 表皮

　　位于皮肤的最表层，由复层扁平上皮构成，表层细胞角化，称角质层。长期受摩擦和压力的部位，角质层较厚。表皮内没有血管和淋巴管，但有丰富的神经末梢。

2. 真皮

　　位于表皮下面，是皮肤最厚的一层，为致密结缔组织，含有多量胶原纤维和弹性纤维，坚韧而富有弹性，可用以鞣制皮革。真皮内有毛囊、竖毛肌、汗腺、皮脂腺，以及丰富的血管、淋巴管和神经分布。临床上作皮内注射，就是把药液注入真皮层内。

3. 皮下组织

　　位于皮肤的最深层，由疏松结缔组织构成。含有大量的脂肪组织，具有保温、储藏能量和缓冲机械压力的作用。皮下组织发达的部位皮肤的活动性大，可形成皱褶。在骨突起部位，形成皮下黏液囊，可减少骨与该部皮肤活动时的摩擦。

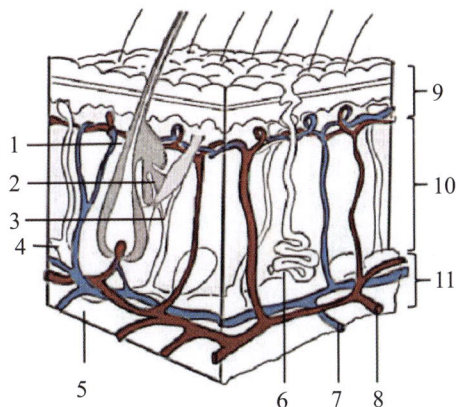

图2-1　皮肤结构模式图

1—毛囊；2—皮脂腺；3—竖毛肌；4—神经；
5—脂肪组织；6—汗腺；7—静脉；8—动脉；
9—表皮；10—真皮；11—皮下组织

二、皮肤的功能

　　皮肤在机体的最外层，主要起到了保护身体的软组织的作用，阻碍了体内水分的蒸发及病原微生物和某些有害物质等因素入侵机体，起到了屏障作用。同时，皮肤还能够产生溶菌酶和免疫抗体，进一步提高皮肤对外界微生物的抵抗力。因此，在整个机体中皮肤属于重要的保护器官。

　　皮肤含有各种感受器，能感受触、压、冷、温、痛等不同的外界刺激。一些代谢产物可随皮肤表面汗液排出体外，并具有调节体温、分泌皮脂、合成维生素D和储藏脂肪的功能。

皮肤不吸收水及水溶性物质，但是能吸收一些脂类、挥发性液体（如醚、乙醇等）和溶解在这些液体里的物质，因此，在使用外用药物治疗皮肤病时，要注意药物浓度过高或擦药的面积过大而导致中毒的情况。

三、健康皮肤的特征

健康犬、猫的皮肤手感柔软而有弹性，被毛柔亮，皮肤温度手感温和，无任何溃疡、肿块及抓痕；无虱、螨等寄生虫和其他皮肤病。

知识点二　皮肤的衍生物

【知识目标】
1. 解释皮肤衍生物的概念并归纳其分类分布。
2. 阐述各皮肤衍生物的结构及其生理机能。

【技能目标】
能够指出犬、猫躯体的皮肤衍生物并说出名称。

【职业素养目标】
1. 通过逻辑推理能力来培养科学探究的能力。
2. 建立结构与功能的相互联系的思维方式，以提高快速长久记忆的能力。

动画：犬被毛
生长与结构

在犬、猫的某些部位，有由皮肤演化而成的特殊器官，统称为皮肤衍生物，主要包括毛、皮肤腺、乳腺、枕和爪等。

一、毛

由表皮衍生而成，坚韧而有弹性，覆盖于皮肤表面，是温度的不良导体，有保温作用。

1. 毛的结构

毛是表皮的衍生物，由角化的上皮细胞构成。毛分毛干和毛根两部分（图2-2）。毛干为露出皮肤表面的部分；毛根为埋于皮肤内的部分。毛根末端膨大呈球形，称毛球。毛球底部凹陷，并有结缔组织伸入，称为毛乳头。毛乳头内富有血管和神经，毛可通过毛乳头获得营养。毛根周围有上皮组织和结缔组织构成的毛囊。在毛囊的一侧有一条平滑肌束，称竖毛肌，收缩时可使毛竖立。

2. 换毛

毛生长到一定的时期，就会衰老脱落，从而被新毛所代替，这个过程称为换毛。动物换毛有两种方式，包括季节性换毛和持续性换毛。季节性换毛一般指每年春秋两季各换一次毛；持续性换毛指不受季节的因素影响，各个时间都可以换毛。犬类两种换毛方式均有，属于混合方式换毛。当毛长到一定时期，毛

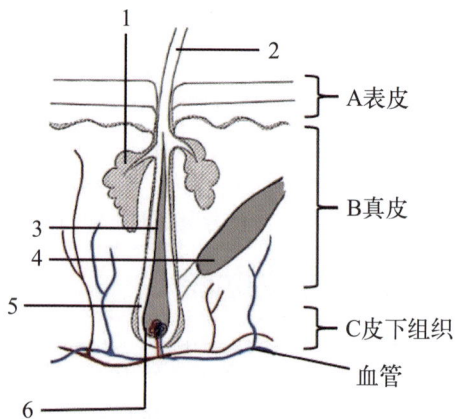

图2-2　毛的结构模式图

1—皮脂腺；2—毛干；3—毛根；4—竖毛肌；
5—毛囊；6—毛球

乳头的血管衰退，血流停止，毛球细胞停止增殖，并逐渐角化和萎缩，最后与毛乳头分离，毛根逐渐脱离毛囊向皮肤表面移去。靠近毛乳头的细胞增殖形成新毛，最后旧毛被新毛推出而发生换毛。

二、皮肤腺

1. 汗腺

汗腺位于真皮和皮下组织内，为盘曲的单管状腺，分泌汗液，有排泄废物和调节体温的作用。汗腺多数开口于毛囊，无毛的皮肤则直接开口于皮肤的表面。但犬、猫的汗腺均不发达，犬在趾球与趾间的皮肤上有少量的汗腺分布，猫出汗只在脚底。所以，犬、猫的体温调节主要是通过皮肤和呼吸来进行的。

2. 皮脂腺

位于真皮内，在毛囊和竖毛肌之间，呈囊泡状，其导管在有毛的皮肤开口于毛囊；无毛的皮肤则直接开口于皮肤表面。皮脂腺分泌皮脂，有润泽皮肤和被毛的作用。猫的皮脂还含有维生素D，当猫舔毛时即可摄入。

3. 特殊的皮脂腺

犬类特殊的皮肤腺包括肛门周围腺和肛门旁腺。

（1）肛门周围腺　位于肛门周围的皮肤内，属于特殊的汗腺，此腺体分泌物能够引起异性的注意。

（2）肛门旁腺　开口于肛门周缘的皮肤性囊状的肛门旁腺凹处，其分泌物具有特殊的恶臭味，能够蓄积肛门旁腺发生的炎症性分泌物。（图2-3）。

图2-3　犬肛门旁腺位置

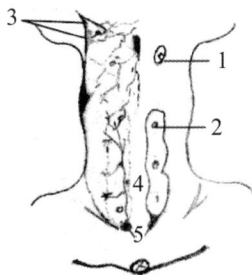

图2-4　犬的乳腺位置
1—乳房；2—乳头；3—腋淋巴结和腋副淋巴结；
4—腹壁浅后动脉和静脉；5—腹股沟浅淋巴结

三、乳腺

乳腺属复管泡状腺，公母犬均有乳腺，但只有母犬能充分发育，并具有分泌乳汁的能力，形成发达的乳房。

1. 乳腺的位置

犬乳一般形成4～5对乳丘，对称排列于胸腹部正中线两侧（图2-4）。按乳丘的位置和部位，可分为胸、腹和腹股沟乳房，其中产乳较多的为腹部及腹股沟乳房，处在胸部的乳腺发育程度较差，泌乳量较少。猫有4～5对，2对位于胸部，3对位于腹部。在哺乳期的乳腺非常发达，而在非哺乳期并不明显。

2. 乳腺的结构

由皮肤、筋膜和实质构成。乳腺的最外面是薄而柔软的皮肤。筋膜包括浅筋膜和深筋膜，浅筋膜是腹筋膜的延续，由疏松结缔组织构成，深筋膜的结缔组织伸入乳房实质将乳房分隔成许多腺小叶。腺小叶由腺泡和腺小管组成。腺泡和腺小管具有泌乳机能，分泌的乳汁经输乳管集合而成的乳道，进入乳池，再经乳头末端的乳头管排出（图2-5）。

在哺乳期乳房的实质主要为乳腺组织，而在断奶后，乳腺组织退化，由结缔组织所代替，此外，乳房并不是在哺乳前迅速增大，而是在妊娠过程中逐渐发育。

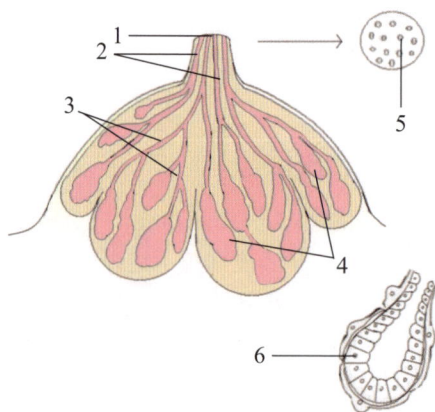

图 2-5　乳腺结构图

1—乳头管；2—排乳窦；3—输乳管；4—乳腺小叶
（含有腺泡）；5—导管开口；6—分泌细胞

四、枕和爪

1. 枕

犬的枕很发达，根据所在的部位不同，可分为腕（跗）枕、掌（跖）枕和指（趾）枕，分别位于腕（跗）、掌（跖）和指（趾）部的内侧面、后面和底面（图2-6）。

2. 爪

爪是包裹指（趾）骨末端的指（趾）器官，与蹄相似，人们也称为指（趾）甲。可分为爪轴、爪冠、爪壁和爪底，均由表皮、真皮和皮下组织构成。爪具有钩取、挖穴和防卫等功能（图2-7）。

动画：趾甲的
构造及生长

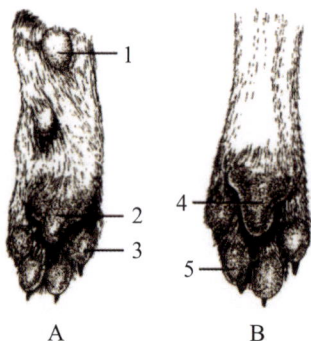

图 2-6　犬的枕

A. 右前肢（掌侧）；B. 右后肢（跖侧）

1—腕枕；2—掌枕；3—指枕；
4—跖枕；5—趾枕

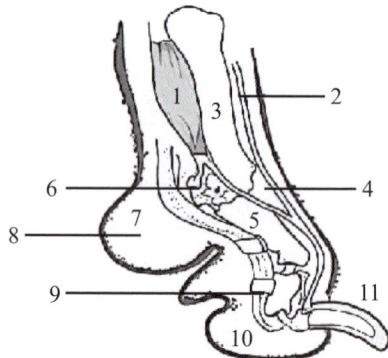

图 2-7　犬前脚的纵切面

1—骨间中肌；2—伸肌腱；3—掌骨；4—背侧籽骨；
5—近指节骨；6—近籽骨；7—掌枕；8—屈肌腱；
9—韧带；10—指枕；11—爪

目标检测

1. 在活体犬身上指出肛门腺的位置并说明功能。
2. 总结皮肤衍生物分类和功能。
3. 描述毛的生长过程，并绘制毛的结构。
4. 完成《宠物解剖生理填充图谱》中模块二内容。

在线答题

03

模块三

运动系统

知识点一　骨和骨连结

微课：骨和
骨连结

　　运动系统由骨、骨连结和肌肉构成。宠物全身的每一块骨都有一定的形态和功能，是一个复杂的器官，主要由骨组织构成。骨基质内沉积有大量的钙盐和磷酸盐，是宠物体的钙、磷库。骨髓有重要的造血功能。

一、骨

1. 骨的类型

根据骨的形状可分为长骨、短骨、扁骨和不规则骨（图3-1）。

（1）长骨　呈长管状，两端膨大，称骨骺或骨端；中部较细，称骨体或骨干，骨体内部的空腔为骨髓腔，容纳骨髓，主要分布于四肢的游离部（如臂骨和股骨）。起支持体重和形成运动杠杆的作用。

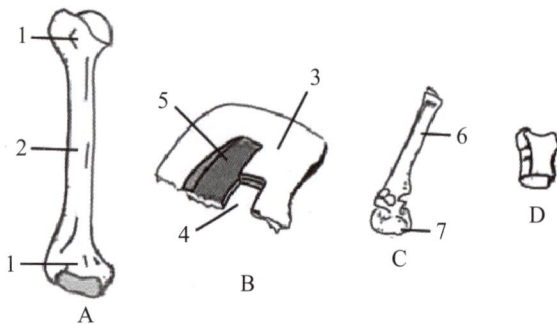

（2）短骨　呈不规则的立方形，多成群地分布于四肢的长骨之间，即结构坚固，并有一定灵活性的部位（如腕骨和跗骨）。起支持、分散压力和缓冲震动的作用。

（3）扁骨　呈板状，主要位于头部（如额骨）、胸廓（如肋骨）和四肢带部（如肩胛骨）。起保护和供大量肌肉附着作用。

（4）不规则骨　形状不规则，一般构成动物体中轴（如椎骨）。起支持、保护和供肌肉附着等作用。

图3-1　骨的类型

A. 长骨；B. 扁骨；C. 不规则骨；D. 短骨
1—骨端；2—骨干；3—外骨板 4—内骨板；
5—板间层；6—棘突；7—椎体

2. 骨的构造

骨由骨膜、骨质、骨髓和血管及神经等构成（图3-2）。

（1）骨膜　包括骨外膜和骨内膜。骨膜分深浅两层，浅层为纤维层，富有血管和神经，具有营养保护作用。深层为成骨层，富有成骨细胞，直接参与骨的生成。在骨受损伤时，成骨层有修补和再生骨质的作用。

（2）骨质　分为骨密质和骨松质。骨密质致密而坚硬，耐压性强，分布于长骨的骨体、骨骺和其他类型骨的表面；骨松质结构疏松，由许多骨板和骨针交织呈海绵状，分布于长骨骨骺和其他类型骨的内部。

（3）骨髓　位于骨髓腔和骨松质的间隙内。分为红骨髓和黄骨髓。红骨髓具有造血功能。胎儿和幼龄动物全是红骨髓。随动物年龄的增长，骨髓腔中的红骨髓逐渐被脂肪组织所代替，称为黄骨髓，失去造血功能。

（4）血管和神经　骨具有丰富的血液供应，分布在骨膜上的小血管经骨表面的小孔进入并分布于骨质。较大的血管穿过骨的滋养孔分布于骨髓。骨膜、骨质和骨髓均有丰富的神经分布。

3. 骨的化学成分和物理特性

骨是由有机质和无机质两种化学成分组成的。

（1）有机质　主要为骨胶原，决定骨的弹性和韧性，约占 1/3。

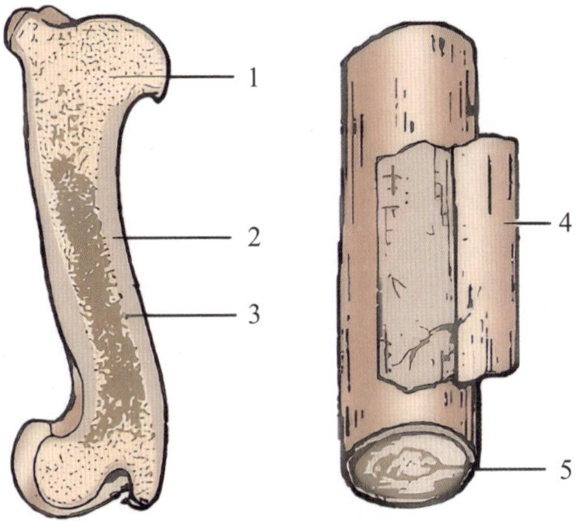

（2）无机质　主要是磷酸钙、碳酸钙等，决定骨的坚固性，约占 2/3。

图 3-2　骨的构造

1—骨松质；2—骨密质；3—骨髓；4—骨膜；5—骨髓

二、骨连结

骨与骨之间的连结装置称骨连结。分为直接连结和间接连结。

1. 直接连结

是骨与骨之间借纤维结缔组织、软骨或骨组织直接相连。其间无腔隙，不活动或仅有小范围活动。直接连结分为 3 种类型：纤维连结、软骨连结和骨性结合。

（1）纤维连结　两骨之间以纤维结缔组织连结，比较牢固，一般无活动性或仅有少许活动（如头骨缝间的缝韧带）。这种连结是暂时性的，当老龄时常骨化，变成骨性结合。

（2）软骨连结　两骨相对面之间借软骨（透明软骨和纤维软骨）相连，基本不能运动。由透明软骨结合的（如长骨的骨体与骨骺之间有骺软骨连结）到老龄时，常骨化为骨性结合；由纤维软骨结合的（如椎体之间椎间盘）终生不骨化。

（3）骨性结合　两骨相对面以骨组织连结，完全不能运动。骨性结合常由软骨连结或纤维连结骨化而成（如髂骨、坐骨和耻骨之间的结合）。

2. 间接连结

由两块或两块以上的骨构成。相对骨面间具有间隙，没有直接联系，又称关节。是骨连结中较普遍的一种形式（如四肢的关节）。

（1）关节的构造　关节的基本构造包括关节面、关节软骨、关节囊、关节腔、关节的辅助结构及关节的血管和神经（图 3-3）。

① 关节面　骨与骨相接触的光滑面，一般多为一凹一凸。

② 关节软骨　覆盖在关节面表面一层透明软骨。有减少摩擦和缓冲震动的作用。

③ 关节囊　是包在关节周围的结缔组织囊。分为纤维层和滑膜层。纤维层位于关节囊的外层，由致密

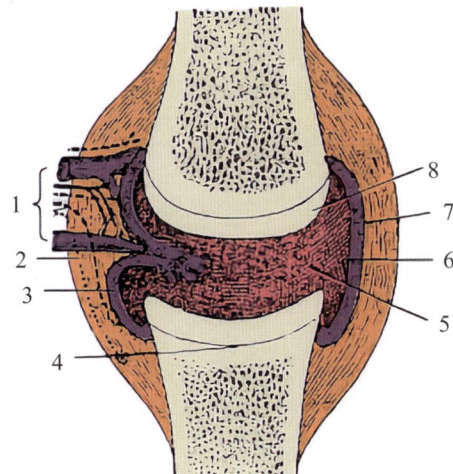

图 3-3　关节构造模式图

1—血管和神经；2—韧带；3—关节囊；
4—关节面；5—关节腔；6—关节囊滑膜层；
7—关节囊纤维层；8—关节软骨

结缔组织构成，具有保护作用；滑膜层位于关节囊的内层，由疏松结缔组织构成，能分泌透明黏稠的滑液，有营养软骨和润滑关节的作用。

④ 关节腔　为关节囊和关节软骨共同围成的密闭腔隙，内有少量滑液，具有润滑、缓冲震动和营养关节软骨的作用。

⑤ 关节的辅助结构　有韧带、关节盘和关节唇。a.韧带由致密结缔组织构成，连于相邻两骨之间，有增强关节稳固性的作用。b.关节盘位于两关节面之间的纤维软骨板（如颞下颌关节的关节盘），有加强关节稳定性和缓冲震动的作用。有的关节盘呈半月状，故称半月板（如股胫关节的半月板）。c.关节唇为附着在关节窝周围的纤维软骨环（如髋臼周围的唇软骨），可加深关节窝、扩大关节面，并有防止边缘破裂的作用。

⑥ 关节的血管和神经　关节的血管主要来自附近的血管分支，在关节周围形成血管网，再分支到骨骺和关节囊。神经也来自附近神经的分支，分布于关节囊和韧带。

（2）关节的运动　可分为下列4种。

① 屈、伸运动　关节沿横轴运动，凡是使成关节的两骨接近，关节角变小的称屈；反之，使关节角变大的为伸（如腕关节、指关节）。

② 内收、外展运动　关节沿纵轴运动，使骨向正中矢状面移动的为内收；相反，使骨远离正中矢状面的运动为外展（如肩关节和髋关节）。

③ 旋转运动　骨环绕垂直轴运动时称旋转运动。向前内侧转动的称为旋内，向后外侧转动的称旋外（如肩关节和髋关节）。

④ 滑动　一个关节面在另一个关节面上轻微滑动（如股膝关节）。

（3）关节的类型

① 按构成关节的骨数，可分为单关节和复关节两种。单关节由相邻的两骨构成（如肩关节）；复关节由两块以上的骨构成（如腕关节），或在两骨间夹有关节盘组成（如膝关节）。

② 根据关节运动轴的数目，可分为单轴关节、双轴关节和多轴关节。单轴关节一般为由中间有沟或嵴的滑车关节面构成的关节，只能沿横轴在矢状面上作屈、伸运动（如指关节）。双轴关节是由凸并呈椭圆形的关节面和相应的窝相结合形成的关节，这种关节除了可沿横轴作屈、伸运动外，还可沿纵轴左右摆动（如寰枕关节）；多轴关节由半球形的关节头和相应的关节窝构成的关节，这种类型的关节除能作屈和伸、内收和外展运动外，还能作旋转运动，（如肩关节和髋关节）。

知识点二　犬的全身骨骼

【知识目标】
  1.认识犬的全身骨骼。
  2.说明躯干骨骼的组成与特征。
  3.列举前肢骨、后肢骨的组成和特征。

【技能目标】
  1.能在犬体上找到躯干及四肢各部分骨骼的位置。
  2.能在犬骨骼标本上找到全身各骨骼及关节。

【职业素养目标】
  1.建立整体与部分相互联系的思维方式。
  2.培养认真观察、区分与辨别的综合思维。

犬的全身骨骼分为头部骨骼、躯干骨骼和四肢骨骼，四肢骨骼包括前肢骨骼和后肢骨骼（图3-4）。

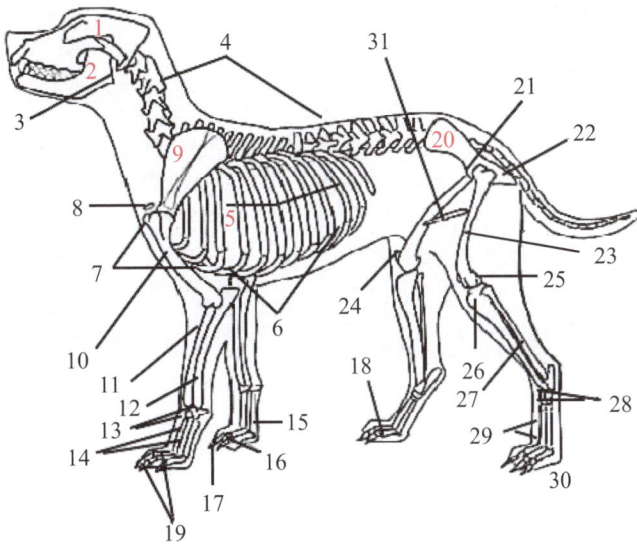

微课：犬的全身骨骼介绍

图 3-4 犬的全身骨骼

中轴骨：1—颅骨；2—下颌椎；3—舌椎；4—脊柱；5—肋骨；6—肋软骨；7—胸骨；8—锁骨（成年后退化）

四肢骨骼：9—肩胛骨；10—臂（肱）骨；11—桡骨；12—尺骨；（11~12统称为前臂骨）13—腕骨；14—掌骨；15—掌籽骨；16—近端指骨；17—中间指骨；18—背侧籽骨；19—远端指骨；20—髂骨；21—耻骨；22—坐骨；（20~22联合形成髋骨）23—股骨；24—膑骨；25—籽骨；26—胫骨；27—腓骨；28—跗骨；29—距骨；30—趾骨；31—阴茎骨

一、头部骨骼

1. 头骨

主要由扁骨和不规则骨构成，分为颅骨和面骨两部分（图3-5，图3-6，图3-7）。

图 3-5 犬的头骨（背面）

1—顶间骨；2—顶骨；3—冠状突；4—颧颞弓；5—鼻骨；6—上颌骨；7—前颌骨；8—颞骨；9—额骨；10—眶上突；11—泪骨；12—眶下孔；13—腭裂

图 3-6 犬的头骨（腹面）

1—枕骨髁；2—茎突；3—鼓泡；4—外颈动脉孔；5—颞骨颧突；6—颧骨颞突；7—颧颞弓；8—枕大孔；9—颞孔；10—卵圆孔；11—蝶骨体；12—鼻后孔；13—腭骨水平板

图 3-7　犬的头骨（侧面）

1—顶间骨；2—顶骨；3—鼻骨；4—上颌骨；5—颌前骨；6—额骨；7—眶上突；8—泪骨；
9—颧骨颞突；10—前白齿；11—切齿；12—犬齿；13—颊孔；14—枕骨；15—颞骨颧突；
16—外耳道；17—下颌头；18—咬肌窝；19—角突；20—白齿

（1）颅骨　位于后上方构成颅腔，包括成对的额骨、顶骨和颞骨，以及不成对的顶间骨、蝶骨、筛骨和枕骨，共 7 种 10 块。

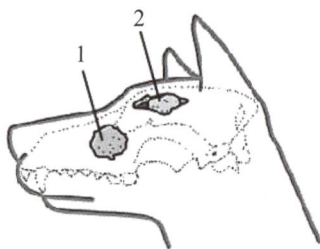

图 3-8　犬的副鼻窦

1—上颌窦；2—额窦

（2）面骨　形成口腔、鼻腔、眼眶的支架。面骨包括成对鼻骨、下颌骨、上颌骨、颌前骨、泪骨、颧骨、腭骨、翼骨、上鼻甲骨和下鼻甲骨。还有不成对的犁骨和舌骨，共 12 种 22 块。

鼻腔附近一些头骨构成的含气腔体称为副鼻窦，又称鼻旁窦（图 3-8）。它们直接或间接与鼻腔相通，故称鼻旁窦。主要有额窦、上颌窦、腭窦和筛窦等。在临床上较重要的是额窦和上颌窦。因鼻黏膜和鼻旁窦内的黏膜相延续，当鼻黏膜发炎时，可蔓延引起副鼻窦炎。

2. 头骨的连结

头骨大部分为直接连结，主要是纤维连结；有的形成软骨连结。只有一个关节，即颞下颌关节，由颞骨、关节盘和下颌骨构成。可进行开口、闭口和左右运动。

二、躯干骨骼

躯干骨包括椎骨、肋骨和胸骨。

1. 椎骨

分为颈椎、胸椎、腰椎、荐椎和尾椎。

（1）典型椎骨的构造　各段椎骨基本结构相似，均由椎体、椎弓和突起组成（图 3-9）。

① 椎体　位于椎骨的腹侧，呈短圆柱形，前面略凸称椎头，后面稍凹称椎窝。

② 椎弓　是椎体背侧的拱形骨板。椎弓与椎体之间形成椎孔，所有的椎孔依次相连，形成椎管容纳脊髓。

③ 突起　有 3 种，分别为有棘突、横突和关节突，

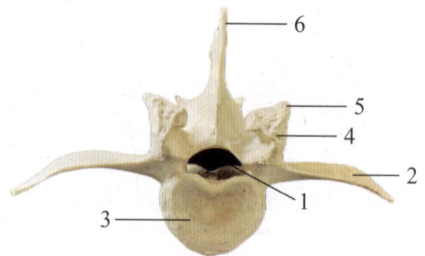

图 3-9　典型椎骨的构造

1—椎孔；2—横突；3—椎头；4—前关节突；
5—后关节突；6—棘突

关节突又分为前关节突和后关节突。

（2）各部椎骨的主要特征

① 颈椎　第1颈椎：又称寰椎，呈环形，由背侧弓和腹侧弓构成。寰椎的两侧有1对寰椎翼（图3-10）。

第2颈椎：又称枢椎，椎体前端形成发达的齿状突，齿状突的腹侧有鞍状关节面。无前关节突（图3-11）。

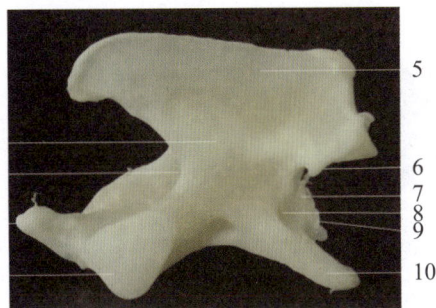

图 3-10　寰椎的构造

1—寰椎翼；2—腹结节；3—横突孔；
4—翼切迹；5—前关节窝；6—背弓；
7—椎间孔

图 3-11　枢椎的构造

1—椎弓；2—椎前切迹；3—齿突；4—前关节突；
5—棘突；6—后关节突；7—椎后切迹；8—横突孔；
9—关节窝；10—横突

第3～6颈椎：椎体发达，椎头和椎窝均很明显。前、后关节突很发达。横突分前后两支。

第7颈椎：与第3～6颈椎相似，横突1支，椎窝两侧有1对肋凹。

② 胸椎　胸椎棘突发达，关节突小。椎头与椎窝的两侧均有与肋头成关节的前、后肋凹。横突短，游离端有小关节面，称横突肋凹，与肋结节成关节（图3-12）。

③ 腰椎　横突发达，呈上下扁的板状，伸向外侧（图3-13）。

④ 荐椎　成年时荐椎愈合成一整体，称荐骨。荐椎的横突相互愈合，前部宽并向两侧突出，称荐骨翼，荐骨翼的背外侧有粗糙的耳状关节面，前端有卵圆关节面。

⑤ 尾椎　前几个尾椎仍具有椎骨的构造，后几个尾椎椎弓、突起则逐渐退化，仅保留椎体并逐渐变细，呈棒状。

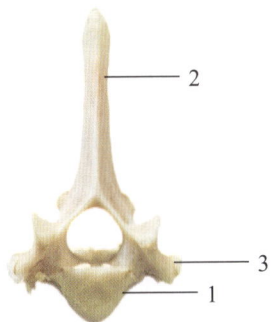

图 3-12　胸椎的构造

1—椎骨体；2—棘突；3—关节突

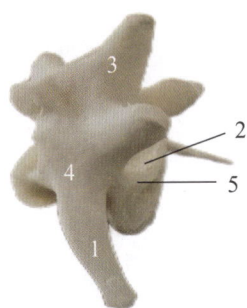

图 3-13　腰椎的构造

1—横突；2—椎弓；3—棘突；4—椎骨体；5—椎间盘

2. 肋骨

肋是左右成对的扁骨，构成胸廓的侧壁。每根肋都包括肋骨和肋软骨。

（1）肋骨　位于背侧，分为椎骨端、肋骨体和胸骨端。

（2）肋软骨　位于肋的腹侧，由透明软骨构成。犬前9对肋的肋软骨，直接与胸骨相连称真肋；其余4对肋的肋软骨不与胸骨相连称假肋。最后1对肋骨和所有假肋则由结缔组织顺次连接形成肋弓（图3-14）。

3. 胸骨

位于腹侧，构成胸廓的底壁，由若干个胸骨片和软骨构成。犬的胸骨上下扁平，共8片，胸骨的前部为胸骨柄，中部为胸骨体，胸骨的后端有上下扁圆形的剑状软骨（图3-15）。

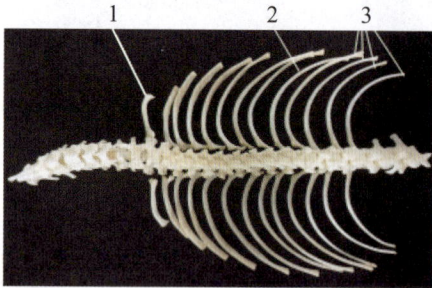

图 3-14　典型肋骨的构造

1—第1对肋骨；2—第9对肋骨；
3—第10～13对肋骨（假肋）

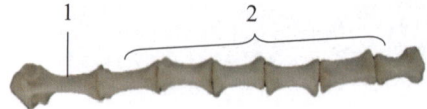

图 3-15　胸骨的构造

1—胸骨柄；2—胸骨体
注：无剑状软骨。

4. 躯干骨的连结

包括椎骨连结、肋与椎骨连结和肋与胸骨连结。

（1）椎骨连结　可分为椎体间连结、椎弓间连结、脊柱总韧带、寰枕关节和寰枢关节。所有椎骨连结在一起称为脊柱。

① 椎体间连结　是相邻两椎骨的椎头与椎窝，借椎间盘相连结。

② 椎弓间连结　是相邻椎骨的前关节突和后关节突构成的关节，是滑动关节。

③ 脊柱总韧带　是分布在脊柱上起连结加固作用的辅助结构，除椎骨间的短韧带外还有3条贯穿脊柱的长韧带，包括棘上韧带、背纵韧带和腹纵韧带。

④ 寰枕关节　由寰椎与枕骨形成，可作屈、伸运动和小范围的侧屈运动。

⑤ 寰枢关节　由寰椎与枢椎构成，可沿枢椎的纵轴作旋转运动。

（2）肋与椎骨连结　又叫肋椎关节，是肋骨与胸椎形成的关节。

（3）肋与胸骨连结　又叫肋胸关节，是真肋的肋软骨与胸骨两侧的肋窝形成的关节。

胸椎、肋和胸骨连结在一起构成胸廓。胸廓为平卧的截顶圆锥形。前口较窄，由第1胸椎、第1对肋和胸骨柄围成。后口较宽大，由最后胸椎、最后1对肋和剑状软骨构成。胸廓前部的肋较短，并与胸骨相连，坚固性强但活动范围小，适应于保护胸腔内器官和连接前肢。胸廓后部的肋长而且弯曲，活动范围大，形成呼吸运动的杠杆。

三、四肢骨骼

1. 前肢骨骼

（1）前肢骨　前肢骨包括肩胛骨、臂骨、前臂骨、前脚骨（腕骨、掌骨、指骨和籽骨）（图3-16）。

① 肩胛骨 为三角形扁骨。骨体外侧面有肩胛冈、冈上窝和冈下窝，内侧面有锯肌面和肩胛下窝；远端有肩臼（或关节盂）和肩胛结节。

② 臂骨 又称肱骨，为管状长骨。近端前方有臂二头肌沟，远端前方有内髁、外髁，后方有鹰嘴窝。

③ 前臂骨 由桡骨和尺骨组成，为管状长骨。桡骨位于前内侧，尺骨位于后外侧。尺骨的近端为鹰嘴（或肘突），鹰嘴的顶端有鹰嘴结节，前方有半月状关节面。

④ 前脚骨

前脚骨由腕骨、掌骨、指骨和籽骨构成（图3-17）。

a. 腕骨：排成上、下两列。近列腕骨有4块，由内向外依次为中间桡腕骨、中间腕骨、尺腕骨和副腕骨；远列腕骨一般为4块，由内向外依次为第1、2、3、4腕骨。

b. 掌骨：为管状长骨。由内至外排列依次为第1、2、3、4、5掌骨。

c. 指骨：一般每指都有3节，依次为系骨、冠骨和蹄骨。

d. 籽骨 是在关节周围的肌腱处存在的一些圆形或扁圆形的游离骨骼。2块近侧籽骨位于系骨近端掌侧，1块远侧籽骨位于蹄关节的掌侧。

（2）前肢骨的连结 由上向下依次为肩关节、肘关节、腕关节和指关节。

① 肩关节 运动形式是屈和伸、内收和外展，旋转运动。但由于两侧肌肉的限制，主要进行屈、伸运动。

② 肘关节 只能作屈、伸运动。

③ 腕关节 由前臂骨远端、腕骨和掌骨近端构成，关节角顶向前，只能作屈、伸运动。

④ 指关节

a. 第一指关节：又称球节，由掌骨远端、系骨近端和近侧籽骨构成，关节角顶向前，只能作屈、伸运动。

b. 第二指关节：由系骨远端和冠骨近端构成，关节角顶向前，只能作屈、伸运动。

c. 第三指关节：由冠骨远端、蹄骨近端和远侧籽骨构成，关节角顶向前，只能作屈、伸运动。

2.后肢骨骼

（1）后肢骨 包括髋骨、股骨、膝盖骨、小腿骨、后脚骨（跗骨、跖骨、趾骨和籽骨）（图3-18）。

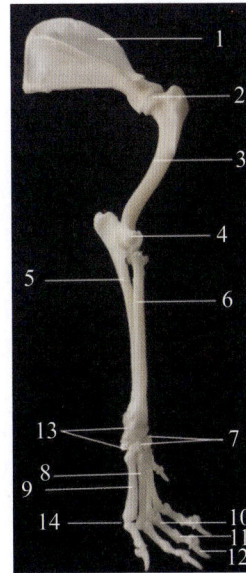

图3-16 前肢骨骼及关节 – 右前肢骨骼（外侧）

1—肩胛骨；2—肩关节；3—臂骨；4—肘关节；5—尺骨；6—桡骨；7—腕骨；8—第4掌骨；9—第5掌骨；10—指骨 - 系骨；11—指骨 - 冠骨；12—指骨 - 蹄骨；13—腕关节；14—指关节（系关节）

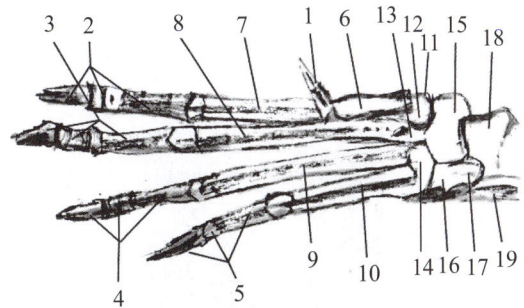

图3-17 左前脚部构造

1—第1指骨；2—第2指骨；3—第3指骨；4—第4指骨；5—第5指骨；6—第1掌骨；7—第2掌骨；8—第3掌骨；9—第4掌骨；10—第5掌骨；11—第1腕骨；12—第2腕骨；13—第3腕骨；14—第4腕骨；15—中间桡腕骨；16—中间腕骨；17—尺腕骨；18—副腕骨；19—尺骨

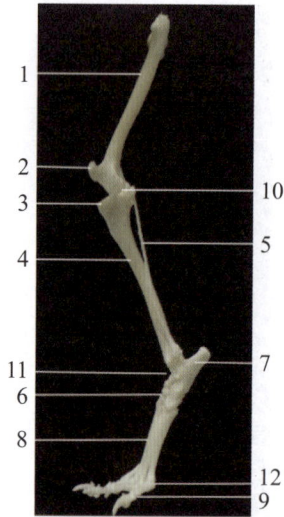

图 3-18 后肢骨及关节

1—股骨；2—髌骨；3—胫骨隆起；4—胫骨；5—腓骨；
6—跗骨；7—跟骨；8—跖骨；9—趾骨；10—膝关节；
11—跗关节；12—趾关节

① 髋骨　由髂骨、坐骨和耻骨构成（图3-19）。3 块骨形成髋臼。两侧坐骨由软骨结合在一起称为坐骨联合；两侧耻骨由软骨结合在一起称为耻骨联合；坐骨联合和耻骨联合形成骨盆联合。

a.髂骨：位于背外侧，分为髂骨体和髂骨翼。髂骨翼的外侧角称髋结节；内侧角称荐结节。髂骨翼的外侧面有臀肌面，内侧面有耳状面。

b.坐骨：位于腹侧后部。构成骨盆底壁的后部。后外侧角称为坐骨结节。两侧坐骨的后缘称为坐骨弓。

c.耻骨：较小，位于腹侧前部。

② 股骨　为管状长骨。近端内侧有股骨头，外侧有大转子，骨体内侧有小转子，远端前方有滑车关节面，后方有内髁、外髁。

③ 膝盖骨　又称髌骨，是一大籽骨，位于股骨远端的前方。

④ 小腿骨　包括胫骨和腓骨。胫骨是一个发达的长骨，呈三棱柱状。腓骨位于胫骨外侧，与胫骨间形成骨间隙。

⑤ 后脚骨

a.跗骨：一般分为 3 列。近列有 2 块，内侧的为距骨，外侧的为跟骨，有跟结节；中列只有 1 块中央跗骨；远列由内侧向外侧为第 1、2、3、4 跗骨（图3-20）。

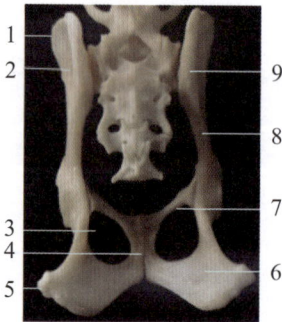

图 3-19　犬的髋骨

1—髋结节；2—臀肌面；3—闭孔；4—骨盆联合；
5—坐骨结节；6—坐骨；7—耻骨；8—髂骨体；
9—髂骨翼

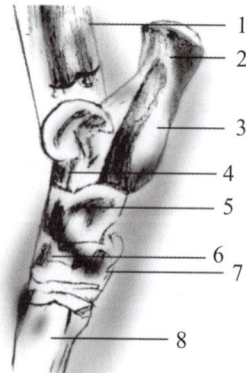

图 3-20　后肢跗骨

1—胫骨；2—跟结节；3—跟骨；4—距骨；
5—中央跗骨；6—第 3 跗骨；7—第 4 跗骨；
8—跖骨

b.跖骨、趾骨和籽骨：分别与前肢相应的掌骨、指骨和籽骨相似。跗骨、跖骨、趾骨和籽骨统称为后脚骨（图3-21）。

（2）后肢骨的连结　由上向下依次为荐髂关节、髋关节、膝关节、跗关节和趾关节。

① 荐髂关节　由荐骨翼的耳状关节面与髂骨的耳状关节面构成，是不动关节。

② 髋关节　由髋臼和股骨头构成，运动形式是屈和伸、内收和外展、旋转运动。

③ 膝关节　包括股胫关节和股膝关节。

a.股胫关节：由股骨远端的髁状关节面、胫骨近端和两个半月板构成，关节角顶向前，主要是屈、伸运动，在屈曲时可作小范围的旋转运动。

b.股膝关节：由股骨远端滑车关节面和膝盖骨构成，主要是膝盖骨在股骨滑车关节面上滑动，通过改变股四头肌作用力的方向，而伸展膝关节。

④ 跗关节 又称飞节，是由小腿骨远端、跗骨和跖骨近端构成的，只能作屈和伸运动。

⑤ 趾关节 其构造与前肢指关节相同。

（3）骨盆 由左右的髋骨、荐骨和前3～4个尾椎及两侧的荐结节阔韧带连结构成骨盆。骨盆的形状和大小，因性别、种类而异。总的来说，母犬的骨盆比公犬的大而宽，骨盆的横径母犬比公犬较宽，有利于母犬分娩。

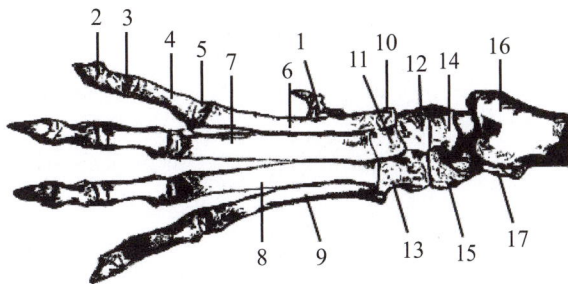

图3-21 左后脚部构造

1—第1趾骨；2—第2趾远趾节骨；3—第2趾中趾节骨；
4—第2趾近趾节骨；5—第2趾背侧籽骨；6—第2跖骨；
7—第3跖骨；8—第4跖骨；9—第5跖骨；10—第2跗骨；
11—第3跗骨；12—中央跗骨；13—第4跗骨；
14—距骨；15—跟骨；16—胫骨；17—腓骨

知识点三 肌肉的基本形态构造

【知识目标】

1.知道肌肉的构造及命名原则。

2.认识肌肉的形态及其分布位置。

3.描述肌肉辅助器官及腱鞘的结构。

【技能目标】

能判断肌肉及其辅助器官的状态是否正常。

【职业素养目标】

1.学习使用概念图将抽象知识具体化。

2.学习使用列表的方法梳理知识点，建立系统思维。

微课：肌肉的
基本形态构造

一、肌肉的构造

全身的每一块肌肉就是一个肌器官，均由肌腹和肌腱构成。

1.肌腹

是有收缩能力的部分，由骨骼肌纤维借结缔组织结合而成。骨骼肌纤维是肌肉的实质部分，结缔组织则为间质部分。包在整块肌肉外表面的结缔组织，形成肌外膜。肌外膜向内伸入，将肌纤维分成大小不同的肌束，称肌束膜。肌束膜再向肌纤维之间深入，包围着每一条肌纤维，称肌内膜。肌膜内有血管、淋巴管、神经和脂肪。对肌肉起连接、支持和营养作用。

2.肌腱

是不能收缩的部分，在肌肉的两端一般由规则的致密结缔组织构成。具有很强的韧性和张力，使肌肉牢固地附着于骨上。

二、肌肉的形态

肌肉一般可以分为板状肌、多裂肌、纺锤形肌和环形肌。

1. 板状肌

呈薄板状，主要位于腹部和肩带部，其形状和大小不一，有的呈扇形（如背阔肌）；有的呈锯齿状（如下锯肌）；有的呈带状（如臂头肌等）。板状肌可延续为腱膜，以增加肌肉的坚固性。

2. 多裂肌

主要分布于脊柱的椎骨之间，是由许多短肌束组成的肌肉，表现出分节的特点（如背最长肌、髂肋肌等）。

3. 纺锤形肌

多分布于四肢，中间膨大部分主要由肌纤维构成肌腹，两端多为肌质，上端为肌头，下端为肌尾（如指总伸肌、指外侧伸肌）。

4. 环形肌

分布于自然孔周围（如口轮匝肌），肌纤维环绕自然孔排列，形成括约肌。

三、肌肉的起止点和作用

肌肉一般都以两端附着于骨或软骨，中间越过一个或多个关节。当肌肉收缩时，肌腹变短，以关节为运动轴，牵引骨发生位移而产生运动。肌肉收缩时，固定不动的一端称为起点，活动的一端称为止点。但随着运动状况发生变化，起止点也可发生改变。

四、肌肉的命名

一般是根据其作用、结构、形状、位置、肌纤维方向及起止点等特征而命名的，大多数肌肉是结合了数个特征而命名的。

五、肌肉的辅助器官

肌肉的辅助器官包括筋膜、黏液囊、腱鞘、滑车和籽骨。

1. 筋膜

筋膜为被覆在肌肉表面的结缔组织膜，可分为浅筋膜和深筋膜。

（1）浅筋膜 位于皮下，又称皮下筋膜，由疏松结缔组织构成，覆盖于整个肌肉表面。浅筋膜连结皮肤与深部组织，有保护、储存脂肪和调节体温等功能。

（2）深筋膜 在浅筋膜之下，由致密结缔组织构成，致密而坚韧，包围在肌群的表面，并伸入肌肉之间，附着于骨上，形成肌间隔，有连接和支持肌肉等作用。

2. 黏液囊

囊壁薄，内面衬有滑膜，囊内有少量黏液，多位于肌、腱、韧带、皮肤与骨的突起之间，有减少摩擦的作用。有些黏液囊是关节囊的突出部分，与关节腔相通，常称为滑膜囊。

3. 腱鞘

腱鞘呈筒状包围于腱的周围，多位于腱通过活动范围较大的关节处，为黏液囊包裹于腱的外面形成。表面为纤维层，滑膜层分内外两层，外层称壁层，附着于纤维层内面；内层称腱层，紧贴于腱的表面。两层滑膜在腱系膜处连续，壁层与腱层之间有少量滑液，可减少腱活动时的摩擦。腱鞘具有固定、保护和润滑肌腱，使其免受摩擦或压迫的作用。（图3-22）

4. 滑车和籽骨

（1）滑车 是骨的滑车状突起，上有沟，腱在沟中通过，表面有软骨，腱和滑车之间有黏液囊，可减少腱与骨之间的摩擦。

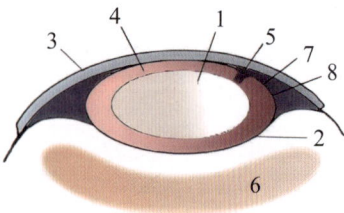

图 3-22　腱鞘的模式图

1—腱；2—黏液囊；3—纤维层；
4—腱鞘；5—腱系膜；6—骨；
7—滑膜壁层；8—滑膜脏层

（2）籽骨　是位于关节角的小骨，在骨的突出部位由肌腱骨化形成，可减少摩擦及改变肌肉作用力的方向。

拓展知识：

深筋膜：在病理情况下，深筋膜一方面能限制炎症的扩散，另一方面，有些部位各肌肉之间的深筋膜形成筋膜间隙，又成为病变蔓延的途径。

腱鞘炎：肌腱长期在腱鞘处过度摩擦，即可发生肌腱和腱鞘的损伤性炎症，引起肿胀，称为腱鞘炎。若不治疗，便有可能发展成永久性活动不便。

知识点四　犬的全身肌肉

【知识目标】
1. 认识头颈部主要肌肉的形态位置。
2. 归纳躯干肌肉的种类分布。
3. 说明胸壁肌和腹壁肌的层次和肌纤维方向。
4. 认识四肢肌的分布和作用。

【技能目标】
能够在犬解剖或外科手术时认识各部位肌肉。

【职业素养目标】
灵活运用思维导图法归纳总结肌肉的分类，提升对知识的归纳总结能力。

微课：犬肌肉类型及分布

全身肌肉分为皮肌、头部肌肉、躯干肌肉和四肢肌肉（图3-23和图3-24）。

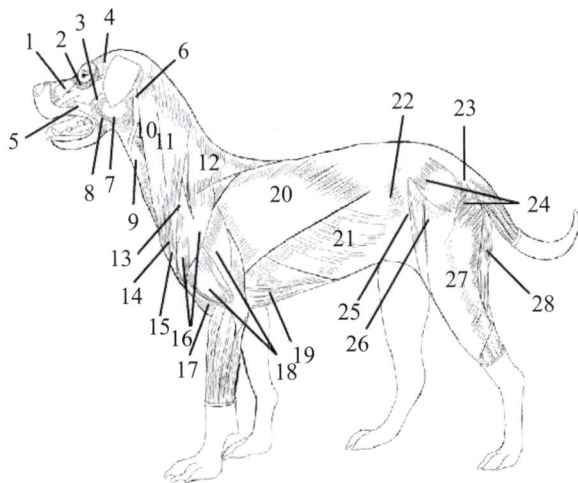

图3-23　犬的全身浅层肌肉

1—鼻唇提肌；2—眼轮匝肌；3—颧骨匝肌；4—额肌；5—口轮匝肌；6—腮耳肌；7—咬肌；8—颊肌；9—胸骨甲状舌骨肌；10—胸头肌；11—锁颈肌；12—斜方肌；13—肩横肌；14—臂头肌中的锁骨腱；15—锁臂肌；16—三角肌；17—臀肌；18—臂三头肌；19—胸深肌；20—背阔肌；21—腹外斜肌；22—腹内斜肌；23—荐尾肌；24—臀浅肌和臀中肌；25—缝匠肌；26—阔筋膜张肌；27—股二头肌；28—半腱肌

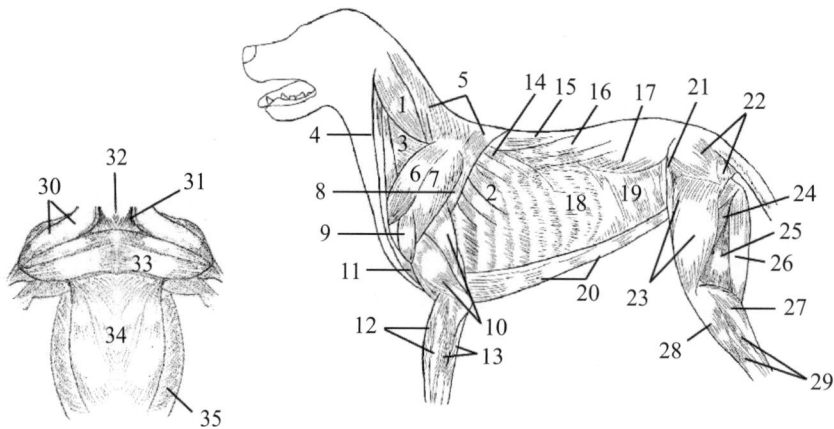

图 3-24　犬的全身深层肌肉

1—夹肌；2—下锯肌；3—肩胛横突肌；4—胸头肌；5—菱形肌；6—冈上肌；7—冈下肌；8—大圆肌；9—三角肌；10—臂三头肌；11—臂肌；12—腕伸肌和指伸肌；13—腕屈肌和指屈肌；14—前上锯肌；15—背棘肌和背半棘肌；16—腰背最长肌；17—髂肋肌；18—肋间外肌；19—腹横肌；20—腹直肌；21—缝匠肌；22—臀肌；23—股四头肌；24—内收肌；25—半膜肌；26—半腱肌；27—腓肠肌；28—胫骨前肌；29—趾伸肌和趾屈肌；30—臂头肌；31—胸头肌；32—胸骨舌骨肌；33—胸浅肌；34—胸深肌；35—腹外斜肌

一、皮肌

皮肌为分布于皮下浅筋膜内的薄层肌，大部分与皮肤深面紧密相连。皮肌收缩，使皮肤颤动，以驱除蚊蝇及抖掉灰尘及水滴等。皮肌并不覆盖全身，根据所在部位可分为面皮肌、颈皮肌及躯干皮肌。

二、头颈部的主要肌肉

1. 面部肌

包括鼻唇提肌、下唇降肌、颊肌、口轮匝肌和眼轮匝肌等。

2. 咀嚼肌

包括咬肌、翼肌、颞肌、二腹肌和枕下颌肌等。

3. 舌骨肌

包括下颌舌骨肌、茎舌骨肌等。

三、躯干的主要肌肉

躯干肌肉包括脊柱肌、颈腹侧肌、胸壁肌及腹壁肌。

1. 脊柱肌

脊柱肌可分为脊柱背侧肌群和脊柱腹侧肌群。

（1）脊柱背侧肌群　作用是两侧同时收缩时，可伸脊柱、举头颈；一侧收缩时，可向一侧偏脊柱。主要有背腰最长肌、髂肋肌和夹肌群。

① 背腰最长肌　是体内最大的肌肉，位于胸椎、腰椎的棘突与横突和肋骨椎骨端所形成的三棱形夹角内。

② 髂肋肌　位于背腰最长肌的腹外侧，背腰最长肌与髂肋肌之间的肌沟，称髂肋肌沟。

③ 夹肌　位于颈侧部的皮下，呈三角形，其后部被斜方肌及颈腹侧锯肌覆盖。

（2）脊柱腹侧肌群　作用是向腹侧弯曲脊柱。主要有颈长肌和腰小肌等。

① 颈长肌　位于颈椎及前位胸椎椎体的腹侧，有屈颈等作用。

② 腰小肌　位于腰椎腹侧椎体的两侧，有屈腰等作用。

2. 颈腹侧肌

颈腹侧肌主要有胸头肌和胸骨甲状舌骨肌。

（1）胸头肌　位于颈部腹外侧皮下，臂头肌下缘，构成颈静脉沟的下界。起于胸骨柄两侧，向前分为浅、深两部分，分别止于下颌骨和咬肌前缘及颞骨乳突。有屈头颈的作用。

（2）胸骨甲状舌骨肌　位于气管腹侧。起于胸骨柄，向前分两支：外侧支止于喉的甲状软骨，称胸骨甲状肌；内侧支止舌骨体，称胸骨舌骨肌。有吞咽时向后牵引舌和喉的作用。

3. 胸壁肌

胸壁肌收缩可改变胸腔的容积参与呼吸运动，因此也称为呼吸肌。主要有肋间外肌、肋间内肌和膈肌。

（1）肋间外肌　位于所有肋间隙的表层。起于肋骨的后缘，肌纤维斜向后下方，止于后一肋骨的前缘。有向前外方牵引肋骨，使胸廓扩大，引起吸气等作用。

（2）肋间内肌　位于肋间外肌的深面。起于肋骨前缘，肌纤维斜向前下方，止于前一肋骨的后缘。有向后方牵引肋骨，使胸廓变小，帮助呼气等作用。

（3）膈肌　位于胸腔和腹腔之间，为锅底形凸向胸腔，又叫横膈膜。膈肌周围由肌纤维构成，称肉质缘，分腰部、肋部和胸骨部。腰部形成肌质的左、右膈脚；中央由强韧的腱膜构成，称中心腱。膈肌上有 3 个孔：上方是主动脉裂孔，中间是食管裂孔，下方是腔静脉孔。膈肌收缩时，使胸腔的纵径扩大，引起吸气。

4. 腹壁肌

腹壁肌构成腹腔的侧壁和底壁，由 4 层构成，由外至内为腹外斜肌、腹内斜肌、腹直肌和腹横肌。腹壁肌的作用是形成坚韧的腹壁，容纳和支持腹腔脏器；当腹壁肌收缩时，可增大腹压，协助呼气、排粪和分娩等。

（1）腹外斜肌　位于最外层，肌纤维方向由前上方斜向后下方。起于肋骨的外面，止于腹底部正中线、耻骨和髋结节。

（2）腹内斜肌　位于腹外斜肌深面，呈扇形，肌纤维方向由后上方斜向前下方。大部分起于髋结节，一部分起于腹外斜肌骨盆部腱的终止部位、腰背筋膜及腰椎横突末端，止于最后肋骨的后缘、腹白线和耻前腱。

（3）腹直肌　位于腹底壁，肌纤维方向由前至后纵行。起于胸骨两侧和肋软骨，止于耻骨前缘。

（4）腹横肌　是腹壁肌的最内层，肌纤维方向由上至下。起于腰椎横突与弓肋下端的内面，止于腹底部正中线。

两侧的腹壁肌腱膜互相交织成腹白线，位于腹壁腹侧正中线上，在胸骨的剑状软骨和骨盆联合之间。

腹外斜肌和腹内斜肌之间的楔形缝隙为腹股沟管，又叫鼠蹊管。它是胎儿时期睾丸从腹腔下降到阴囊的通道，位于股内侧，有内外两个口：外口通皮下，称腹股沟管皮下环，公犬与阴囊相通；内口通腹腔，称腹股沟内环，通腹腔。公犬的腹股沟管明显，内有精索通过。母犬的腹股沟管仅供血管和神经通过。腹股沟管内环过大容易发生阴囊疝。

四、前肢肌肉

前肢肌肉按所在部位可分为：肩带肌和作用于前肢各关节的肌肉。

1. 肩带肌

肩带肌是连结躯干与前肢的肌肉，分背侧组和腹侧组。

（1）背侧组　包括斜方肌、菱形肌、背阔肌、臂头肌和肩胛横突肌。

① 斜方肌　呈扁平的三角形，位于第2颈椎至第9胸椎与肩胛冈之间。分为颈斜方肌和胸斜方肌。作用是提举、摆动和固定肩胛骨。

② 菱形肌　位于斜方肌和肩胛软骨的深面。作用是向前上方提举肩胛骨，拉伸头颈。

③ 背阔肌　呈三角形，位于胸侧壁的上部。作用是向后上方牵引臂骨，屈肩关节和协助吸气。

④ 臂头肌　呈长带状，位于颈侧部浅层，构成颈静脉沟的上界。作用是牵引臂骨向前，伸展肩关节，提举和侧偏头颈。

⑤ 肩胛横突肌　呈薄带状，前部位于臂头肌的深层，后部位于颈斜方肌和臂头肌之间。作用是牵引肩胛骨向前和侧偏头颈。

（2）腹侧组　包括胸肌和腹侧锯肌。

① 胸肌　位于胸壁腹侧与肩臂内侧之间，分为胸浅肌和胸深肌两层。

a.胸浅肌：分前后两部分，前部分为胸降肌，后部为胸横肌。作用是内收前肢。

b.胸深肌：位于胸浅肌深层，分前后两部分，前部分为锁骨下肌，后部为胸升肌。作用是内收和牵引前肢向后，当前肢踏地时牵引躯干向前。

② 腹侧锯肌　呈扇形，下缘呈锯齿状，位于颈部和胸部。可分为颈腹侧锯肌和胸腹侧锯肌。作用是举颈、提举和悬吊躯干及协助吸气。

2. 肩部肌

肩部肌为作用于肩关节的肌肉，可分为外侧组和内侧组。

（1）外侧组　包括冈上肌、冈下肌和三角肌。

① 冈上肌　位于冈上窝内。作用是伸肩关节和固定肩关节。

② 冈下肌　位于冈下窝内，一部分被三角肌覆盖。作用是外展及固定肩关节。

③ 三角肌　呈三角形，位于冈下肌的浅层。作用是屈肩关节和外展前肢。

（2）内侧组　包括肩胛下肌、大圆肌和喙臂肌。

① 肩胛下肌　位于肩胛下窝内。作用是内收臂骨和固定肩关节。

② 大圆肌　呈长棱形，位于肩胛下肌后方。作用是屈肩关节和内收臂骨。

③ 喙臂肌　呈扁而小的棱形，位于肩关节和臂骨的内侧上部。作用同大圆肌。

3. 臂部肌

臂部肌为作用于肘关节的肌肉，分为伸肌组和屈肌组。

（1）伸肌组　包括臂三头肌和前臂筋膜张肌。

① 臂三头肌　呈三角形，位于肩胛骨后缘与臂骨形成的夹角内。分3个头，长头最大，呈三角形；外侧头较厚，呈长方形，位于长头外下方；内侧头较小，在臂骨内面。3个头共同止于尺骨鹰嘴。作用主要是伸肘关节，长头可屈肩关节。

② 前臂筋膜张肌　位于臂三头肌长头的后缘和内面。作用是伸肘关节，还可屈肩关节。

（2）屈肌组　包括臂二头肌和臂肌。

① 臂二头肌　呈纺锤形，位于臂骨前面。作用主要是屈肘关节，可伸肩关节。

② 臂肌　位于臂骨的臂肌沟内。作用是屈肘关节。

4. 前臂及前脚部肌

前臂及前脚部肌为作用于腕、指关节的肌肉，分为背外侧肌群和掌侧肌群。

（1）背外侧肌群　为作用于腕关节和指关节的伸肌，由前向后依次为腕桡侧伸肌、指内侧伸肌、指总伸肌、指外侧伸肌和腕斜伸肌。

① 腕桡侧伸肌　位于桡骨的背外侧面。主要作用是伸腕关节。

② 指内侧伸肌　又称第3指固有伸肌，位于前臂外侧面。作用是伸展第3指。

③ 指总伸肌　位于腕桡侧伸肌后方。作用是伸指关节及腕关节，可屈肘关节。

④ 指外侧伸肌　又称第4指固有伸肌，位于前臂外侧面，在指总伸肌后方。作用是伸腕关节和指关节。

⑤ 腕斜伸肌　肌腱内含有小籽骨。作用是伸腕关节和外旋腕关节。

（2）掌侧肌群　为作用于腕关节和指关节的屈肌，有腕桡侧伸肌、腕桡侧屈肌、腕尺侧屈肌、指浅屈肌和指深屈肌。

① 腕尺侧伸肌　又叫腕外侧屈肌，位于前臂骨外侧后部，指外侧伸肌的后方。作用是屈腕关节，可伸肘关节。

② 腕尺侧屈肌　位于前臂内侧后部。作用是屈腕关节，可伸肘关节。

③ 腕桡侧屈肌　位于腕尺侧屈肌前方。作用是屈腕关节，可伸肘关节。

④ 指浅屈肌　位于前臂部掌内侧的浅层。作用是屈指关节和腕关节。

⑤ 指深屈肌　位于前臂骨的后面，被其他屈肌包围。作用同指浅屈肌。

五、后肢肌肉

后肢肌肉包括臀部肌、股部肌和小腿及后脚部肌。

1. 臀部肌

臀部肌位于臀部，包括臀肌和髂腰肌，臀肌包括臀浅肌、臀中肌和臀深肌。

（1）臀浅肌　位于臀部浅层，呈三角形。作用是屈髋关节和外展髋关节。

（2）臀中肌　是臀部的主要肌肉。主要作用是伸髋关节和外展后肢。

（3）臀深肌　位于最深层，被臀中肌覆盖。作用是外展髋关节和内旋后肢。

（4）髂腰肌　位于腰椎和髂骨的腹侧面，由腰大肌和髂肌组成。作用是屈髋关节和外旋后肢。

2. 股部肌

股部肌分布于股骨周围，分为股前、股后和股内肌群。

（1）股前肌群　包括阔筋膜张肌和股四头肌。

① 阔筋膜张肌　位于股前外侧浅层。作用是紧张阔筋膜、屈髋关节和伸膝关节。

② 股四头肌　大而厚，位于股骨前面及两侧。有四个头，即直头、内侧头、外侧头和中间头。作用是伸膝关节。

（2）股后肌群　包括臀股二头肌、半腱肌和半膜肌。

① 臀股二头肌　是一块长而宽大的肌肉，位于股后外侧。有两个头：椎骨头和坐骨头。作用是伸髋关节、膝关节和跗关节。

② 半腱肌　位于臀股二头肌的后方。作用同臀股二头肌。

③ 半膜肌　呈三棱形，位于臀股后内侧。作用是伸髋关节和内收后肢。

（3）股内侧肌群　包括缝匠肌、耻骨肌、内收肌和股薄肌。

① 缝匠肌　呈狭长的带状，位于股内侧前部。作用是屈髋关节和内收后肢。

② 耻骨肌　呈锥形，位于耻骨前下方。作用是内收后肢和屈髋关节。

③ 内收肌　呈三棱形，位于半膜肌前方，股薄肌深面。作用是内收后肢和伸髋关节。

④ 股薄肌　呈薄而宽的四边形，位于股内侧皮下。作用是内收后肢和伸膝关节。

3. 小腿及后脚部肌

小腿及后脚部肌位于小腿周围，作用于跗关节和趾关节。分为背外侧肌群和跖侧肌群。

（1）背外侧肌群　包括趾长伸肌、腓骨长肌、趾外侧伸肌和胫骨前肌。

①趾长伸肌　位于趾内侧伸肌后方，呈纺锤形。作用是屈跗关节和伸趾关节。

②腓骨长肌　呈狭长的菱形，位于小腿外侧面，趾长伸肌后方。作用是屈跗关节。

③趾外侧伸肌　位于小腿外侧，腓骨长肌后方。作用是屈跗关节、伸趾关节。

④胫骨前肌　紧贴胫骨。作用是屈跗关节。

（2）跖侧肌群　包括腓肠肌、趾浅屈肌、趾深屈肌和腘肌。

①腓肠肌　位于小腿后部，肌腹呈纺锤形。作用是伸跗关节。

②趾浅屈肌　位于腓肠肌两头之间。主要作用屈趾关节，有屈膝关节和伸跗关节作用。

③趾深屈肌　位于胫骨后面。作用是屈趾关节和伸跗关节。

④腘肌　呈三角形，位于膝关节后方、胫骨后面上部。作用是屈膝关节。

目标检测

1. 归纳总结骨的类型及构造。

2. 利用思维导图总结关节分类并举例。

3. 绘制头部骨骼、躯干部骨骼及四肢骨骼组成思维导图。

4. 完成《宠物解剖生理填充图谱》中模块三内容。

5. 观察犬骨骼标本，在骨骼标本中指出各个骨骼及关节位置。

在线答题

04

模块四

消化系统

知识点一 体腔和内脏

　　机体的体腔主要是胸腔、腹腔和骨盆腔，胸腔内有胸膜，腹腔和一部分骨盆腔内有腹膜。构成内脏的器官分为管状器官和实质器官两种。

一、胸腔、胸膜和纵隔

1. 胸腔

胸腔位于体腔的前部，借膈与腹腔分开，是以胸廓为框架并附着胸壁肌而构成的。顶壁是胸椎，两侧壁是肋和肋间肌，底壁是胸骨，后壁是膈肌。胸腔内有心、肺、气管、食管、大血管和淋巴管等（图4-1）。

2. 胸膜

胸膜是胸腔内一层光滑的浆膜，分为壁层和脏层。覆盖在肺表面的称为胸膜脏层，又称肺胸膜；衬贴于胸腔内表面和纵隔表面的称为胸膜壁层，胸膜的壁层按所在部位可分为肋胸膜、膈胸膜和纵隔胸膜。胸膜腔是胸膜的壁层和脏层之间的腔，左、右各一个，互不相通，内有少量浆液（胸腔液），有润滑胸膜、减少肺胸膜和壁层胸膜之间摩擦的作用。

3. 纵隔

纵隔是两侧的纵隔胸膜及其之间器官和结缔组织的总称。纵隔内有心脏、心包、食管、气管、大血管、神经、胸导管和纵隔淋巴结等，它们彼此借结缔组织相连，将胸腔分成左、右两个互不相通的腔。

二、腹腔、骨盆腔和腹膜

1. 腹腔

腹腔是体内最大的体腔，呈卵圆形。前壁为膈肌；背侧壁为腰椎、腰肌和膈肌等；两侧壁和底壁主要为腹壁肌；后端与骨盆腔相通。腹腔内有胃、肠、胰、肾、输尿管、卵巢、输卵管和子宫（部分）等。

2. 骨盆腔

骨盆腔位于骨盆内，是体内最小的体腔，是腹腔向后的延续部分。背侧壁为荐骨和前3～4个尾椎；侧壁主要为髂骨和荐结节阔韧带；底壁为耻骨和坐骨。骨盆腔内

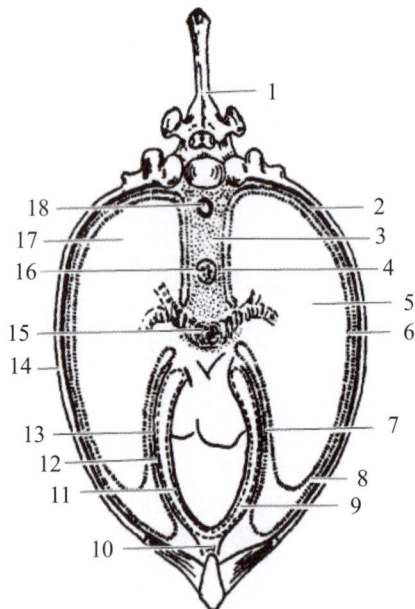

图4-1　胸腔横断面模式图

1—胸椎；2—肋胸膜；3—纵隔；4—纵隔胸膜；
5—左肺；6—肺胸膜；7—心包胸膜；8—胸膜腔；
9—心包腔；10—胸骨心包韧带；
11—心包浆膜脏层；12—心包浆膜壁层；
13—心包纤维层；14—肋骨；15—气管；
16—食管；17—右肺；18—主动脉

有直肠、输尿管和膀胱。公犬还有输精管、尿生殖道（骨盆部）和副性腺，母犬有子宫和阴道等。

3. 腹膜

腹膜为衬贴于腹腔和骨盆腔内面和折转覆盖在腹腔和骨盆腔内脏器官表面的浆膜，正常时光滑。衬贴于腹腔和骨盆腔内面为腹膜壁层，覆盖在腹腔和骨盆腔内脏器官表面称为腹膜脏层。腹膜壁层和脏层之间的腔隙为腹膜腔。腔内有少量淡黄色透明的浆液，具有润滑作用，可减少器官运动时相互摩擦。当腹膜从腹腔和骨盆腔壁移行到脏器，或从某一脏器移行到另一脏器时，形成各种不同的腹膜褶，分别称为系膜、网膜和韧带。

4. 腹腔分区

为了便于确切地叙述腹腔各器官的局部位置，常以骨骼为标志将其再划分为 10 个区域。通过最后肋骨后缘的最突出点和髋结节前缘分别作两个横断面，将腹腔分为腹前部、腹中部和腹后部（图 4-2）。

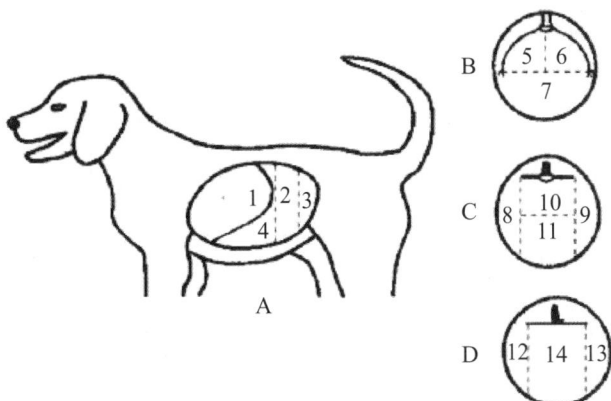

图 4-2　腹腔分区
A. 侧面观；B. 腹前部；C. 腹中部；D. 腹后部
1、4—腹前部（1—季肋部；4—剑状软骨部）2—腹中部；
3—腹后部；5、6—左、右季肋部；7—剑状软骨部；
8、9—左、右髂部；10—腰部；11—脐部；
12、13—左、右腹股沟部；14—耻骨部

三、管状器官和实质器官的基本结构

管状器官在形态、机能上各有特点，但其管壁的组织结构，除口腔外，一般由 4 层组织构成，由内向外依次为黏膜、黏膜下层、肌膜和外膜（图 4-3）。

1. 黏膜

黏膜呈淡红色，柔软而有伸展性。当管腔空虚时，常形成皱褶。黏膜具有保护、吸收和分泌等功能，可分为 3 层，由内向外依次为黏膜上皮、固有膜和黏膜肌层。

（1）黏膜上皮　口腔、咽、食管、胃的无腺区和肛门为复层扁平上皮，具有保护作用；其余部分为单层柱状上皮，具有分泌、吸收作用。

（2）固有膜　由疏松结缔组织构成，内含有毛细血管、毛细淋巴管和神经等。具有支持、营养和固定上皮的作用。

（3）黏膜肌层　为薄层平滑肌，其收缩时可使黏膜形成皱褶，有利于黏膜的血液循环、物质吸收及腺体分泌物的排出。

2. 黏膜下层

由疏松结缔组织构成，内有较大的血管、淋巴管和神经丛。在食管和十二指肠内还有淋巴组织和腺体。

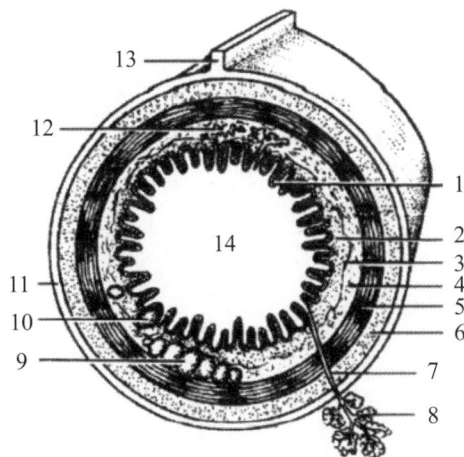

图 4-3　消化管（十二指肠）构造模式图
1—上皮；2—固有层；3—黏膜肌层；4—黏膜下层；5—内环形肌；
6—外纵行肌；7—腺管；8—壁外腺；9—淋巴集结；10—淋巴孤结；
11—浆膜；12—十二指肠腺；13—肠系膜；14—肠腔

3. 肌层

除口腔、咽、食管前段和肛门为由横纹肌构成外，其余各段均由平滑肌构成，一般分为内环行肌和外纵行肌两层，两层之间有少量的结缔组织和肌间神经丛。

4. 外膜

为富含弹性纤维的薄层疏松结缔组织构成，在体腔内的内脏器官，外膜表面覆盖一层单层扁平上皮，称为浆膜。其表面光滑、湿润，有减少脏器之间运动时摩擦的作用。

实质器官是柔软组织，没有特定的腔体，由实质和被膜组成。实质主要由腺上皮构成，是实现器官功能的主要部分。分布于实质内的结缔组织称为间质，起联系和支架作用。被膜由结缔组织构成，被覆于器官的表面，并向实质伸入将器官分隔成若干小叶。血管、神经、淋巴管、导管等出入实质器官之处为凹陷，称此处为该器官的门，如肾门、肝门、肺门等。

知识点二　消化系统的结构

【知识目标】
    1. 说明消化系统组成。
    2. 掌握犬、猫消化器官的形态、位置和构造。
    3. 分辨胃、小肠、肝和胰的组织构造。

【技能目标】
    1. 在犬体表面找到各消化器官的投影位置。
    2. 能够在犬活体解剖时找到各个消化器官位置并识别其形态结构。
    3. 认识胃、小肠、肝和胰的组织构造。

【职业素养目标】
    1. 灵活运用思维导图法概括知识点，提升综合思维。
    2. 建立抽象与具体相互联系的思维方式。

微课：
① 犬消化器官的结构位置
② 犬消化系统解剖结构观察

消化系统由消化管和消化腺两部分组成。消化管是食物通过的管道，包括口腔、咽、食管、胃、小肠、大肠和肛门（图4-4）。消化腺是分泌消化液的腺体，包括壁内腺和壁外腺，胃腺和肠腺等是壁内腺，肝和胰等是壁外腺。

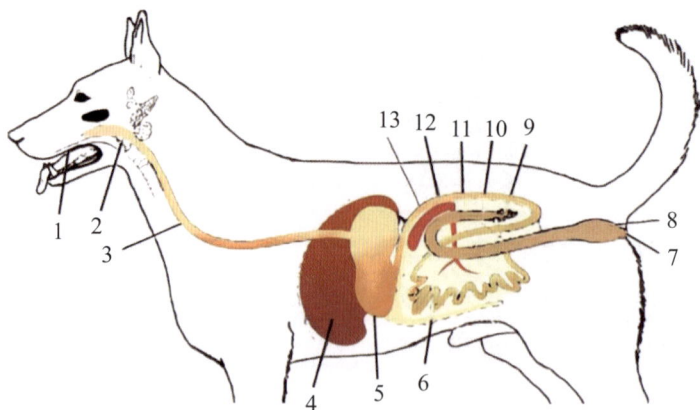

图4-4　犬消化系统组成

1—口腔；2—咽；3—食管；4—肝；5—胃；6—空肠；7—肛门；8—直肠；9—盲肠；10—回肠；
11—升结肠；12—十二指肠；13—胰

一、口腔

口腔由唇、颊、硬腭、软腭、口腔底、舌、齿、齿龈和唾液腺组成，是消化管的起始部，具有采食、吸吮、咀嚼、味觉、分泌唾液和吞咽等功能。口腔的前壁是唇，侧壁是颊，顶壁是硬腭，后壁是软腭，底壁是口腔底和舌。口腔前端由口裂与外界相通，后端以咽峡与咽相通。唇、颊与齿弓之间的腔隙为口腔前庭，齿弓以内部分为固有口腔。口腔黏膜呈粉红色，常有色素沉着。犬的口腔形状和大小，与其头骨形状有密切关系，长头型的犬口腔长而狭窄，短头型的则短而宽（图4-5）。

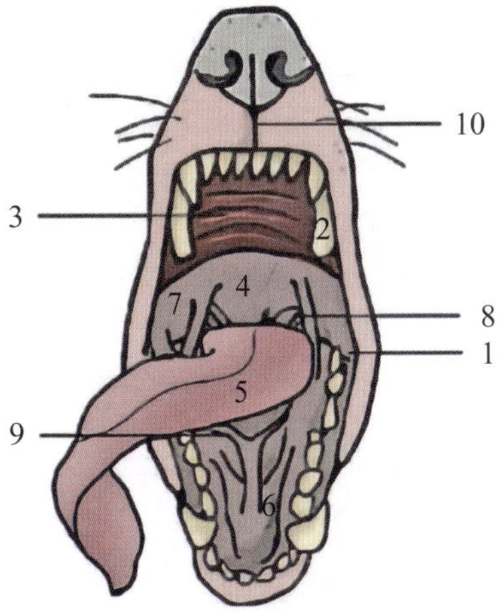

1.唇

分为上唇和下唇，其游离缘共同围成口裂，口裂两端汇成口角。唇以口轮匝肌为基础，内面衬有黏膜，外面被有皮肤。犬上唇的正中沟将上唇分成左、右两半。下唇后部靠近口角处的边缘呈锯齿状，黏膜经常是黑色的，且在下唇缘具有钝形乳头。

2.颊

构成口腔的两侧壁，主要由颊肌构成，外覆皮肤，内衬黏膜。在颧弓前端内侧及下颌骨外侧有颊腺，颊腺的腺管直接开口于颊黏膜的表面。此外，在上颌第四臼齿相对处的颊黏膜上，还有腮腺管的开口。

3.硬腭和软腭

（1）硬腭 它构成了固有口腔的顶壁。上颌骨和颌前骨的腭突、腭骨水平部是硬腭的骨质基础。硬腭黏膜厚而坚实，上皮高度角质化。硬腭向后连接软腭。在硬腭的前端有一突起，称为切齿乳头。

（2）软腭 构成了口腔的后壁。以横纹肌构成的腭肌为基础，表面被覆黏膜，软腭游离缘与舌根之间的空隙为咽峡。腭舌弓为软腭向两侧分出的两条弓形黏膜皱襞中前方的一条，它向下连于舌根部。腭扁桃体呈纺锤形，位于口咽侧壁的扁桃体窝内被软腭形成的半月状褶所覆盖，幼犬向外突出。

4.口腔底和舌

（1）口腔底 大部分被舌所占据，前部由下颌骨切齿部占据，表面覆有黏膜。此部的第1切齿后方有一对乳头，称为舌下阜。舌下阜为下颌腺管和单口舌下腺管的开口部。在口腔底部，有颌舌骨肌，它起于下颌骨，而止于正中缝。该肌在吞咽开始阶段发挥重要作用。

（2）舌 舌附着在舌骨上，占据固有口腔的大部分。舌主要由舌肌及其表面的黏膜所构成。舌背的黏膜较厚，角质化程度高，形成许多形态和大小不同的小突起，称为舌乳头。舌乳头可分为丝状乳头、锥状乳头、轮廓乳头和菌状乳头。有些乳头的黏膜上皮中有许多卵圆形小体，称为味蕾，有味觉作用。舌分为舌尖、舌体和舌根。舌尖为前端的游离部分，其腹侧有明显的舌下静脉，常用作为静脉麻醉药的注射部位。舌尖向后延续为舌体，在舌尖与舌体交界处的腹侧，有黏膜褶与口腔底相连，称为舌系带。舌根是舌体后部附着于舌骨的部分，其背侧的黏膜内含有淋巴组织，称舌扁桃体。

5.齿

齿是体内最坚硬的器官，镶嵌于颌前骨和上、下颌骨的齿槽内，呈弓形排列，分别称为上齿弓和下齿弓，上齿弓较下齿弓宽。齿具有切断、撕裂磨碎食物及攻击作用。

图4-5 犬的口腔
1—口腔前庭；2—犬齿；3—硬腭；
4—软腭；5—舌；6—舌下阜；7—腭舌弓；
8—腭扁桃体；9—舌系带；10—上唇沟

（1）齿式　齿按形态、位置和功能可分为切齿、犬齿和臼齿三种。

① 切齿　位于齿弓前部，齿尖锋利，犬的上、下切齿各为三对，紧密地嵌于切齿骨和下颌骨前部的切齿齿槽内，每侧由内向外分别称门齿（第一切齿）、中间齿（第二切齿）和隅齿（第三切齿）。恒切齿呈角柱状。切齿自第一至第三逐渐增大，下切齿比上切齿小。

② 犬齿　尖而锐，特别发达，呈弯曲的侧扁状，上犬齿比下犬齿大。

③ 臼齿　位于齿弓的后部，嵌于臼齿齿槽内，与颊相对，故又称颊齿。可分为前臼齿和后臼齿。犬的上颌各有前臼齿和后臼齿 4 对和 2 对，在下颌有前臼齿和后臼齿 4 对和 3 对。上臼齿的第 4 齿和下臼齿的第 1 齿最大，其前后各齿均逐渐变小。

齿在动物出生后齿自前向后逐个长出，除后臼齿外，其余齿到一定年龄时按一定顺序更换一次。更换前的齿为乳齿，更换后的齿为永久齿或恒齿。乳齿一般较小，颜色较白，磨损较快。仔犬出生后十几天即生出乳齿，两个月以后开始由门齿、犬齿、臼齿顺序逐渐换为恒齿，8～10 个月齿换齐，但犬齿需要 1 岁半以后才能生长坚实。犬的臼齿数目也因品种不同而异，一般的臼齿为数量为（上／下）12/14，但短头型犬的臼齿数量常为 10/14。

根据上、下齿弓每半侧各种齿的数目，可写成下列齿式，即：

$$2\left(\frac{\text{切齿（I）犬齿（C）前臼齿（P）后臼齿（M）}}{\text{切齿（I）犬齿（C）前臼齿（P）后臼齿（M）}}\right)$$

$$\text{犬的恒齿式：} 2\left(\frac{3\quad1\quad4\quad2}{3\quad1\quad4\quad3}\right) = 42$$

$$\text{犬的乳齿式：} 2\left(\frac{3\quad1\quad3\quad0}{3\quad1\quad3\quad0}\right) = 28$$

（2）齿的构造　齿在形态上一般可分为齿冠、齿颈和齿根三部分（图4-6）。齿冠为露在齿龈以外的部分，齿颈为齿龈包盖的部分，齿根为镶嵌在齿槽内的部分。齿主要由齿质、釉质和黏合质构成，在齿冠的外面覆有光滑而坚硬且呈乳白色的釉质，在齿根的齿质表面有黏合质（又称齿骨质）。齿根的末端有孔通齿腔，腔内有富含血管、神经的齿髓。齿髓有生长齿质和营养齿组织的作用，发炎时能引起剧烈的疼痛。

（3）齿龈　齿龈为被覆于齿颈及邻近骨表面的黏膜，呈粉红色，与骨膜紧密相连，有固定齿的作用，齿龈无黏膜下层。

图4-6　齿的构造

A. 齿冠；B. 齿颈；C. 齿根
1—釉质；2—齿骨质；3—磨面；4—齿质；5—齿腔；
6—齿龈；7—下颌骨；8—齿周膜

6. 唾液腺

唾液腺是导管开口于口腔能分泌唾液的腺体。主要有腮腺、下颌腺和舌下腺 3 对。其所分泌的液体进入口腔，统称为唾液（图4-7）。

（1）腮腺　位于耳根下方，下颌骨后缘，其腺管开口于颊黏膜上。

（2）颌下腺　位于下颌骨内侧，后部被腮腺所覆盖。

（3）舌下腺　位于舌体和下颌骨之间的黏膜下，腺管很多，开口于口腔底部黏膜。

（4）腮腺管　是十二指肠腺，能分泌黏液。是由腮腺浅部前缘发出的一条细长导管，主要作用是将腮腺分泌的唾液输送到口腔中。

二、咽

咽是消化道和呼吸道的共同通道，位于口腔和鼻腔的后方、喉和气管的前上方，可分为鼻咽部、口咽部和喉咽部3部分。

1. 鼻咽部

为鼻腔向后的延续，位于软腭的背侧，前方由两个鼻后孔通鼻腔，后方通喉咽部；两侧壁上各有一个咽鼓管咽口，经咽鼓管与中耳相通。

2. 口咽部

又叫咽峡，为口腔向后的延续，位于软腭与舌根之间，前方与口腔相通，后方通喉咽部；侧壁黏膜上有扁桃体窦，内有腭扁桃体，为淋巴器官。

3. 喉咽部

为咽的后部，位于喉口的背侧，较狭窄，后上方有食管口通食管，下有喉口通喉腔。

图4-7　犬的唾液腺

1—腮腺；2—颌下腺；
3—腮腺管；4—舌下腺

三、食管

食管是将食物由咽运送入胃的一肌性管道，可分为颈、胸和腹三段。食管管壁具有消化管壁的一般结构，可分为黏膜层、黏膜下层、肌层和外膜层。黏膜上皮为复层扁平上皮。

四、胃

1. 胃的形态位置

犬的胃是单室腺型胃，位于腹腔内，在膈和肝的后方。犬的胃容积小，但具有很强的扩张能力（可在0.5~6L之间变动），是消化管膨大的部分，前端以贲门接食管（称贲门部），后端以幽门与十二指肠相通（称幽门部）。胃在充满状态时，容积显著增大，呈不正的梨形。根据胃的弯曲，凹缘称胃小弯，以小网膜连接肝脏；凸缘称胃大弯，其上附有大网膜，大网膜一部分以胃脾韧带连接胃和脾脏；胃大弯的膨大部分为胃体，贲门以上的膨大部分为胃底。胃通过胃膈韧带、小网膜及胃大弯和脾脏之间大网膜与邻近器官连接，位置比较固定。前面为壁面，主要与肝脏相贴；后面为脏面与肠、左肾、胰腺和大网膜等相邻。胃有暂时储存食物、分泌胃液、进行初步消化和推送食物进入十二指肠等作用。

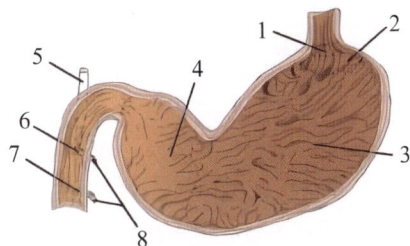

动画：犬猫胃的位置、形态及内部构造

2. 胃的组织构造

胃壁可分由内向外分为四层：

（1）黏膜　由上皮、固有层和黏膜肌层组成。有腺部又分为贲门腺区、幽门腺区和胃底腺区（胃固有腺区）（图4-8）。其中贲门腺区和幽门腺区的黏膜内分布有黏液腺，分泌碱性黏液，以润滑和保护胃黏膜；胃底腺区最大，位于胃底部，是分泌胃液的主要部位。

（2）黏膜下层　由疏松结缔组织构成。

（3）肌层　由内斜、中环和外纵三层平滑肌构成。在胃的入口部，斜行肌形成贲门括约肌。环行肌在幽门部

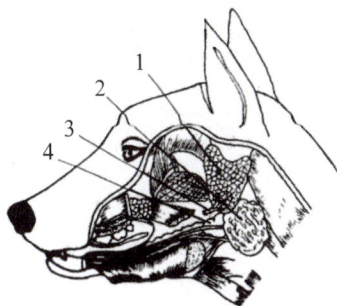

图4-8　犬胃截面内部构造模式图

1—食管区；2—贲门腺区；3—胃固有腺区；
4—幽门腺区；5—胆管；6—十二指肠大乳头；
7—十二指肠小乳头；8—胰管

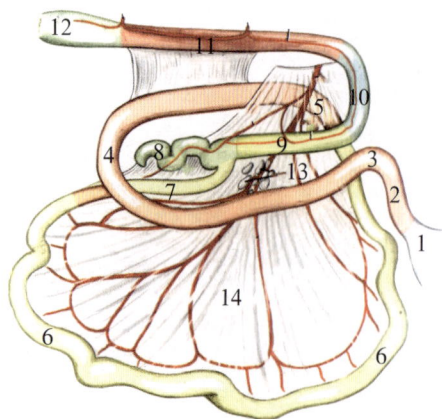

图 4-9　犬各段肠模式图

1—胃；2—十二指肠前曲；3—十二指肠降部；
4—十二指肠升部；5—十二指肠后曲；6—空肠；
7—回肠；8—盲肠；9—升结肠；10—横结肠；
11—降结肠；12—直肠；13—空肠淋巴结；
14—空肠肠系膜

特别发达，形成强大的幽门括约肌。

（4）浆膜　外层主要是浆膜。

五、肠

肠是细长的管道，前连胃的幽门，后端止于肛门，可分大肠和小肠两部分。犬的肠相对于其他动物（如兔、鼠、猪等）较短（图4-9）。

1. 小肠

（1）十二指肠　位于右季肋部和腰部，位置较为固定。其弯曲所形成的半个圈或整个圈，称为十二指肠袢。由胃的幽门起，先在腹腔右侧腰下部向后行，在肠系膜前动脉根部转向左侧，再向前行，移行为空肠。有胆（肝）管和胰管通入十二指肠前段。

（2）空肠　是最长的一段，前连十二指肠，后连回肠。在伸延过程中，形成许多迂回曲折的肠环，并以肠系膜固定于腹腔顶壁。空肠系膜很长，所以空肠的活动范围大。

（3）回肠　是小肠的末段，肠管较直，不形成迂曲的肠环。前连空肠，后连盲肠，回肠进入盲肠，称为回盲口。回肠以回盲韧带与盲肠相连。

2. 大肠

（1）盲肠　小而呈螺旋状，盲肠以盲结口起于结肠起始部，位于体中线与右髂部之间，在回肠的外侧、十二指肠和胰脏右叶的腹侧，以较短的系膜与回肠相连，止于朝后的盲端。

（2）结肠　位于腰下部，根据结肠移行的方位可分为三部分。沿着十二指肠升部内侧面前行至胃的幽门部，即为结肠右部（或升结肠），此段很短。转向左侧横过体正中面，即形成结肠的横行部（或称横结肠）。而结肠左侧部（或称下行结肠或降结肠）再弯向后方，沿左肾腹侧面或内缘向后移行，并斜向体正中线。

（3）直肠　位于骨盆腔内，前连结肠，后端以肛门与外界相通。在骨盆腔中，其直径增大部，称为直肠壶腹。以直肠系膜连于骨盆腔顶壁。直肠外面的腹膜反折线体表投影位置在经第2或第3尾椎的横断面上。

（4）肛门　呈圆锥状，突出于尾根之下。

3. 肠的组织构造

（1）小肠的组织结构　小肠壁分为黏膜、黏膜下层、肌层和浆膜四层（图4-10）。

① 黏膜　小肠黏膜形成许多环形皱褶和微细的肠绒毛，突入肠腔内，以增加与食物接触的面积。

a. 黏膜上皮：被覆于黏膜和绒毛的表面，由单层柱状上皮构成。上皮细胞之间夹有杯状细胞和内分泌细胞。柱状细胞游离面有明显的纹状缘。

b. 固有层：由富含网状纤维的结缔组织构成，固有层内除有大量的小肠腺外，还有毛细血管、淋巴管、神经和各种细胞成分（如淋巴细胞、嗜酸性粒细胞、浆细胞和肥大细胞等）。固有层中央

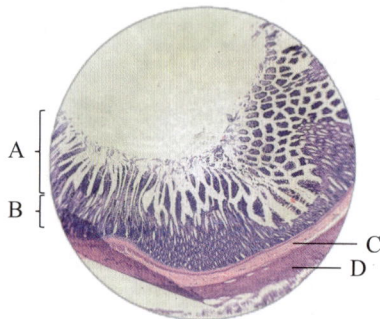

图 4-10　十二指肠组织横切（低倍）

A. 黏膜；B. 黏膜下层；C. 肌层；
D. 浆膜

微课：肠壁的构造

有一条粗大的毛细淋巴管，它的起始端为盲端，称中央乳糜管。毛细血管的内皮有窗孔，有利于物质吸收。

c. 黏膜肌层：一般由内环、外纵两层平滑肌组成。

② 黏膜下层　由疏松结缔组织构成。内有较大的血管、淋巴管、神经丛及淋巴小结等。

③ 肌层　由内环、外纵两层平滑肌组成。

④ 浆膜　与胃的浆膜相同。

（2）大肠的组织构造　大肠壁也由四层构成，与小肠壁相比，特点如下。

① 大肠黏膜没有环形皱襞。黏膜表面没有绒毛。

② 黏膜上皮中杯状细胞多，无纹状缘。

③ 大肠腺比较发达，直而长。杯状细胞较多，分泌碱性黏液中和粪便发酵的酸性产物。分泌物不含消化酶，但有溶菌酶。

④ 孤立淋巴小结较多，集合淋巴小结较少。

⑤ 肌层特别发达。

六、肝

1. 肝的一般形态位置

肝一般呈红褐色，是宠物体内最大的腺体，也是最大的消化腺，具有分解、合成、储存营养、解毒及分泌胆汁等作用，在胎儿期也是造血器官。肝位于腹前部，膈的后方，大部分偏右侧或全部位于右侧。呈扁平状，颜色为暗褐色。背侧一般较厚，腹侧缘薄锐。在腹侧缘上有深浅不同的切迹，将肝分成大小不等的肝叶（图4-11）。膈面隆突，脏面凹，中部有肝门。门静脉和肝动脉经肝门入肝，胆汁的输出管和淋巴管经肝门出肝。肝各叶的输出管合并在一起形成肝管。胆囊的胆囊管与肝管合并，称为胆管，开口于十二指肠。肝的表面被覆有浆膜，并形成左、右冠状韧带、镰状韧带、圆韧带、三角韧带与周围器官相连。

图4-11　犬肝脏分叶（膈面）

a—左外侧叶；a'—左中央叶；b—右外侧叶；
b'—右中央叶；c—右方叶；d—尾状叶；
d'—乳状突；e—胆囊

2. 肝的组织构造

（1）肝小叶　肝小叶为肝的基本单位，呈不规则的多面棱柱状体。每个肝小叶的中央沿长轴都贯穿着一条中央静脉。肝细胞以中央静脉为轴心呈放射状排列，切片上则呈索状，称为肝细胞索，其实是一些肝细胞呈单行排列构成的板状结构，又称肝板。肝板互相吻合连接成网，网眼内为窦状隙。窦状隙极不规则，是肝小叶内血液通过的管道（即扩大的毛细血管或血窦），位于肝板之间，并通过肝板上的孔彼此沟通。此外，在窦腔内还有许多可吞噬细菌和异物的枯否氏细胞。在肝板内相邻肝细胞的细胞膜围成胆小管，并互相通连成网，从肝小叶中央向周边部行走，胆小管在肝小叶边缘与小叶内胆管连接（图4-12）。

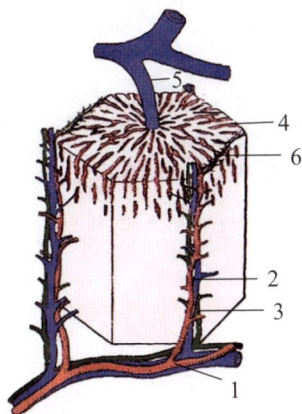

图4-12　肝小叶模式图

1—小叶间动脉；2—小叶间静脉；3—小叶间胆管；
4—肝血窦；5—中央静脉；6—终末支

（2）门管区　由肝门进出肝的3个主要管道（门静脉、肝动脉和肝管），以结缔组织包裹，总称为肝门管。3个管道在肝内分支，并在小叶间结缔组织内相伴而行，分别称为小叶间静脉、小叶间动脉和小叶间胆管。

在门管区内还有淋巴管神经伴行。

（3）肝的排泄管　肝细胞分泌的胆汁排入胆小管内。在肝小叶边缘，胆小管汇合成短小的小叶内胆管。小叶内胆管穿出肝小叶，汇入小叶间胆管。小叶间胆管向肝门汇集，最后形成肝管出肝与胆囊管汇成胆管后，再通入十二指肠内。

（4）肝的血液循环

① 门静脉　它收集了来自胃、脾、肠、胰的血液，汇合成门静脉，经肝门入肝，在肝小叶间分支形成小叶间静脉，再分支成终末分支开口于窦状隙，然后血液流向小叶中心的中央静脉。门静脉血由于主要来自胃肠，所以血液内既含有经消化吸收来的营养物质，又含消化吸收过程中产生的毒素、代谢产物及细菌、异物等有害物质。其中，营养物质在窦状隙处可被吸收、储存或经加工、改造后再排入血液中，运到机体各处，供机体利用；而代谢产物、有毒、有害物质，则可被肝细胞结合或转化为无毒、无害物质，细菌、异物可被枯否氏细胞吞噬。因此，门静脉属于肝脏的功能血管。

② 肝动脉　它来自腹主动脉。经肝门入肝后，在肝小叶间分支形成小叶间动脉，并伴随小叶间静脉分支后，进入窦状隙和门静脉血混合。部分分支还可到被膜和小叶间结缔组织等处。这支血管来自主动脉，含有丰富的氧气和营养物质，可供肝细胞物质代谢使用，是肝脏的营养血管。肝的血液循环途径见图4-13。

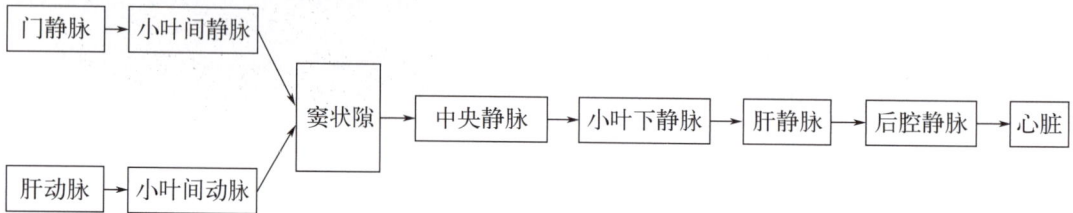

动画：肝脏血液循环

图 4-13　肝血液循环

七、胰

1. 胰的形态位置

胰呈淡粉色，形状不规则，位于腹腔背侧，呈"V"形沿十二指肠分布。胰可分为体部和左、右两叶（图4-14），有两条排泄管，其中一条叫胰管，与胆总管一起开口于十二指肠乳头；另一条叫副胰管，排泄管开口于胰管开口处的稍后方。

2. 胰的组织构造

胰的外面包有一薄层结缔组织被膜，结缔组织伸入腺体实质，将实质分为许多小叶。胰的实质可分为外分泌部和内分泌部（图4-15）。

图 4-14　胰的分叶
1—胰腺左叶；2—胰腺右叶；3—十二指肠

（1）外分泌部　属消化腺，由腺泡和导管组成，占腺体绝大部分。腺胞呈球状或管状，腺腔很小，均由腺细胞组成。细胞合成的分泌物，先排入腺腔内，再由各级导管排出胰脏。腺泡的分泌物称胰液，经胰管注入十二指肠，有消化作用。

（2）内分泌部　位于外分泌部的腺泡之间，由大小不等的细胞群组成，形似小岛，故名胰岛。胰岛细胞呈不规则的索状排列，且互相吻合成网，网眼内有丰富的毛细血管和血窦。胰岛细胞分泌胰岛素和胰高血糖素，经毛细血管直接进入血液，有调节血糖代谢的作用。

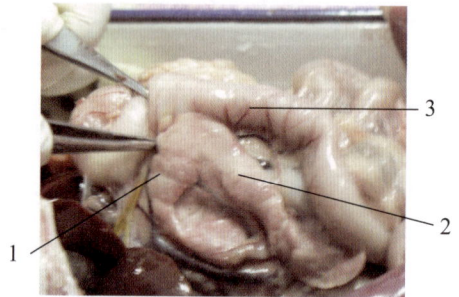

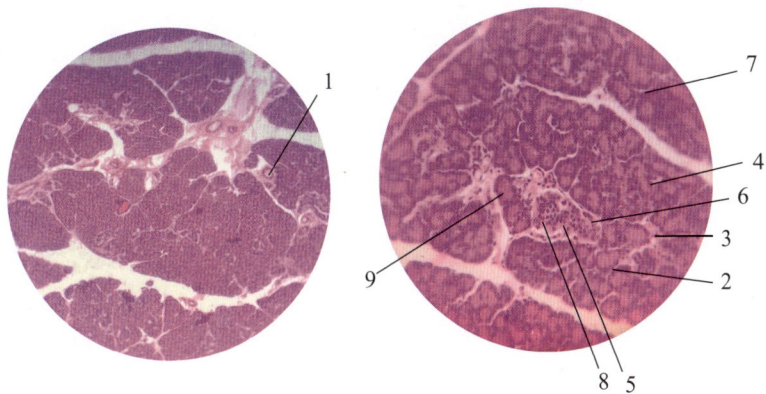

图 4-15　胰的组织结构（高倍）

1—小叶间导管；2—分泌细胞；3—疏松结缔组织；4—泡心细胞；5—胰岛；6—毛细血管；
7—闰管；8—胰岛细胞；9—腺泡

知识点三　消化与吸收过程

【知识目标】

1. 理解采食、咀嚼和吞咽特征。
2. 掌握唾液、胃液、胆汁和胰液的主要成分和作用。
3. 掌握小肠和大肠消化的特点。
4. 归纳主要营养物质在宠物体内消化和吸收过程。

【技能目标】

能判断犬对不同食物的消化方式。

【职业素养目标】

1. 培养灵活运用概念图的方法分析定义及概念的学习能力。
2. 提升学习使用流程图的方法总结系统生理过程的逻辑能力。
3. 灵活运用列表的方法总结知识点，培养乐学善学的学习素养。

微课：
① 犬口腔消化
和胃内消化
② 犬小肠大肠
消化

宠物在生命活动过程中，需要不断地采食食物，摄取其中的营养物质，氧化分解产生能量，供机体利用。食物中的营养物质包括蛋白质、脂肪、糖类（主要为纤维素和淀粉）、水、无机盐和维生素等。其中水、无机盐和维生素一般可以直接被机体吸收利用。而蛋白质、糖类和脂肪为大分子物质，必须在消化道内被分解为小分子物质后，才能被机体吸收利用，这个过程即为消化。消化可分为化学消化、机械消化和微生物消化三种方式。

化学消化主要是指食物在消化管内由消化腺分泌的消化酶和植物性食物本身的酶对食物中的大分子、难溶解和难吸收的营养成分进行分解的一种消化方式，消化酶能将结构复杂的营养物质分解成简单的物质以便吸收利用。如蛋白质在蛋白酶的作用下分解成小分子的氨基酸；多糖在糖酶的作用下分解成单糖；脂肪在脂肪酶作用下分解成甘油和脂肪酸等。

机械消化是指通过消化器官的运动，改变食物物理性质的一种消化方式。动物通过用牙齿咬断食物，在口腔内咀嚼、吞咽进入胃，通过胃、肠运动等，将大块食物变为小块，并沿消化管向后移行，同时与消化液充分混合，使食糜与消化管壁充分接触，以利于营养物质的吸收。最后把消化和吸收后的残渣通过肛门排出体外。

微生物消化指动物消化管内的微生物对食物进行消化的一种方式。犬的微生物消化在大肠，且此功能并不发达，主要是对纤维素进行消化作用。

上述三种消化方式是相互作用、相互协调的。它们共同作用，把食物由大变小并向后推送，使消化管中的食物与消化液充分混合，达到被充分消化和吸收的目的。

一、口腔内消化

犬口腔内的消化活动以机械消化为主，包括采食、饮水、咀嚼和吞咽等过程。

1. 采食和饮水

犬、猫等肉食动物，则常以门齿和犬齿咬扯食物，且借助头、颈运动，甚至靠前肢协助采食。饮水时，犬和猫把舌头浸入水中，卷成匙状，送水入口。

2. 咀嚼

是指在咀嚼肌的收缩和舌、颊的配合动作下，食物在口腔内被牙齿压碎、磨碎和混合唾液的过程，它是消化过程的第一步。犬采食时用下颌猛烈地上下运动，压碎齿列间食物，咀嚼很不充分。

3. 吞咽

是由多种肌肉参与的复杂反射动作，是在舌、咽、喉、食管及贲门的共同作用下，食团由口腔经食管进入胃内的过程。

4. 唾液分泌

唾液为无色透明的黏性液体，犬在安静时分泌的唾液，pH 值呈弱酸性，而有食物刺激时分泌的唾液，pH 值可升至 7.5 左右。唾液中含有约 99.4% 的水分、0.6% 的无机物和有机物。无机物中有钾、钠、钙、镁的氯化物、磷酸盐和碳酸氢盐等，当分泌增加时，Na^+、Cl^-、HCO_3^- 浓度显著上升，达到等张水平；有机物主要是黏蛋白和溶菌酶。唾液的主要作用如下。

① 浸润食物，唾液中的黏液能使嚼碎的食物形成食团，并增加光滑度，便于吞咽。

② 溶解食物中的可溶性物质，刺激舌的味觉感受器，引起食欲，促进各种消化液分泌。

③ 帮助清除一些食物残渣和异物，清洁口腔。

④ 抗菌，唾液中含溶菌酶，具有抗菌作用。

⑤ 协助散热，犬的汗腺不发达，可借唾液中水分的蒸发来调节体温。

二、胃内消化

胃有暂时储存食物和初步消化食物两大功能。犬的胃是单室腺型胃，其消化方式主要是机械消化和化学消化。

1. 胃的机械消化

（1）容纳性舒张　动物在咀嚼和吞咽食物时，反射性地通过迷走神经引起胃体部和底部肌肉舒张，使胃的容量增加，而胃内压力改变不大，称为容纳性舒张。

（2）紧张性收缩　胃在消化时整个胃壁肌肉呈现持续而缓慢收缩状态，称紧张性收缩。它能使胃维持一定的形状，使胃内压力逐渐增高，以使食物与胃液充分混合，并向幽门移动，有利于化学消化。

（3）蠕动　是胃壁的环形肌交替收缩和舒张产生的运动形式，一般从贲门向幽门呈波浪式推进，运动力由小到大，到胃体中部逐渐明显，到幽门极为有力。蠕动过程有利于胃内容物的充分混合。如果是自幽门向贲门方向则是逆蠕动。犬胃蠕动频率约为 5 次 /min。

（4）排空　随着胃运动的不断加强，胃内压逐渐升高，当胃内压大于肠内压时，胃内食糜分批排入十二指肠的过程，称为胃排空。蛋白性食物、脂肪性食物和固体性食物排空较慢，糖类食物、半液态和液态物质排空较快。酸性并含有脂肪的食糜进入小肠可引起幽门括约肌的收缩和胃运动的抑制，暂停排空。当胃排空后数小时，胃体出现节律性蠕动收缩，这种收缩为饥饿性收缩，动物感到有饥饿感。犬在进食后5～7h就可将胃中的食物全部排空，要比其他草食或杂食动物快许多。

2. 胃的化学消化

（1）胃液的性质及成分 纯净的胃液无色，pH值为0.9～1.5。胃液的成分包括消化酶、黏蛋白、内因子及无机物（如盐酸、钠和钾的氯化物）等。

（2）胃液的作用

① 盐酸 盐酸由壁细胞分泌出来后，有一部分与黏液中的有机物结合称为结合酸，未被结合的部分称为游离酸，二者合称为总酸。其中绝大部分是游离酸。

盐酸的作用有：激活胃蛋白酶原并提供酶作用所需要的酸性环境；使蛋白质变性而易于分解；杀死胃内的细菌；进入小肠促进胰液、胆汁及肠液的分泌；造成酸性环境，有助于铁、钙的吸收等。

② 胃蛋白酶 初分泌入胃的胃蛋白酶原是没有活性的，在胃酸或已激活的胃蛋白酶的作用下转变为有活性的胃蛋白酶。胃蛋白酶在pH值为2的较强酸性环境下将蛋白质水解为胨和胨，产生多肽和氨基酸较少。当pH值升高至6以上时，酶活性消失。

③ 黏液 黏液的主要成分是糖蛋白，分不溶性黏液和可溶性黏液两种。不溶性黏液由表面上皮细胞分泌，呈胶冻状，黏稠度很大；可溶性黏液是胃腺的黏液细胞和贲门腺、幽门腺分泌的。黏液经常覆盖在胃黏膜表面，有润滑作用，使食物易于通过，保护胃黏膜不受食物中坚硬物质的损伤；还可防止酸和酶对黏膜的侵蚀。

④ 内因子 能和食物中的维生素B_{12}结合成复合物，通过回肠黏膜受体将维生素B_{12}吸收。

三、小肠内消化

小肠内消化主要通过小肠的运动，使胰液、胆汁、小肠液与食糜充分混合，发挥胰液、胆汁和小肠液的化学消化作用。

1. 胰液的消化作用

胰液是无色、无臭的碱性液体，pH值为7.8～8.4。犬一昼夜可分泌200～300mL胰液。胰液中含无机物与有机物。无机成分中，除有Cl^-、Na^+、K^+、Ca^{2+}等外还有含量最高的碳酸氢盐，其主要作用是中和进入十二指肠的胃酸，使肠黏膜免受强酸的侵蚀；同时也为小肠内多种消化酶活动提供了最适合的pH环境（pH值为7～8）。胰液中的有机物主要是蛋白质，由多种消化酶组成。

（1）胰淀粉酶 不需要激活就有活性，可分解淀粉为麦芽糖。

（2）胰脂肪酶 分解脂肪为甘油和脂肪酸。

（3）胰蛋白酶和糜蛋白酶 都以酶原形式存在于胰液中。经激活后，分解蛋白质为胨和胨，两种酶共同作用时可分解蛋白质为小分子的多肽和氨基酸。

（4）核糖核酸酶和脱氧核糖核酸酶 使相应的核酸部分地水解为单核苷酸。羧基肽酶作用于多肽末端的肽键，释放具有自由羧基的氨基酸。

2. 胆汁的消化作用

（1）胆汁的性质和成分 胆汁是黏稠具有苦味的黄绿色液体，肝胆汁呈弱碱性，胆囊胆汁呈弱酸性。胆汁中没有消化酶，其主要成分除水外，还有胆色素、胆盐、胆固醇、脂肪酸、卵磷脂及其他无机盐等。

（2）胆汁的作用

① 胆盐、胆固醇和卵磷脂可乳化脂肪，增加胰脂肪酶的作用面积。

② 胆盐可与脂肪酸结合成水溶性复合物，促进脂肪酸的吸收。

③ 促进脂溶性维生素的吸收。

④ 中和十二指肠中部分胃酸。

⑤ 刺激小肠的运动。

⑥ 胆酸盐是胰脂肪酶的辅酶，能增加脂肪酶的活性。

3. 小肠液的消化作用

小肠液为无色或灰黄色浑浊液，呈弱碱性，pH 约为 7.6。小肠液中含有黏液、蛋白酶、淀粉酶和脂肪酶等。肠激酶可激活胰蛋白酶原，肠肽酶可分解多肽成氨基酸，蔗糖酶、麦芽糖酶和乳糖酶分解双糖为单糖，脂肪酶能补充胰脂肪酶对脂肪消化的不足。这些酶以两种形式存在于肠内，一种是被溶解的酶，存在于小肠液中；另一种是不溶解状态的酶，存在于小肠黏膜脱落的上皮中。小肠液中各种酶的分布随部位不同有一定的差异，如空肠中的糖酶比回肠高，肠激酶只存在于十二指肠和空肠上部的分泌物中。

四、大肠内消化

大肠是消化道的最后一段，是微生物消化的主要场所。

1. 大肠液及微生物的作用

大肠黏膜上的腺体分泌富含黏液和碱性分泌物（主要为碳酸氢盐）的大肠液，含消化酶很少。黏液的作用在于保护肠黏膜和润滑粪便；碱性分泌物能中和酸性发酵产物，以利于微生物的繁殖和活动。

动画：各营养物质在犬体内消化过程

2. 粪便的形成和排粪

食糜经消化吸收后，残渣进入大肠后段，水分被大量吸收，逐渐浓缩而形成粪便。排粪是一种复杂的反射动作。粪便停留在直肠内积聚到一定量时，刺激肠壁压力感受器产生冲动，通过盆神经传至荐部脊髓，再传至大脑皮层。冲动经整合后，通过盆神经传至大肠后段，引起直肠收缩，肛门括约肌舒张，在腹肌收缩配合下，增加腹压进行排粪。荐部脊髓如果受损，则肛门括约肌紧张性收缩丧失，引起排粪失禁。

五、吸收

食物经消化后，其分解产物经消化道的上皮细胞进入血液或淋巴液的过程称为吸收。消化道吸收的营养物质被运输到机体各部位，供机体代谢利用。

1. 吸收部位及机制

在消化道的不同部位，吸收的效率是不同的，这种差别主要取决于消化道各部位的组织结构，以及食物在该处的状态和停留时间。食物在犬的口腔和食管内实际上并不吸收，在胃的吸收也非常有限，一般只吸收少量水分和无机盐。小肠是吸收的主要部位。它的黏膜具有环状皱褶，并拥有大量的绒毛，绒毛表面有微绒毛，使吸收面积增大。食物在小肠内停留时间较长，且已被消化到适于吸收的状态，而易被肠壁吸收（图 4-16）。

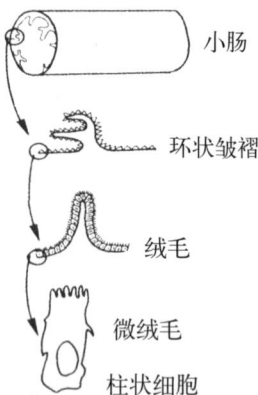

2. 各种主要营养物质的吸收

营养物质的吸收机制，大致可分为被动转运和主动转运两类。被动转运包括滤过、扩散和渗透作用；主动转运则由于细胞膜上存在着一种具有"泵"样作用的转运蛋白，可以逆电化学梯度转运 Na^+、Cl^-、K^+、I^- 等电解质及单糖和氨基酸等非电解质。

（1）盐类和水分的吸收

① 钠的吸收　由钠泵主动转运吸收。

② 铁的吸收　主要在小肠上段。食物中的铁绝大部分是 3 价铁，

小肠

环状皱褶

绒毛

微绒毛

柱状细胞

图 4-16　小肠的微细结构

必须还原为亚铁后方能被吸收。肠黏膜吸收铁的能力决定于黏膜细胞内的含铁量，存积于细胞内的铁量高，会抑制铁的再吸收。被吸收的亚铁在肠黏膜细胞内氧化为 3 价铁，并和细胞内的去铁蛋白结合形成铁蛋白暂时储存起来，慢慢向血液中释放。一小部分被吸收，但尚未与去铁蛋白结合的亚铁，则以主动吸收方式转移至血浆中。铁的转运过程需要消耗能量，为主动转运。

③ 钙的吸收　钙盐只有在水溶液状态，且不被肠腔内任何物质沉淀的情况下，才能被吸收。钙的吸收也是主动转运，需要充分的维生素 D。脂肪或肠内容物偏酸都会影响钙的吸收。

④ 负离子的吸收　小肠内吸收的负离子主要 Cl^- 和 HCO_3^-。由钠泵所产生的电位可使负离子向细胞内转移，负离子也可按浓度差独立进行被动转运。

⑤ 水分的吸收主要在小肠。小肠主要借助渗透、滤过作用吸收水分。

（2）糖的吸收　食物中的糖类在肠腔和黏膜细胞的外表面，经消化酶降解成单糖和双糖。大部分单糖被吸收后，经门静脉送到肝脏，一些单糖也能经淋巴液转运。绝大多数动物的肠黏膜上皮的刷状缘含有各种双糖酶，保证在吸收时所有双糖都分解为单糖。单糖的吸收是耗能的主动转运过程。果糖的吸收是不耗能的被动吸收过程。

（3）蛋白质的吸收　绝大部分蛋白质被分解为小肽和氨基酸后吸收，未经消化的天然蛋白质及蛋白质的不完全分解产物只能被微量吸收进入血液。吸收氨基酸的部位是小肠，氨基酸的吸收是主动转运，需要消耗能量。新生犬在最初一段时间内，可从初乳中以胞饮方式完整吸收免疫球蛋白，从而获得被动免疫。

（4）脂肪的吸收　脂肪消化后生成甘油、游离脂肪酸和甘油一酯，在胆盐的作用下形成水溶性复合物，再经聚合形成脂肪微粒。在吸收时，脂肪微粒中各主要成分被分离开来，分别进入小肠上皮。甘油一酯和脂肪酸靠扩散作用在十二指肠和空肠被吸收，胆盐靠主动转运在回肠末段被吸收。脂肪吸收后，各种水解产物重新合成中性脂肪，外包一层卵磷脂和蛋白质的膜成为乳糜微粒，通过淋巴和血液两条途径（主要是淋巴途径）进入肝脏。

（5）胆固醇和磷脂的吸收　胆固醇在胆盐、胰液和脂肪酸的帮助下，通过简单扩散进入肠上皮细胞再转入淋巴管而被吸收。磷脂只有小部分不经水解可直接进入肠上皮，大部分须完全水解为脂肪酸、甘油、磷酸盐等才能进入肠上皮再转入淋巴管而被吸收。

（6）维生素的吸收　水溶性维生素吸收各有特点，一般认为维生素 B_6 以简单的单纯扩散方式吸收，维生素 C、维生素 B_1 等的吸收是依赖特异性载体的主动转运过程，维生素 B_{12} 可与内因子结合在回肠被吸收。脂溶性维生素（包括 A、D、E、K）的吸收与类脂物质相似。

📖 **拓展知识：**

> 初生仔犬消化器官不发达，消化腺机能不完全。初生仔犬胃内仅有凝乳酶，而唾液和胃蛋白酶很少，同时，胃底腺不发达，缺乏游离的盐酸。因此，不能很好地消化蛋白质，特别是植物蛋白质。胃液分泌上，仔犬胃神经系统之间的联系还没有完全建立，缺乏条件反射的胃分泌。只有当食物进入胃内直接刺激胃壁后，才分泌少量胃液。

知识点四　胃肠运动形式及小肠吸收

【知识目标】

1. 认识胃和小肠的几种运动形式及其影响因素。
2. 掌握体液对胃肠运动的调节作用。

　　胃肠的有序运动是保障食物顺利消化和推进的基础，其形式多样且复杂，包括蠕动、逆蠕动、分节运动、钟摆运动、紧张性收缩等。这些运动形式的协同作用，使得食物在胃肠道中被充分混合、研磨，并到达合适的部位进行进一步的消化和吸收。

一、胃的运动及调节

1. 胃头区的运动

　　头区包括胃底和胃体的前部，其主要功能是临时储存食物和进行微弱的紧张性收缩和容受性舒张活动。

2. 胃尾区的运动

　　尾区包括胃体的远端和胃窦，主要作用是通过蠕动使食物与胃液充分混合，并逐步将食糜排至十二指肠。食物进入胃后约 5min，蠕动波即从胃中部开始有节律地向幽门方向推进。在推进过程中波的深度和速度不断增大。接近幽门时，一部分食糜被排到十二指肠，有些蠕动波只到胃窦并不到幽门。胃窦终末部的有力收缩可将胃内容物反向推回到近侧胃窦部和胃体部，以便将食物进一步磨碎。

3. 胃排空

　　消化时食物在胃内引起胃运动加强，从而使胃内压升高。当胃内压大于十二指肠内压时，食糜即由胃进入十二指肠。

4. 胃运动的调节

　　（1）神经调节　胃的容受性舒张受迷走神经、交感神经的双重支配。通常迷走神经可增强胃肌收缩力，交感神经则降低环行肌的收缩力。食物对消化管壁的机械和化学刺激，可局部通过壁内神经丛，加强平滑肌的条件性收缩，加速蠕动。大脑皮层对胃壁肌的紧张性和蠕动运动亦有显著的影响。

　　（2）体液调节　胃泌素使胃肌收缩的频率和强度增加。促胰液素和抑胃肽抑制胃的收缩。

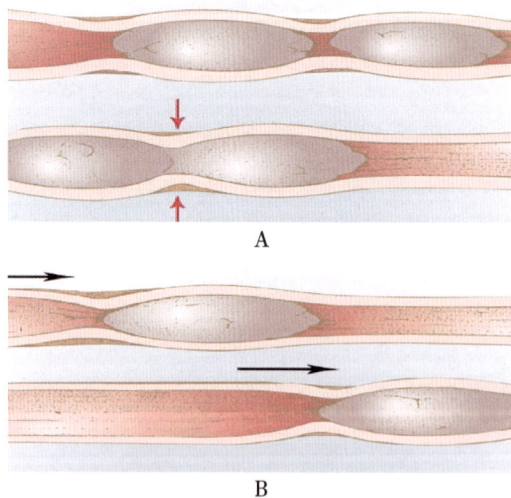

图 4-17　小肠的运动
A. 分节运动；B. 蠕动

二、小肠的运动

1. 小肠的运动形式

　　小肠肌经常处于紧张状态，是其运动形式的基础。

　　（1）蠕动　小肠蠕动速度很慢，而蠕动冲是进行速度很快、传播较远的蠕动，由进食时吞咽动作或食糜进入十二指肠所引起，可将食糜从小肠始端一直推送到末端。在十二指肠和回肠末段还出现逆蠕动，有利于食糜的消化和吸收（图 4-17）。

（2）分节运动　是以环行肌为主的节律性收缩与舒张运动。小肠各段分节运动的强度及频率以十二指肠最高，其次空肠，回肠最低。分节运动的作用主要是使食糜和消化液充分混合，便于化学消化；为吸收创造良好的条件；能挤压肠壁，有助于血液和淋巴的回流。

（3）钟摆运动　以纵行肌节律性舒缩为主。当食糜进入一段小肠后，这一段肠的纵行肌一侧发生节律性的舒张和收缩，对侧发生相应的收缩和舒张，使肠段左、右摆动，肠内容物随之充分混合，以利消化和吸收。

2. 小肠运动的调节

（1）内在神经丛的作用　食糜对肠壁的机械和化学刺激过局部反射产生蠕动。

（2）外来神经的作用　副交感神经兴奋增强肠运动，交感神经兴奋则抑制肠运动。

（3）体液因素的作用　5- 羟色胺、P 物质和胃泌素等可加强肠运动；胰高血糖素和肾上腺素等则使肠运动减弱。

三、大肠的运动

大肠运动与小肠运动大体相似，但速度较慢，强度较弱。盲肠和大结肠间有明显的蠕动，还有逆蠕动。二者相互配合，推动食糜在一定肠管内来回移动，使食糜得以充分混合，并使之在大肠内停留较长时间。这样能使肠道细菌充分消化纤维素，并保证挥发性脂肪酸和水分的吸收。此外，还有一种进行得很快的蠕动，叫集团蠕动。它能把粪便推向直肠引起便意。

如果大肠运动机能减弱，则粪便停留时间延长，水分吸收过多，粪便干燥以至便秘；若大肠或小肠运动增强，水分吸收过少，则粪便稀软，甚至发生腹泻。大肠壁和小肠一样，存在着两种神经丛。副交感神经兴奋，运动加强；而交感神经兴奋时，则运动减弱。

📖 拓展知识：

　　氨基甲酸乙酯：氨基甲酸乙酯对中枢的抑制作用比水合氯醛小，对呼吸及血液循环的影响也不大。在巴比妥类药物发现之前，曾广泛作为实验动物的麻醉药，作用快而强。对犬只能作为催眠药，引起睡眠。对马等大动物即使应用大剂量也不会产生麻醉效果。氨基甲酸乙酯对延髓呼吸中枢的抑制作用较弱，为实验动物比较安全的麻醉药，麻醉可维持 2～4 小时。

　　乙酰胆碱对胃肠道的作用：可明显兴奋胃肠道平滑肌，使其收缩幅度和张力均增加，胃、肠平滑肌蠕动增加，并可促进胃、肠分泌，引起恶心、嗳气、呕吐、腹痛等症状。

✏️ 目标检测

1.简单绘制胸腔横断面模式图，并用不同颜色笔绘出胸膜不同层面及胸膜腔，找到纵隔的位置；绘制腹腔分区示意图说明各个部位具体划分。

2.说明胃在腹腔的形态、位置及体表投影；说明胃内部腺体分区及胃底腺区上细胞种类。

3.分析并简单绘制小肠组织结构。

4.分析肝脏的组织结构，绘制肝小叶模式图，绘制肝脏血液循环路径图。

5.观察犬内脏展示模型（3d 虚拟仿真），在模型中指出胃肠等主要器官的形态位置。

6.完成《宠物解剖生理填充图谱》中模块四内容。

在线答题

05

模块五

呼吸系统

知识点一 呼吸系统的结构

【知识目标】
1. 熟悉呼吸系统的组成。
2. 掌握呼吸器官的解剖结构。
3. 掌握肺的组织构造。

【技能目标】
1. 能在体表找到肺的投影位置。
2. 能认识呼吸器官的解剖结构。

【职业素养目标】
锻炼动手和观察能力。

呼吸系统由鼻、咽、喉、气管、支气管和肺等呼吸器官，以及胸膜和胸膜腔等辅助器官组成。鼻、咽、喉、气管和支气管是气体出入肺的通道，称为呼吸道。

一、鼻

鼻位于面部的中央，既是气体出入的通道，又是嗅觉器官，对发声也有辅助作用。

1. 鼻腔

鼻腔被鼻中隔分为左右两半，前方为鼻孔和鼻翼，后方有鼻后孔与咽相通。鼻腔由鼻孔、鼻前庭和固有鼻腔三部分组成（图5-1）。

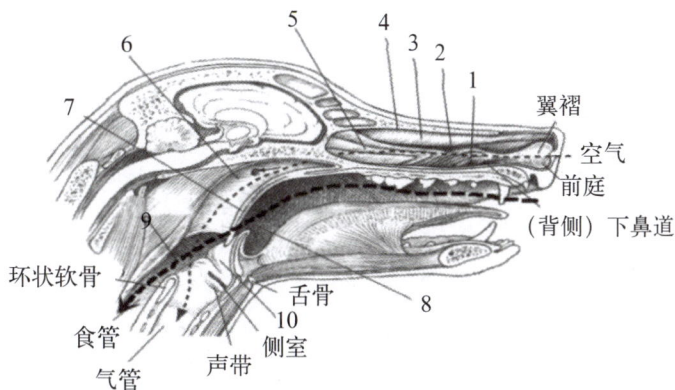

图5-1 犬鼻腔的矢状面
1—下鼻甲；2—中鼻道；3—上鼻甲；4—上鼻道；5—筛鼻甲；6—鼻咽；
7—软腭；8—口咽；9—喉咽；10—会厌

（1）鼻孔 为鼻腔的入口，由内、外侧鼻翼围成。鼻翼为内含鼻翼软骨和肌肉的皮肤褶。犬的鼻孔呈向外的双向逗点形。犬的鼻端特化的外皮结构形成鼻镜，鼻镜因能不断地分泌浆液而保持凉滑湿润。

（2）鼻前庭 为鼻腔前部衬有皮肤的部分，相当于鼻翼所围成的空间，表面有色素沉着，并长有短毛。其内侧壁有鼻泪管的开口，但常被下鼻甲的延长部所覆盖。

（3）固有鼻腔 位于鼻前庭之后，由骨性鼻腔覆以黏膜构成，是鼻腔的主体部位。在每侧鼻腔侧壁上附有上、下两个纵行的鼻甲，将鼻腔分为上、中、下三个鼻道。上鼻道通嗅区，中鼻道通副鼻窦，下鼻道最宽大，经鼻后孔通咽的主要气流通道。鼻中隔两侧沟通上、中、下鼻道的竖缝叫总鼻道。鼻腔内表面衬有皮肤和黏膜，分为前庭、呼吸区和嗅区。前庭区可滤过空气，呼吸区可净化、湿润和温暖吸入的空气，嗅区位可感受嗅觉刺激。

2. 鼻旁窦

鼻腔周围头骨内的含气空腔，又称副鼻窦，共有四对：上颌窦、额窦、蝶窦和筛窦。副鼻窦经狭窄的裂缝与中鼻道相通。窦黏膜含丰富的血管并与鼻腔呼吸区黏膜相延续。副鼻窦有减轻头骨重量、温暖和湿润空气及对发声起共鸣作用。

二、咽

咽是呼吸道和消化管相交叉的部位（详见消化系统）。

三、喉

喉位于下颌间隙的后方，头颈交界处的腹侧，前端与咽相通，后端与气管相连。它是气体出入肺的通道，也是发声的器官。喉由喉软骨、喉肌、喉腔和喉黏膜构成。

1. 喉软骨

喉软骨包括不成对的会厌软骨、甲状软骨、环状软骨和成对的杓状软骨。它们借关节和韧带连接起来，共同构成喉的软骨基础（图5-2）。

（1）会厌软骨 位于喉的前部，较短，呈叶片状。会厌软骨与表面覆盖的黏膜，合称会厌。会厌在吞咽时可关闭喉口，防止食物误入气管。

（2）甲状软骨 最大，位于会厌软骨和环状软骨之间，呈弯曲的板状，构成喉腔的底壁，腹侧面后部有一隆凸，称喉结。

（3）环状软骨 位于甲状软骨之后，呈环状，由透明软骨构成。环状软骨前缘和后缘以弹性纤维分别与甲状软骨和气管软骨相连。

（4）杓状软骨 一对，位于环状软骨的前缘两侧、甲状软骨板的内侧，构成喉腔背侧壁

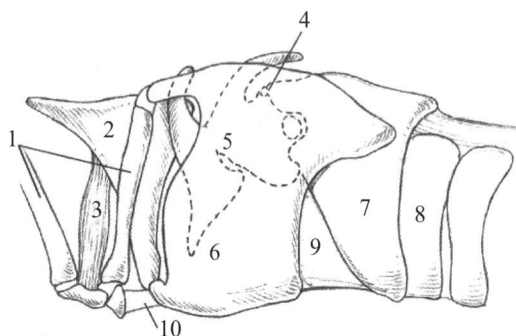

图5-2 犬的喉软骨

1—舌骨；2—会厌软骨；3—舌骨会厌肌；4—杓状间软骨；
5—右杓状软骨；6—甲状软骨；7—环状软骨；
8—气管软骨环；9—环甲韧带；10—甲状舌骨韧带

的前部。杓状软骨呈角锥形，可分为底和尖（角小突）两部分。

2. 喉肌

属横纹肌，可分为固有肌和外来肌两种。前者可使喉腔扩大或缩小，后者可牵引喉前后移动。与吞咽、呼吸及发声等运动有关。

3. 喉腔

喉软骨彼此借关节和韧带等连成支架、内衬黏膜所围成的腔隙，称喉腔。在喉腔中部的侧壁上，有一对黏膜褶，称声襞（声带褶），内含声韧带和声带肌，连于杓状软骨声带突和甲状软骨体之间，是发声器官。两声襞之间的裂隙称声门裂。

4. 喉黏膜

喉腔内壁面覆盖喉黏膜，由上皮和固有膜构成。上皮有两种：被覆于喉前庭和声带的上皮为复层扁平上皮，喉后腔的上皮为假复层纤毛柱状上皮。固有膜由结缔组织构成，含有喉腺，可分泌黏液和浆液，有润滑声带的作用。

四、气管和支气管

气管和主支气管为连接喉与肺之间的管道。气管为一条以气管软骨环做支架的圆筒状长骨，

分颈段和胸段，由喉向后，沿颈腹侧正中线进入胸腔转为胸段，在第 5～6 肋骨相对处分出左、右两条主支气管，分别进入左、右两肺。

犬的气管前端呈圆形，中央段的前侧稍扁平，软骨环的背侧缺口明显呈"U"形，由软组织相连。主支气管在入肺之前先分为数支。左主支气管分成两支，一支到前叶前部，另一支到前叶后部；右主支气管是由前叶后部支气管入肺后形成，共分出三支，分别到中叶、后叶和副叶。

五、肺

1. 肺的形态和位置

肺位于胸腔内，在纵隔两侧，左、右各一，右肺通常较大。肺的表面覆有胸膜脏层，平滑、湿润、闪光。健康动物的肺呈粉红色，呈海绵状，质软而轻，富有弹性。肺略呈锥体形，具有三个面和三个缘。

（1）肺的三个面

① 肋面　突出，与胸腔侧壁接触，有肋骨压迹。

② 内侧面　较平，与脊柱和纵隔接触，并有心压迹、食管压迹和主动脉压迹。在心压迹的后上方有肺门，是主支气管、肺动脉、肺静脉和神经等出入肺的地方，上述这些结构被结缔组织包在一起，称为肺根。

③ 膈面　与膈接触。

（2）肺的三个缘

① 背侧缘　钝而圆，位于肋椎沟中。

② 腹侧缘　薄而锐，位于胸外侧壁和纵隔间的沟中。腹侧缘有豁口状的心切迹和叶间裂，是肺分叶的依据。

③ 后缘（底缘）　位于胸外侧壁与膈之间的沟中。

（3）肺的分叶

犬的左肺分前叶和后叶，前叶又分为前部和后部两部分（图 5-3）。前叶前部尖端小而钝，位于胸骨柄的上面；后叶上的心压迹浅。

犬的右肺比左肺大 1/4，分为四叶，即前叶、中叶、后叶和副叶。前叶位于心包的前方，并越过体正中面至左侧。中叶呈不规则的三面圆锥体形，其基底接膈的胸腔面，外侧面有一深沟，容纳后腔静脉和右膈神经。右肺的心压迹较左肺深。在肺根的前方有前腔静脉的沟状压迹；肺根的背侧有奇静脉的沟状压迹；肺根后部上方有浅的沟状压迹，主动脉弓由此通过。

2. 肺的组织构造

肺表面覆盖光滑、湿润的浆膜（肺胸膜），将膜下的结缔组织伸入肺内，将肺实质分隔成众多肉眼可见的肺小叶。肺小叶是以细支气管为轴心，由更细的逐级支气管和所属肺泡管、肺泡囊、肺泡构成的相对独立的肺结构体，一般呈锥体形，锥底朝肺表面，锥尖朝肺门。

（1）肺导管部的构造　主支气管经肺门入肺后，反复分支，呈树枝状，故称为支气管树。支气管分支进入每个肺叶，称肺叶支气管，肺叶支气管进而分支进入每个肺段，称肺段支气管。肺段支气管以下多次分支，统称小支气管。其管径在 1mm 以下称细支气管，细支气管继续分支至直径 0.35～0.5mm 则称终末细支气管。终末细支气管以上的各级支气管是空气进出的通道，称导管部。

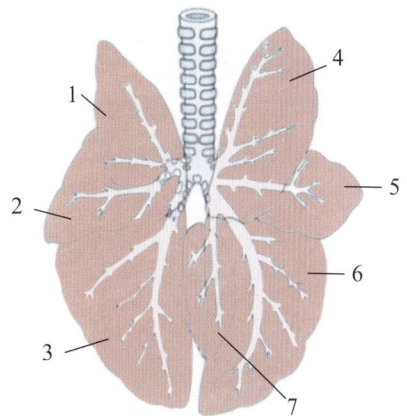

图 5-3　肺分叶模式图

1—左前叶前部；2—左前叶后部；3—左后叶；
4—右前叶；5—右中叶；6—右后叶；7—副叶

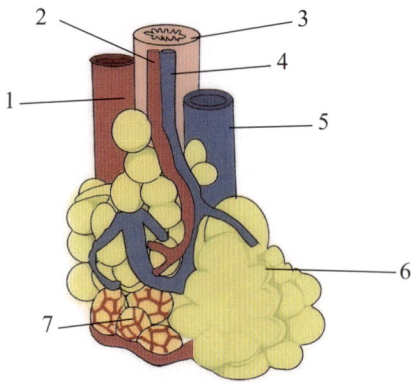

图 5-4　肺呼吸部的结构

1—肺动脉；2—支气管动脉；3—终末细支气管；
4—支气管静脉；5—肺静脉；6—肺泡；
7—肺泡壁毛细血管网

（2）肺呼吸部的构造　终末细支气管继续分支为呼吸性细支气管，管壁上出现散在的肺泡（图5-4），呼吸性细支气管再分支为肺泡管，肺泡管再分支为肺泡囊。肺泡管和肺泡囊壁上有更多的肺泡。呼吸性细支气管以下的部分均有肺泡开口，可进行气体交换，称呼吸部。包括呼吸性细支气管、肺泡管、肺泡囊和肺泡。

肺泡为多面形薄壁囊泡，开口于肺泡囊、肺泡管或呼吸性细支气管，与相邻肺泡的肺泡壁相贴形成肺泡隔，是气体交换的场所。肺泡隔是指相邻肺泡之间的薄层结缔组织，含有丰富的毛细血管网、弹性纤维、成纤维细胞和巨噬细胞等，这样的结构有利于肺泡与血液之间发生气体交换，也使肺泡具有良好的弹性，吸气时能扩张，呼气时能回缩（图5-5）。肺巨噬细胞能吞噬吸入的灰尘、细菌、异物及渗出的红细胞等。肺泡隔内还有一种吞噬细胞，称隔细胞，可进入肺泡腔内，吞噬肺泡内尘粒和病菌，又称尘细胞，可随呼吸道分泌物排出（图5-6）。

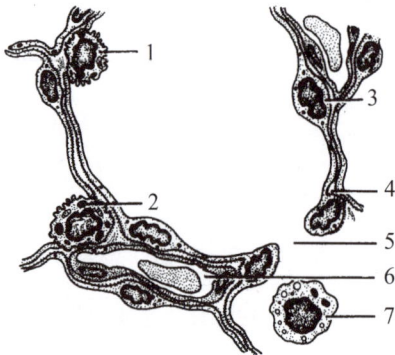

图 5-5　肺泡与肺泡隔

1—Ⅱ型肺泡细胞；2—板层小体；3—Ⅰ型肺泡细胞；
4—肺泡隔；5—肺泡孔；6—毛细血管；7—巨噬细胞

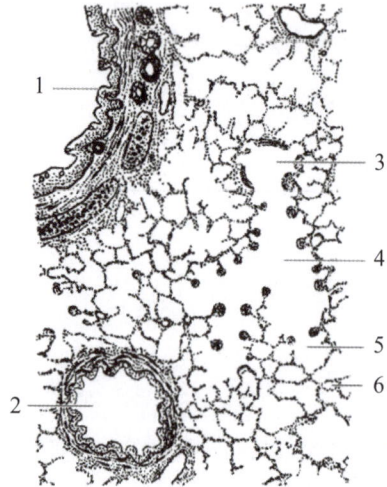

图 5-6　肺的组织结构

1—支气管；2—细支气管；3—呼吸性细支气管；
4—肺泡管；5—肺泡囊；6—肺泡

肺的组织结构简式归纳如下。

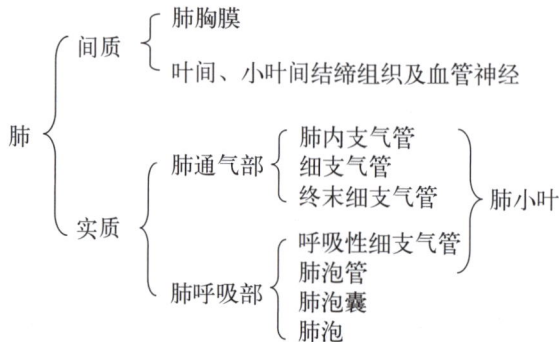

肺 {
 间质 {
  肺胸膜
  叶间、小叶间结缔组织及血管神经
 }
 实质 {
  肺通气部 {
   肺内支气管
   细支气管
   终末细支气管
  } 肺小叶
  肺呼吸部 {
   呼吸性细支气管
   肺泡管
   肺泡囊
   肺泡
  }
 }
}

肺泡内表面的肺泡上皮由Ⅰ型和Ⅱ型细胞共同组成。Ⅰ型细胞占肺泡内表面的95%，细胞扁平很薄。Ⅰ型细胞形态扁平，表面光滑，核扁圆，参与构成血-气屏障。Ⅱ型细胞较多，胞体较小，呈圆形或立方形，位于Ⅰ型细胞之间，可分泌表面活性物质，可降低肺泡表面气-液接触的表面张力，使肺泡不致因表面张力而塌陷。当动物机体发生创伤、休克、中毒时，表面活性物质的合成与分泌受到抑制或破坏，可导致肺泡萎缩，影响气体交换。

知识点二　呼吸全过程

【知识目标】

1. 理解呼吸全过程的三个阶段。
2. 掌握肺换气和组织换气的原理及气体运输过程。

【技能目标】

能描述出呼吸的全过程。

【职业素养目标】

1. 学会应用角色扮演法理解难点知识。
2. 在探索知识的过程中培养克服困难的意志。

动画：
① 呼吸全过程
② 呼吸膜的结构与功能

动物机体在新陈代谢过程中，需要不断地从外界环境中摄取氧气，以氧化营养物质获取能量，同时又必须把代谢过程中产生的二氧化碳排出体外，机体与外界环境之间的这种气体交换过程，称作呼吸。整个呼吸过程（图5-7）包括以下三个连续的环节。

外呼吸，也称为肺呼吸，是指外界环境与肺内气体实现的交换，即外界环境中氧转运到血液，又将血液中的二氧化碳转运到外界环境的过程。外呼吸由肺通气（气体经呼吸道出入肺的过程）和肺换气（肺泡气与肺泡壁毛细血管血液间的气体交换）组成。

血液的气体运输，是指血液把来自肺泡的氧气运送到组织，又把组织细胞产生的二氧化碳运送到肺排出体外的过程。

内呼吸，又称组织呼吸，是指组织细胞从血液中摄取氧并向血液排放二氧化碳的过程。在呼吸过程中气体交换发生在两个部位：一是肺与血液间的气体交换，称肺换气；二是组织细胞与血液间的气体交换，称组织换气。呼吸时气体的交换是通过气体分子的扩散运动实现的，推动气体分子扩散的动力来源于不同气体分压之间的差值（图5-7）。

一、气体交换原理

各种气体都具有弥散性，从分压高处向分压低处产生净移动，称为气体扩散，是气体交换的原理。混合气体中，每种气体分子运动所产生的压力为该气体的分

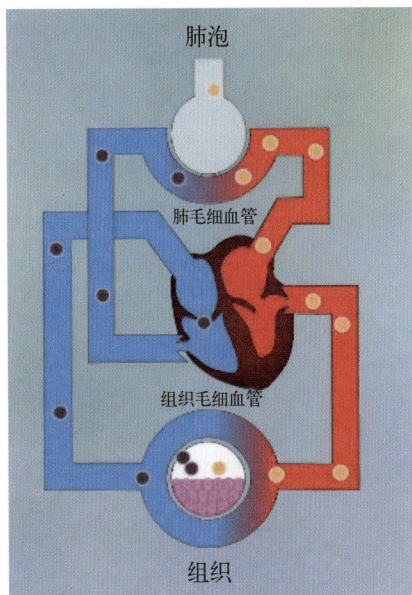

肺泡

肺毛细血管

组织毛细血管

组织

图5-7　呼吸过程示意图

压，由混合气体的总压力乘以各组成气体在混合气体中所占的容积百分比求得。肺泡气、血液和组织内 PO_2 和 PCO_2 各不相同，彼此间存在着分压差，是驱使气体交换的动力。

二、肺换气

1.肺换气的过程

气体在肺泡与血液之间的交换，是通过肺泡壁和毛细血管壁进行的，从肺泡到毛细血管间经过呼吸膜，呼吸膜的厚度很薄，气体极易透过。随着肺通气的不断进行，空气进入肺内，肺泡内 PCO_2 为 13.59kPa，PO_2 为 5.33kPa，而血液中 PO_2 为 5.33kPa，PCO_2 为 6.13kPa，由此可见，肺泡内 PO_2 比毛细血管血液（含混合静脉血）内高，PCO_2 低于混合静脉血。因此，肺泡中的 O_2 透过呼吸膜扩散入毛细血管内，使静脉血变成动脉血，CO_2 则透过呼吸膜扩散进入肺泡内（图 5-8）。

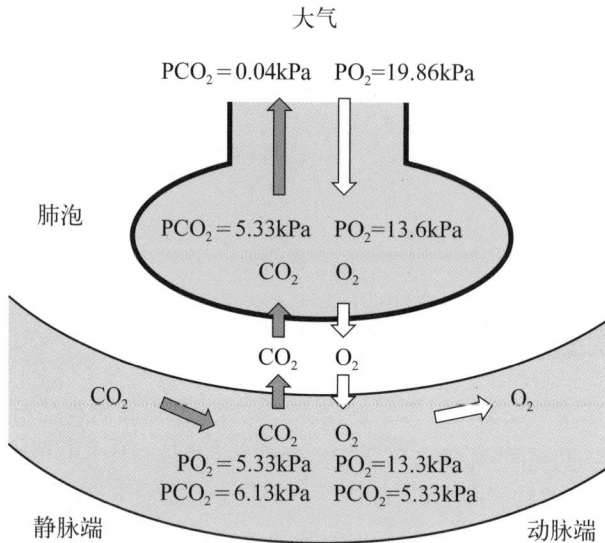

大气

$PCO_2 = 0.04kPa$ $PO_2 = 19.86kPa$

肺泡

$PCO_2 = 5.33kPa$ $PO_2 = 13.6kPa$
CO_2 O_2

CO_2 O_2

CO_2 CO_2 O_2 O_2

CO_2 O_2
$PO_2 = 5.33kPa$ $PO_2 = 13.3kPa$
$PCO_2 = 6.13kPa$ $PCO_2 = 5.33kPa$

静脉端   动脉端

图 5-8　外呼吸过程示意图

2.影响肺换气的因素

（1）呼吸膜的厚度　呼吸膜是肺泡与肺毛细血管血液之间的结构，由六层结构组成，即表面活性物质的液体层、肺泡上皮细胞层、肺泡上皮基膜、肺泡与毛细血管的间隙、毛细血管基膜层和毛细血管内皮细胞层（图 5-9）。在肺部，肺泡气通过呼吸膜与血液气体进行交换，虽然呼吸膜有六层结构，但却很薄，总厚度不到 1μm，有的地方只有 0.2μm，气体易于扩散通过。气体扩散速率与呼吸膜的厚度呈反比关系，膜越厚，单位时间内交换的气体量就越少，所以在病理条件下，如患肺炎时呼吸膜增厚，通透性降低，影响肺换气。

（2）呼吸膜面积　呼吸膜的面积极大，为 O_2 与 CO_2 在肺部的气体交换提供了巨大的表面积。一般来讲，呼吸膜面积越大，扩散的气体量就会越多。当动物运动时，呼吸膜面积会增大；患肺气肿时，肺泡融合使扩散面积减小，气体交换出现障碍。

（3）肺血流量　机体内的 O_2 与 CO_2 靠血液循环运输，所以单位时间内肺血流量增多会影响呼吸膜两侧的 PO_2 与 PCO_2，从而影响肺换气。

三、气体在血液中运输过程

1.氧的运输

血液中的 O_2 溶解的量极少。血液中的 O_2 主要是与红细胞内的血红蛋白（Hb）结合，以氧

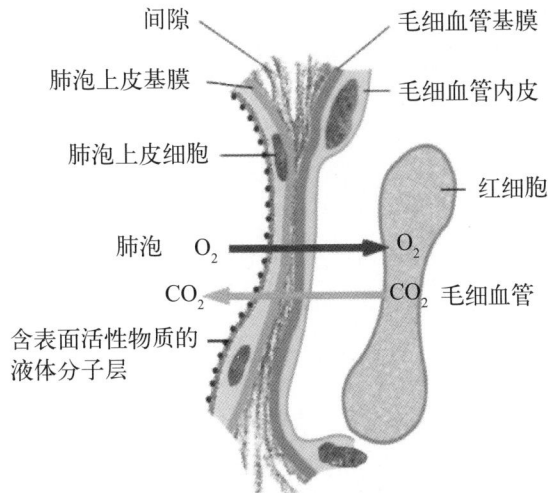

图 5-9 呼吸膜结构示意图

合血红蛋白（HbO_2）的形式运输，占血液中的 O_2 总量的 98.5%。红细胞内的血红蛋白是一种结合蛋白，由一个珠蛋白和 4 个亚铁血红素组成。血红蛋白与 O_2 结合的特点是结合快、可逆、解离也快。当血液流经肺毛细血管与肺泡交换气体后，血液中 PO_2 升高，促进 O_2 与 Hb 结合，形成氧合血红蛋白。当 HbO_2 经血液送至组织毛细血管时，组织中 PO_2 低，氧合血红蛋白迅速解离释放出 O_2。HbO_2 呈鲜红色，多见于动脉血中。

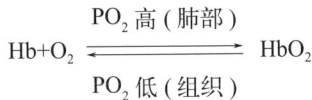

$$Hb+O_2 \underset{PO_2\text{低（组织）}}{\overset{PO_2\text{高（肺部）}}{\rightleftharpoons}} HbO_2$$

2. 二氧化碳的运输

血液中 CO_2 的运输是以化学结合方式为主，约占总量的 95%，而以溶解形式存在的量约占 5% 左右。二氧化碳化学结合运输的形式有两种：一是形成碳酸氢盐，约占 88%；二是与血红蛋白结合成氨基甲酸血红蛋白（$Hb\text{-}NHCOOH$），约占 7%。

（1）碳酸氢盐形式　组织中的 CO_2 扩散进入血液后，少量在血液中缓慢地与水结合形成碳酸，绝大部分进入红细胞，由于红细胞内碳酸酐酶较丰富，可使进入的 CO_2 和 H_2O 迅速生成 H_2CO_3，又迅速解离成为 H^+ 和 HCO_3^-。

$$H_2O+CO_2 \rightleftharpoons H_2CO_3 \rightleftharpoons H^++HCO_3^-$$

随着生成 HCO_3^- 的增多，当超过血浆中含量时，HCO_3^- 可透过红细胞膜扩散进入血浆，此时有等量的 Cl^- 由血浆扩散进入红细胞，以维持细胞内外正负离子平衡。这样，HCO_3^- 不会在红细胞内积聚，使反应向右方不断进行，利于组织中产生的 CO_2 不断进入血液。所生成 HCO_3^-，在红细胞内与 K^+ 结合，在血浆内与 Na^+ 结合，分别以 $KHCO_3$ 和 $NaHCO_3$ 形式存在，所生成的 H^+ 大部分与 Hb 结合而被缓冲。

以上各项反应均是可逆的，当碳酸氢盐随血液循环到肺毛细血管时，新解离出的 CO_2 经扩散被交换到肺泡中，随动物的呼气排出体外。

（2）氨基甲酸血红蛋白形式　一部分进入红细胞内的 CO_2，与血红蛋白的氨基结合，形成氨基甲酸血红蛋白进行运输，亦称碳酸血红蛋白（$HbCO_2$）。

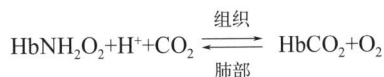

$$HbNH_2O_2+H^++CO_2 \underset{\text{肺部}}{\overset{\text{组织}}{\rightleftharpoons}} HbCO_2+O_2$$

氨基甲酸血红蛋白是不稳定的化合物，这一反应很快，无须酶的催化。在组织毛细血管内，CO_2 容易结合形成 $HbCO_2$；在肺毛细血管部，$HbCO_2$ 被迫分离，促使 CO_2 释放进入肺泡，最后被呼出体外。

四、组织换气

1. 组织换气的过程

血液与组织的气体交换是指组织中的气体通过组织细胞和组织毛细血管壁，与血液中的气体进行交换。在组织内由于细胞有氧代谢不断消耗 O_2，并产生 CO_2，使组织中 PO_2 低于动脉血，而 PCO_2 高于动脉血。当动脉血流经组织毛细血管时，O_2 便顺分压差由血液向组织扩散，CO_2 则由组织向血液扩散，使动脉血因失去 O_2 和得到 CO_2 而变成了静脉血。

2. 影响组织换气的因素

影响组织换气的因素除了与影响肺换气的因素基本相同外，还受组织细胞代谢水平及组织血流量的影响。当血流量不变，代谢增强，耗氧量增大，PO_2 下降，PCO_2 升高。当代谢强度不变，血流量增大，PO_2 升高，PCO_2 下降。以上气体分压的变化将直接影响气体扩散和组织换气功能。在肺或组织进行气体交换时，进入血中的 O_2 和 CO_2 都先是溶解，然后才能再结合为化学结合状态。同样，气体从血液中释放时，也必须从化学结合状态解离为溶解状态，然后才能离开血液，所以溶解状态的气体与结合状态的气体，经常维持着动态平衡。

拓展知识：

血红蛋白有促进氧扩散作用，这与血红蛋白与氧的亲和力有关，生活在缺氧环境下的动物，其血红蛋白含量升高，所以，高原上生活的动物，血液中红细胞和血红蛋白的含量高于生活在海拔低的地区的。

知识点三　呼吸运动

【知识目标】

1. 掌握呼吸运动的形式及过程。
2. 理解胸内压的形成及生理意义。
3. 了解肺容量与肺通气量。

【技能目标】

1. 能进行呼吸频率和呼吸音的测定。
2. 能观察出犬、猫的呼吸类型。

【职业素养目标】

1. 锻炼动手和观察能力。
2. 培养动物福利和生物安全意识。

微课：呼吸运动、呼吸频率及呼吸音

在呼吸运动过程中，呼吸肌的收缩和舒张引起胸廓节律性的扩大和缩小，称为呼吸运动。呼吸运动可分为平静呼吸和用力呼吸两种情况。安静状态下的呼吸称为平静呼吸，平静呼吸的主要特点是呼吸运动较为平衡均匀，吸气是主动的，呼气是被动的。

一、呼吸运动

呼吸运动表现为胸廓节律性地扩大和缩小，可分为吸气动作和呼气动作两个时相。参与呼吸运动的肌肉称为呼吸肌，其中能使胸廓扩大而产生吸气动作的肌肉为吸气肌，主要有膈肌和肋间外肌；使胸廓缩小而产生呼气动作的肌肉为呼气肌，主要有肋间内肌和腹壁肌。当用力呼吸时，还有一些辅助呼吸肌参与，如斜角肌、胸锁乳突肌和胸背部的其他肌肉。

1. 吸气动作

平静呼吸时，吸气动作是一个主动性的过程，可以使胸腔前后径、左右径和背腹径变大，主要是膈肌和肋间外肌相互配合收缩的结果。吸气时，膈肌收缩，膈向后移动，膈肌的隆起中心向后退缩，使胸腔前后径加长，同时腹内压升高，腹壁向下凸出；肋间外肌收缩时，肋骨向前向外移动，胸骨也随着向前向下移动，使胸腔左、右横径加宽。这样胸腔就扩大了，肺被牵引而扩张，肺容积扩大，肺内压低于大气压，外界空气顺压力梯度进入肺内，引起吸气。随着空气的进入，肺内压又逐渐上升，当升至与大气压相等时，吸气停止。

2. 呼气动作

呼气动作在平静呼吸时是被动性的过程，是靠膈肌和肋间外肌舒张，腹腔脏器向前挤压，膈、肋骨和胸骨自然恢复原位，胸腔前后径、左右径和背腹径都缩小，肺容积减少，使肺内压上升大于大气压，肺内气体经呼吸道被压出体外，完成呼气运动。随着气体的排出，肺内压又逐渐下降，当降至与大气压相等时，呼气停止。

3. 呼吸运动的类型

根据引起呼吸运动的主要肌群的不同和胸腹部起伏变化的程度，呼吸型可分为三种：

（1）腹式呼吸　呼吸时由膈肌舒缩、腹部起伏为主的呼吸运动。

（2）胸式呼吸　呼吸时由肋间肌舒缩、胸部起伏为主的呼吸运动。

（3）胸腹式呼吸　呼吸时，肋间外肌和膈肌都同等程度地参与活动，胸部和腹部都有明显起伏运动的呼吸形式。一般情况下，健康动物的呼吸多属于胸腹式呼吸类型，但犬主要以胸式呼吸为主。

二、呼吸频率

每分钟的呼吸次数称为呼吸频率，各种动物的呼吸频率如表 5-1。

表 5-1　各种动物的呼吸频率

动物	频率/（次·min⁻¹）	动物	频率/（次·min⁻¹）
狗	10～30	鸡	22～25
兔	50～60	鸽	50～70
猫	10～25	—	—

呼吸频率可因年龄、外界温度、海拔高度、新陈代谢强度及疾病等的影响而发生改变，如幼年动物比成年的略高；在气温高、寒冷、高海拔、使役等条件下，呼吸频率也会增高。

三、呼吸音

呼吸运动时，气体通过呼吸道及出入肺泡产生的声音叫作呼吸音，在肺部表面和颈部气管附近，可以听到下列呼吸音。

1. 肺泡呼吸音

类似于"fu"音，是由于空气进入肺泡，引起肺泡壁紧张所产生，正常的肺泡呼吸音在吸气时能够较清楚地听到，肺泡音的强弱取决于呼吸运动的深浅、肺组织的弹性及胸壁的厚度。当宠物剧烈呼吸时如用力、兴奋、疼痛等，肺泡音加剧。当肺部气体含量减少，例如肺炎初期或肺泡受到液体压迫时，则肺泡呼吸音减弱。

2. 支气管呼吸音

类似于"ha"音，在喉头和气管常可听到（在呼气时能听到较清楚的支气管音），小型宠物可在肺的前部听到，但一般动物的肺部只能听到肺泡呼吸音。

四、胸膜腔内压

胸膜腔内压又称胸内压，是指胸膜腔内的压力，此压力为负值。

呼吸运动中，肺之所以随胸廓的运动而运动，是因为在肺和胸廓之间存在一密闭的潜在胸膜腔和肺本身具有可扩张性的缘故。胸膜有两层：内层是脏层，紧贴于肺的表面；外层是壁层，紧贴于胸壁内侧。正常情况下，两层胸膜之间有少量的浆液将它们黏附，浆液的黏滞性很低，主要在两层膜之间起润滑作用。此外，浆液分子的内聚力可使两层胸膜贴附在一起不易分开，胸廓扩张时，肺就可以随胸廓的运动而运动。呼吸运动是一种节律性的活动，其深度和频率与机体代谢相适应，是通过神经和体液的调节使呼吸运动正常而有节律地进行，同时还能依机体不同情况需要，改变呼吸运动的节律和深度，以适应机体的需要。

动画：胸内负压的形成与气体交换

1. 胸内负压的形成原理

胸膜壁层的表面由于受到坚固的胸腔和肌肉的保护，作用于胸壁的大气压影响不到胸膜腔，所以胸膜腔内的压力是通过胸膜脏层作用于胸膜腔内，作用于胸膜脏层的力有两种：一是肺内压，即肺泡内压力，使肺泡扩张，通常在吸气和呼气之末，肺内压等于大气压；二是肺的回缩力，肺是一弹性组织，而且始终处于一定的扩张状态，具有弹性回缩力，使肺泡缩小。因此，胸膜腔内的压力实际上是这两种相反力的代数和，即：

$$胸内压 = 肺内压（大气压）- 肺回缩力$$

可见胸内压始终低于大气压，习惯上把低于大气压的压力称为负压，所以胸内压也称胸内负压。若以大气压视为生理"0"标准，则：

$$胸内压 = - 肺回缩力$$

所以，胸内负压是由肺的回缩力形成的，在一定限度内，肺越扩张，肺的回缩力就越大，胸内负压的绝对值也越大。正常动物在平静呼吸的全过程中，胸内负压持续存在，并随着呼吸周期而变化。吸气时，肺扩张，肺的回缩力增大，胸内负压也增大。呼气时，肺缩小，肺回缩力减小，胸内负压减小。

2. 胸内负压的生理意义

胸内负压有重要的生理意义。首先是对肺的牵引作用，使肺泡保持气体充盈的膨隆状态，保证肺泡与血液持续进行气体交换，有利于肺通气。其次，胸内负压对胸腔内其他器官也有影响，如吸气时，胸内负压增大，可引起腔静脉和胸导管扩张，促进静脉血和淋巴回流。还可作用于食管，利于呕吐反射。

五、肺容量与肺通气量

1. 肺容量

肺容量指肺能够容纳的气体量，取决于呼吸运动的深浅，即与胸廓扩张程度有关，反映了

肺的呼吸功能，由肺活量和余气量组成。

（1）肺活量　肺活量是指最大吸气后从肺内所能呼出的最大气体量，是潮气量（每次平静呼吸时吸入或呼出的气体量）、补吸气量（平静吸气后，以最大限度的加强吸气，所能在吸入的气量）和补呼气量（平静呼气后再竭力深呼，所能在呼出的气量）之和。肺活量反映了肺一次通气的最大能力，在一定程度上可作为肺通气功能的指标。

（2）余气量　最大呼气末尚存留于肺中不能呼出的气体量。

2. 肺通气量

（1）每分通气量　指每分钟进或出肺的气体总量，等于潮气量与呼吸频率的乘积。

（2）无效腔与肺泡通气量　从鼻腔至呼吸性细支气管之间的呼吸道，从气体交换的观点上来看，这部分气体基本上不能与血液进行气体交换，故称为"解剖无效腔"或"死腔"。吸气时解剖无效腔内的气体先进入肺泡，然后才是从外界吸入的新鲜空气。呼气时则先将解剖无效腔中的气体呼出，然后才将肺泡内的气体呼出。因此真正有效的通气量应以肺泡的通气量为准，必须减去无效腔气体量。

$$每分肺泡通气量 =（潮气量 - 解剖无效腔容量）\times 呼吸频率$$

进入肺泡的气体，由于各种原因造成一部分肺泡气不能与血液进行交换，这部分肺泡的容量，也造成无效腔，称"肺泡无效腔"，其与"解剖无效腔"合称为"生理无效腔"。

拓展知识 1：

认识动物正常的呼吸型对于疾病的认识是有帮助的，当胸部或腹部活动受限时，呈现出某一呼吸型式，如患胸膜炎时，动物主要靠膈肌运动来呼吸，以避免胸廓运动引起炎症部位的疼痛，这时表现为腹式呼吸；当腹部患有疾病时，如腹膜炎、胃肠炎时，则以胸式呼吸明显。

拓展知识 2：

若胸膜腔破裂与大气相通，空气就进入胸膜腔，形成气胸，造成两层胸膜彼此分开，肺将因其回缩力而塌陷。气胸形成后，虽然呼吸运动仍然进行，但是肺失去或随胸廓运动而运动的能力，肺通气无法进行，且对血液和淋巴循环造成影响，如果不紧急处理，会危及生命。

知识点四　影响呼吸运动的因素

【知识目标】

1. 理解呼吸运动的神经调节。

2. 掌握化学因素对呼吸运动的影响

【技能目标】

1. 能进行呼吸运动调节因素观察。

2. 能观察出犬、猫的呼吸类型。

【职业素养目标】

1. 锻炼动手和观察能力。

2. 培养动物福利和生物安全意识。

微课：呼吸运动
调节

呼吸运动的调节是一个复杂而精密的过程，主要通过神经调节和化学调节来实现，以适应机体在不同状态下的代谢需求。此外，呼吸运动的调节还会受到其他因素的影响，比如机体的代谢水平、情绪状态、药物作用等。总之，呼吸运动的调节是一个综合、动态的过程，以确保机体能够获得足够的氧气，并排出代谢产生的二氧化碳，维持内环境的稳定。

一、呼吸运动神经调节

参与呼吸运动的肌肉属于骨骼肌，没有自动产生节律性收缩的能力，呼吸运动依靠呼吸中枢的节律性兴奋而有节律地进行。

1. 呼吸中枢

是指中枢神经系统内发动和调节呼吸运动的神经细胞群所在的位置，它们分布在大脑皮层、间脑、脑桥、延髓和脊髓等部位。脑的各级部位在呼吸节律的产生和调节中所起的作用不同，正常的呼吸运动是在各级呼吸中枢的相互配合下进行的。

（1）脊髓　脊髓是呼吸运动的初级中枢，有支配呼吸肌的运动神经元，是联系高位呼吸中枢和呼吸肌的中继站和整合某些呼吸反射活动的基本中枢。

（2）延髓和脑桥　呼吸运动的基本中枢在延髓，延髓中的呼吸神经元集中分布在背侧和腹侧两组神经核团内。

（3）高级呼吸中枢　脑桥以上部位，如大脑皮层、边缘系统、下丘脑等对呼吸也有影响。低位脑干的呼吸调节系统是不随意的自主呼吸调节系统，如情绪激动、血液温度升高时，通过对边缘系统和下丘脑体温调节中枢的刺激作用，反射性引起呼吸加快加强。而高位脑的调控是随意的，大脑皮层可以随意控制呼吸，在一定限度内可以随意屏气或加强加快呼吸，使呼吸精确而灵敏地适应环境的变化。

2. 呼吸的反射性调节

呼吸节律虽然产生于脑，但机体内、外环境等各种刺激的影响可使呼吸发生反射性改变，如肺牵张反射等。

（1）肺牵张反射　是由肺扩张或缩小引起的吸气抑制或兴奋的反射。它由肺扩张反射（肺扩张引起吸气反射性抑制）和肺缩小反射（肺缩小引起反射性吸气）组成。肺扩张反射的感受器位于气管到支气管的平滑肌中，属牵张感受器，传入纤维在迷走神经干内。吸气过程中，当肺扩张到一定程度时，牵张感受器兴奋，冲动沿迷走神经传入延髓，在延髓内经一定的神经联系，导致吸气终止，转为呼气。维持了一定的呼吸频率和深度。所以，切断迷走神经后，吸气延长，呼吸加深变慢。

（2）防御性呼吸反射　主要的防御性呼吸反射包括咳嗽反射和喷嚏反射。

咳嗽反射：感受器位于喉、气管和支气管的黏膜。支气管以上部位的感受器对机械刺激敏感，支气管以下的部位对化学刺激敏感。冲动经迷走神经传入延髓，触发一系列协调的反射效应，引起咳嗽反射。剧烈咳嗽时，因胸膜腔内压显著升高，可阻碍静脉回流，使静脉压和脑脊液压升高。

喷嚏反射：刺激作用于鼻黏膜感受器，传入神经是三叉神经，呼出气主要从鼻腔喷出，以清除鼻腔中的刺激物。

二、呼吸运动化学调节

机体通过呼吸运动调节血液中的 O_2、CO_2、H^+ 的浓度，而动脉血中 O_2、CO_2、H^+ 的浓度又可以通过化学感受器反射性地调节呼吸运动。

1. 化学感受器

化学感受器是指接受以化学物质为适宜刺激物的感受器。化学感受器对血液中的 O_2、CO_2、H^+ 的浓度非常敏感，按所在部位可分为外周化学感受器和中枢化学感受器。

（1）外周化学感受器　位于颈动脉体和主动脉体的外周化学感受器是调节呼吸和循环的重要化学感受器，能感受到动脉血 PO_2、PCO_2 和 H^+ 浓度的变化。当动脉血中 PO_2 降低、PCO_2 和 H^+ 浓度升高时，可反射性引起呼吸加深加快。在呼吸调节中颈动脉体的作用远大于主动脉体。PO_2 降低、PCO_2 和 H^+ 浓度升高对化学感受器的刺激有协同作用，能增强呼吸运动，有利于吸入 O_2 和呼出 CO_2。

（2）中枢化学感受器　位于延髓腹外侧浅表部位。中枢化学感受器的生理刺激是脑脊液和局部细胞外液中的 H^+。血液中的 CO_2 能迅速透过血 - 脑屏障，与脑脊液中的 H_2O 结合成 H_2CO_3，然后解离出 H^+，刺激中枢化学感受器。中枢化学感受器的兴奋通过一定的神经联系，能引起呼吸中枢的兴奋，增强呼吸运动。但脑脊液中碳酸酐酶的含量少，CO_2 水合反应慢，所以对 CO_2 的反应有一定时间延迟。血液中的 H^+ 不易通过血 - 脑屏障，故血液 pH 的变化对中枢化学感受器的直接作用不大。

2. PCO$_2$、pH 和 PO$_2$ 对呼吸的影响

（1）CO_2 的影响　CO_2 是调节呼吸最重要的经常起作用的生理性体液因子，一定水平的 PCO_2 对维持呼吸和呼吸中枢的兴奋性是必要的。当吸入气中 CO_2 含量升高时，肺泡气及动脉血液 PCO_2 随之升高，呼吸加快加深，肺通气量增加，以促进 CO_2 的排出，使肺泡气与动脉血液 PCO_2 可维持接近正常水平。但当吸入气 CO_2 含量超过一定水平时，肺通气量不能作相应增加，致使肺泡气、动脉血 PCO_2 陡升，CO_2 堆积，压抑中枢神经系统的活动，包括呼吸中枢，发生呼吸困难，头痛、头昏，甚至昏迷，出现 CO_2 麻醉。

CO_2 调节呼吸的作用是通过中枢、外周两条途径实现的，以中枢机制为主，如果去掉外周化学感受器的作用，二氧化碳的通气反应仅下降约 20%，可见中枢化学感受器在 CO_2 通气中起主要作用。但在动脉血 PCO_2 突然大增时及中枢化学感受器受抑制时，CO_2 的反应降低时，外周化学感受器就起重要作用。

（2）pH 的影响　当动脉血 H^+ 浓度增加时，呼吸加深加快，肺通气增加；当 H^+ 浓度降低时，呼吸就受到抑制。H^+ 调节呼吸的作用也是通过中枢、外周两条途径实现的，中枢化学感受器对 H^+ 的敏感性约为外周化学感受器的 25 倍，但是由于血 - 脑屏障的存在，限制了它对中枢化学感受器的作用，脑脊液中的 H^+ 才是中枢化学感受器的最有效刺激。

（3）PO_2 的影响　当吸入气 PO_2 降低时，肺泡气、动脉血 PO_2 都随之降低，呼吸加深加快，肺通气增加。缺氧对延髓的呼吸中枢有直接的抑制作用，当严重缺氧时，外周化学感受器的兴奋呼吸作用不足以克服低氧对中枢的抑制作用，将导致呼吸障碍，甚至呼吸停止。

上述三种因素是相互联系、相互影响的，在探讨它们对呼吸的调节时，必须全面地进行观察分析，才能得出正确的结论。

📝 目标检测

1. 利用思维导图梳理肺组织结构。
2. 绘制呼吸全过程示意图，并标出呼吸的三个阶段。
3. 绘制呼吸膜并标注呼吸膜两侧氧气和二氧化碳的压力大小，说明肺换气的原理及影响因素。绘制组织细胞和血液中氧气和二氧化碳的示意图并标注压力大小，说明组织换气的原理及影响因素。

4. 列化学式总结气体在血液中运输形式。

5. 分析犬的呼吸运动观察结果；分析犬胸内压的测定结果。

6. 绘制正常呼吸曲线及各化学影响因素下的呼吸变化曲线；分析呼吸运动的调节方式和影响因素。

7. 完成《宠物解剖生理填充图谱》中模块五内容。

在线答题

06

模块六

心血管系统

知识点一　心脏的结构

【知识目标】

1. 描述心脏的形态位置。
2. 说明心脏四个腔室构造及周围血管的分布情况。

【技能目标】

1. 能在体表找到心脏的投影位置。
2. 能认识心脏的解剖结构。

【职业素养目标】

培养三维空间模型想象能力，锻炼动手和观察能力。

心血管系统由心脏、血管（包括动脉、静脉和毛细血管）和血液组成。

心脏是血液的动力器官，在神经、体液调节下，进行有节律的收缩和舒张，使血管内的血液按一定的方向流动。

动脉起于心脏，输送血液到肺和全身各处，沿途反复分支，管径越来越小，管壁越来越薄，最后移行为毛细血管。毛细血管是连接于小动脉与小静脉之间的微细血管，互相吻合成网，遍布全身。静脉则从毛细血管起始逐渐汇集成小、中、大静脉，收集血液最后回到心脏。全身回流的淋巴也从前腔静脉进入心脏。

血液是由血浆和血细胞组成的液体组织，是体液的重要组成部分。血液在心脏的推动下循环流动，具有运输各种代谢产物及营养物质，维持机体内环境的稳定等生理功能。

一、心脏的形态和位置

心脏是一个中空的肌性器官，外形呈倒立的圆锥形，心的前缘凸，后缘较平直。心脏上部大且位置较固定，称为心基，有进出心脏的大血管，下部小且游离，称为心尖。心脏表面有一条环绕心脏的冠状沟，是上边的心房和下边的心室之间的分界标志。在心室的左前方，有一条左纵沟，右后方有一条右纵沟，左、右纵沟是左、右心室的外表分界标志，右前部是右心室，左后部是左心室。在冠状沟和纵沟内有营养心脏的血管，并有脂肪填充。

犬心脏位于胸腔纵隔内，第3～6肋间隙之间，略偏左，并微向前倾。心基位于第四肋骨中央，肩峰和最后肋骨腹侧段的连线上；心尖在第六胸骨片的偏左侧。

二、心脏的构造

心腔内有房间隔和室间隔，分别对应将心腔分为左心房、右心房、左心室、右心室四个腔。同侧心房与心室通过房室口相通（图6-1、图6-2）。

左心房：构成心基的左后部，在左心室背侧。向左前方有突出的圆锥状盲囊为左心耳。左心房经左房室口与左心室相通。

左心室：构成心室的左后部，向下形成心尖部，心室上方有两个口，左前方较小的口为主动脉口；右后较大的口为左房室口。左房室口有两片强大的瓣膜，称"二尖瓣"；主动脉口为左心室的出口，有三片半月状瓣膜，为主动脉瓣。

右心房：构成心基的右前部，位于右心室背侧。由右心耳和腔静脉窦构成，右心耳为圆锥形盲囊，尖端突向左侧；腔静脉窦是前、后腔静脉和奇静脉等的入口部。右心房经右房室口与右心室相通。

右心室：构成心室的右前部，上方有两个口，其右前方的口为肺动脉口，右后口为右房室

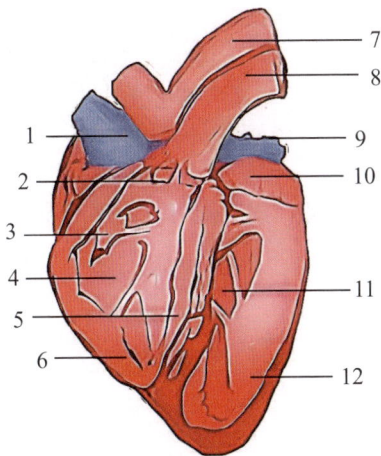

图6-1　心脏纵剖面（经肺动脉）

1—前腔静脉；2—肺动脉半月瓣；3—三尖瓣；4—右心室；
5—室中隔；6—前缘；7—主动脉；8—肺动脉；
9—肺静脉；10—左心房；11—左心室；12—后缘

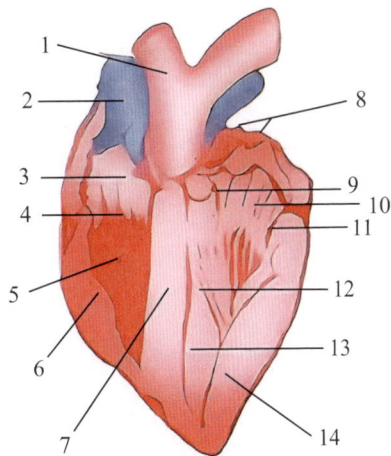

图6-2　心脏纵剖面（经主动脉）

1—主动脉；2—前腔静脉；3—右心房；4—三尖瓣；
5—右心室；6—前缘；7—室中隔；8—肺静脉；
9—主动脉半月瓣；10—左心房；11—二尖瓣；
12—心横肌；13—左心室；14—后缘

口。右房室口是右心室的入口，有3片三角形的瓣膜，称"三尖瓣"；肺动脉口为右心室的出口，有3个半月形瓣膜，称"半月瓣"，瓣膜凹面朝着动脉方向。

三、心壁的组织构造

心壁分3层，外层为心外膜，中层为心肌，内层为心内膜。

心外膜：贴于心肌表面，为浆膜构成，光滑而湿润。

心肌：为心壁最厚的一层，主要由心肌纤维构成。因功能的不同各腔壁肌层厚薄也不一样。心房肌薄，心室肌厚，尤以左心室最厚，约为右心室的3倍。

心内膜：薄而光滑，紧贴于心肌内表面，与血管内膜相延续。心内膜深面有血管、淋巴管、神经和心传导纤维等。

四、心脏的传导系统

心脏传导系统由窦房结、房室结、房室束和浦肯野纤维组成（图6-3）。窦房结是心的正常起搏点，自律性最高，位于前腔静脉和右心耳之间的界沟内心外膜下，有分支到心房肌，并发出结间束与房室结相连。房室结位于房中隔右房侧的心内膜下，沿室中隔向下延续为房室束，并在室中隔上部分左、右两束，到左、右心室心内膜下，再分支形成许多细小的浦肯野纤维，与普通心肌纤维相连。浦肯野纤维可自动产生兴奋、传导兴奋，使心脏进行节律性的收缩和舒张活动。

五、心包

心包是包于心脏外的锥形囊，囊壁由浆膜和纤

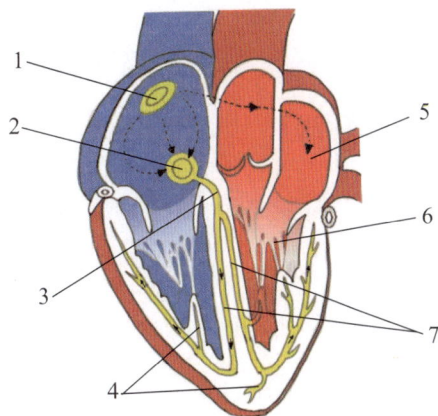

图6-3　心脏的传导系统

1—窦房结；2—房室结；3—房室束；4—浦肯野纤维；
5—左心房；6—左心室；7—左右束支

维膜构成。

　　浆膜分壁层和脏层，壁层在纤维膜内面，壁层在心基部折转移行为脏层，脏层紧贴于心肌外表面，构成心外膜。壁层和脏层之间的空隙为心包腔，内有少量的浆液为心包液，起润滑作用。

　　纤维膜是一层坚韧的结缔组织膜，在心基部与进出心脏的大血管的外膜相连；在心尖部与心包胸膜共同形成心包胸骨韧带，将心包固定于胸骨的背面。

　　心包的主要功能是维持心脏位置和减少与相邻器官间摩擦，同时还可作为屏障使周围感染不致蔓延到心脏。

知识点二　血管的结构

【知识目标】
　　1. 归纳血管的形态及分类。
　　2. 总结体内各血管的功能及分布。
【技能目标】
　　能够在犬体表找到主要的动脉血管和静脉血管。
【职业素养目标】
　　通过学习血管分布与循环的关系，锻炼处理、总结信息的能力。

　　机体中，由心室射出的血液都流经各级血管相互串联形成的血管系统后再返回心房。

一、血管的分类

　　血管是血液流通的管道，根据结构和功能不同，可分为动脉、静脉和毛细血管 3 种。

1. 动脉

　　起于心室，输送血液至全身各处，最终移行至毛细血管，管壁厚且富有弹性，空虚时不塌陷，出血时呈喷射状。离心脏愈近则管径愈大、管壁愈厚，所含弹性纤维愈多，对维持体内血压，保持血流连续性有重要意义。动脉管壁分为外膜、中膜、内膜 3 层。

2. 静脉

　　常起于毛细血管，输送血液至心脏，与心房相连，多与动脉伴行。其管壁构造与动脉相似，也分 3 层，但中膜很薄，弹性纤维不发达，外膜较厚。静脉管腔大，管壁薄，弹性差，易塌陷，出血时呈流水状。四肢部、颈部的静脉，内有折叠成对的游离缘朝向心脏方向的半月状瓣膜，称为静脉瓣，可防止血液逆流。

3. 毛细血管

　　是动脉与静脉之间的微细血管，遍布全身各处，短而细，具有较大的通透性，是血液与周围组织进行物质交换的主要场所。毛细血管分布的疏密程度随器官、组织不同而异。在代谢功能旺盛的器官、组织，如横纹肌、肺、肝、肾、大多数腺体、黏膜及脑灰质等，毛细血管分布很稠密；相反，在代谢功能较低的平滑肌、腱、神经干及浆膜等处，毛细血管分布较稀疏；在上皮、软骨及角膜等处，则无毛细血管分布。

二、体循环血管

　　体循环又称大循环，血液从左心室的主动脉开始，经颈动脉运往头部，再经躯干各级主动脉运往全身组织。在全身各毛细血管处动脉血变为静脉血，机体前部的静脉血汇集进入前腔静脉，机体后部的静脉血汇集进入后腔静脉，最后集至右心房（图6-4）。

1. 主要的动脉血管

主动脉是体循环动脉的主干，全身所有的动脉支都直接或间接自此发出。主动脉起于左心室的主动脉口，起始部向前直行，称为升主动脉，然后再转向后方，形成一锐角弯曲的弓，称为主动脉弓，向后移行为胸椎腹侧的胸主动脉，穿过膈的主动脉裂孔进入腹腔，称为腹主动脉。此外，体循环的动脉还包括骨盆部及荐尾部动脉和四肢动脉等。

（1）主动脉弓　主动脉弓在根部发出左、右冠状动脉（见心脏的血管），顶部有两个大血管分支，第1个大的分支偏向右侧，称为头臂干；第2个分支较小，偏向左侧，称为左锁骨下动脉。

① 左、右冠状动脉　由主动脉在其根部发出，大部分分布在心脏。

② 臂头动脉干　为分布于胸廓前部、头颈和前肢的动脉总干，出心包后沿气管腹侧向前伸延，分出左锁骨下动脉后，移行为臂头动脉。臂头动脉分出短而粗的双颈动脉干后，移行为右锁骨下动脉。

③ 左、右锁骨下动脉　绕过第1肋骨前缘出胸腔前口，分别移行为左、右前肢的腋动脉。左锁骨下动脉发出的分支有：肋颈动脉、颈深动脉、椎动脉、胸内动脉和颈浅动脉；右侧的肋颈动脉、颈深动脉和椎动脉自臂头动脉发出，胸内动脉和颈浅动脉自右锁骨下动脉发出。

（2）胸主动脉　由主动脉弓向后延续而成，在胸椎腹侧稍偏左，主要分支是肋间动脉和支气管食管动脉（图6-5）。

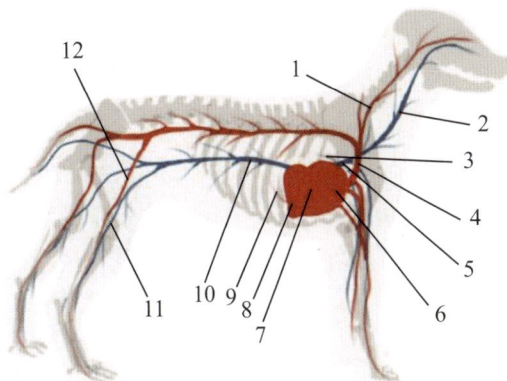

图6-4　体循环血管分布

1—颈动脉；2—颈静脉；3—肺静脉；4—主动脉；
5—前腔静脉；6—左心室；7—心脏；8—右心室；
9—肺动脉；10—后腔静脉；
11—股静脉；12—股动脉

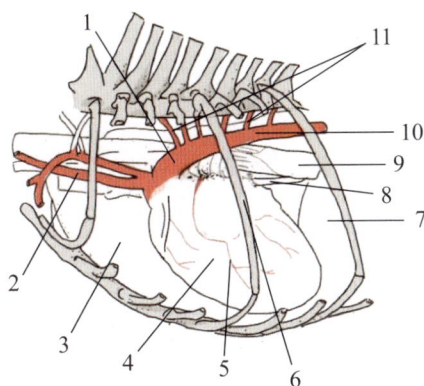

图6-5　胸部动脉

1—主动脉；2—臂头动脉干；3—右肺；4—心脏；
5—冠状动脉；6—第5肋骨；7—膈肌；8—后腔静脉；
9—食管；10—胸主动脉；11—背侧肋间动脉

① 肋间背侧动脉　犬的肋间动脉是9对或10对，除前数对由左锁骨下动脉和臂头动脉的分支分出外，其余均由胸主动脉分出。肋间动脉在肋间隙上端分为一背侧支和腹侧支，背侧支较小，腹侧支沿肋骨后缘向下伸延，分布于胸侧壁的肌肉和皮肤。

② 支气管食管动脉　分为支气管支和食管支，通常分别起于胸主动脉的起始部，有时以一总干起于胸主动脉，称为支气管食管动脉。支气管支是肺的营养动脉，在气管分叉处分为左右支，分别进入左右肺，分布于肺组织；食管支分出前后两支分布于食管和纵隔等。

（3）腹主动脉　由胸主动脉延续而成，沿腰椎腹侧后行，在第5～6腰椎腹侧分出左、右髂外动脉和左、右髂内动脉后，向后移行为细小的荐中动脉。其分支可分为壁支和脏支。壁支为成对的腰动脉，分布于腰部的肌肉、皮肤和脊髓等处；脏支主要分布于腹腔脏器，由前向后依次为腹腔动脉、肠系膜前动脉、肾动脉、睾丸动脉或卵巢动脉和肠系膜后动脉等（图6-6）。

① 腰动脉　有7对，前6对起自腹主动脉，后1对起自髂内动脉。每一腰动脉分为背侧支和腹侧支。背侧支分布于腰椎背侧的肌肉、皮肤和脊髓，腹侧支沿相应的腰椎横突后缘向外延

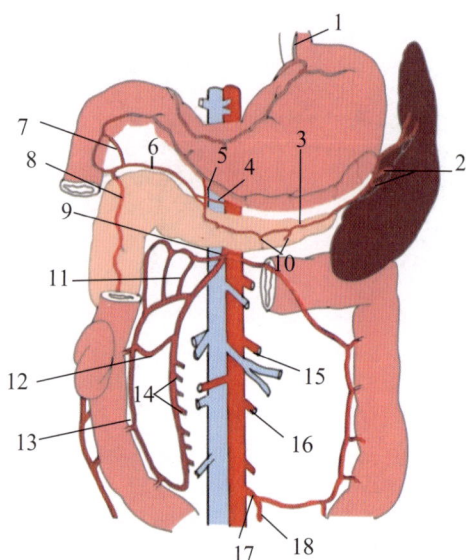

图 6-6 腹主动脉及分支

1—食管动脉；2—分布于脾脏的动脉分支；3—脾动脉；
4—腹腔动脉；5—胃左动脉；6—肝动脉；7—胃右动脉；
8—胰十二指肠前动脉；9—肠系膜前动脉；
10—分布于胰的动脉分支；11—结肠动脉；
12—回结肠动脉；13—回肠动脉；14—空肠动脉；
15—左肾动脉；16—左卵巢动脉；
17—肠系膜后动脉；18—直肠前动脉

伸，分布于软腹壁的肌肉和皮肤。

② 腹腔动脉　在膈的主动脉裂孔处后方，起于腹主动脉，向前下方延伸，并分为肝动脉、脾动脉和胃左动脉，主要分布于脾、胃、肝、胰及十二指肠前部等器官。

③ 肠系膜前动脉　在腹腔动脉起始处后方起于腹主动脉，有时与腹腔动脉同起于一短干。主要分布于小肠、盲肠、结肠等器官。

④ 肾动脉　约在第2腰椎腹侧由腹主动脉分出，短而粗，左右各一，至肾门附近分出数支后入肾，主要分布于肾、肾上腺、肾淋巴结和输尿管等。

⑤ 睾丸动脉或卵巢动脉　在肠系膜后动脉附近起于腹主动脉，左右各一。睾丸动脉细而长，走向腹股沟管参与形成精索，分布于睾丸和附睾；卵巢动脉短而粗，在子宫阔韧带内向后延伸，在分出输卵管支和子宫支后，经卵巢系膜进入卵巢，分布于卵巢、输卵管和子宫角。

⑥ 肠系膜后动脉　在第4~5腰椎腹侧起于腹主动脉，主要分布于结肠后段和直肠前段。

（4）骨盆部及荐尾部动脉　分布于骨盆部及尾部的动脉为髂内动脉，在第5、第6腰椎腹侧由腹主动脉分出，沿荐骨腹侧及荐坐韧带内侧向后伸延，分布于骨盆腔器官和荐臀部、尾部的肌肉、皮肤。

（5）四肢动脉

① 前肢的动脉　主要是由锁骨下动脉延续而来的腋动脉分支或延续为臂动脉等（图6-7）。

a. 腋动脉：在肩关节内侧，从肩胛下肌和大圆肌之间向后下伸延，主要分支有胸廓外动脉、肩胛上动脉和肩胛下动脉，后臂二头肌后缘延续为臂动脉。

b. 臂动脉：发出臂浅动脉和尺侧副动脉等分支后，延续为正中动脉。臂浅动脉于前臂部与头静脉并行腕桡侧伸肌的背侧。

② 后肢的动脉　主要是由腹主动脉发出的髂外动脉分支延续而来的股动脉、腘动脉、胫前动脉和胫后动脉等（图6-8）。

a. 股动脉：起于耻骨前缘，垂直下行于缝匠肌后方的股管内，经股骨后的脉管沟，至腓肠肌二头间，延续为腘动脉。股动脉还发出若干分支，如股深动脉、股前动脉、隐动脉和股后动脉等。它们分布至大腿各肌肉及阴部器官等处。

b. 腘动脉：是股动脉的直接延续部分，处于腓肠肌之间，起初在股骨后面下行，然后分为胫前动脉和胫后动脉。

c. 胫前动脉：下行至胫骨和跗骨的前面，其延续部分为跖穿动脉，此外还分出第5跖背侧动脉和3个跖深侧背动脉。

d. 胫后动脉：很小，其小支分布至小腿近端部的屈肌上。

2. 主要的静脉血管

全身各部有很多静脉与同名动脉伴行。主要有前腔静脉、后腔静脉、奇静脉和心静脉等。

（1）前腔静脉及其属支　前腔静脉主要汇集头颈部、前肢和胸壁静脉的血液。在胸前口处由左、右臂头静脉汇合而成。其中每个臂头静脉由颈静脉和锁骨下静脉汇合而成。

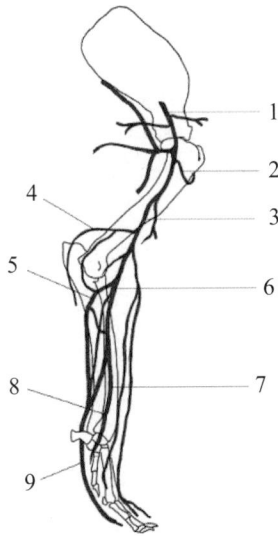

图 6-7　前肢动脉

1—腋动脉；2—旋臂前动脉；3—臂动脉；
4—尺侧副动脉；5—尺动脉；6—正中动脉；
7—桡动脉；8—深掌弓动脉；9—浅掌弓动脉

图 6-8　后肢动脉

1—髂内动脉；2—主动脉；3—髂外动脉；4—股动脉；
5—隐动脉；6—腘动脉；7—胫前动脉；8—隐动脉跖侧支；
9—隐动脉背侧支；10—足背动脉；11—趾穿动脉

① 颈外静脉　是颈静脉主干，也是颈部的主要静脉。它由颌内静脉与颌外静脉在颌下腺的后缘处汇合而成。每侧颈外静脉沿着颈部胸头肌下行，仅被皮肤和皮肌覆盖，下行至颈后部穿过第 1 肋骨，至锁颈肌下方与颈内静脉相汇，再与前肢的臂静脉汇合成臂头静脉。此外，左、右两侧颈外静脉在环状软骨下方，常有一横支相连。

② 颈内静脉　很细，处于颈部深层，纵走于胸头肌与胸骨舌骨肌之间，靠近颈总动脉的内侧。常由咽静脉和甲状腺静脉连合形成。

③ 颌内静脉　在颌下腺后缘与颌外静脉汇合成颈外静脉，颌内静脉沿颌下腺后缘，延伸至耳下腺，接受来自深处的眶静脉丛、大脑背静脉、浅层的颞浅静脉和大耳静脉等。

④ 颌外静脉　较细，其主干位于颌下腺的腹侧，接受面总静脉、舌静脉和舌下静脉等来自面部及下颌部的血液。

（2）后腔静脉及其属支　后腔静脉主要汇集后肢、骨盆壁、骨盆腔器官、腹壁、腹腔器官和膈的静脉血液，在骨盆入口处由左、右髂总静脉汇合而成，沿腹主动脉右侧向前伸延，经过肝的腔静脉窝（在此处接受肝静脉），穿过膈的腔静脉孔进入胸腔内，经右肺心膈叶和副叶之间入右心房。后腔静脉在伸延途中接受腰静脉、睾丸静脉或卵巢静脉、肾静脉和肝静脉等属支。除肝静脉外，其他属支均与同名动脉伴行。

a. 肝静脉：是输出肝脏血液的静脉，粗而短，在肝背侧面的腔静脉沟内进入后腔静脉。

b. 髂内静脉：其流入支与同名动脉的分支相当，但它并不分为体壁支和内脏支。

c. 髂外静脉：主要汇聚来自后肢的回心血液。髂外静脉为股静脉上行的延续部，其汇流支包括股静脉、腘静脉及其附属支等，这些静脉均与同名动脉伴行。

d. 门静脉：位于后腔静脉的下方，是一条较大的静脉干，收集胃、脾、胰、小肠、大肠（直肠后部除外）的静脉血，经肝门入肝，在肝内分成数支毛细血管网，再汇成数支肝静脉，汇入后腔静脉。

e. 奇静脉：是一支单静脉，起自第 1 腰静脉，有来自脊髓、腰肌、膈等处的静脉汇入。在胸腔内沿胸椎右侧向前行，沿途有肋间静脉、食管静脉和支气管静脉汇入。在第 9 和第 10 胸椎处有半奇静脉汇入。奇静脉沿气管和食管的右侧向前延续，进入前腔静脉。

（3）四肢静脉

① 前肢的静脉　主要由汇集了前肢动脉的血液，主要包括：腋静脉、臂静脉、尺静脉、桡静脉、头静脉、副头静脉等，（图6-9）。臂静脉和桡静脉均与同名动脉伴行。尺静脉常为2支，在腕下部与骨间静脉的一支相连，形成浅静脉弓。头静脉在前臂部与尺动脉伴行，下方连于浅静脉弓，有3个掌心短静脉开口于浅静脉弓，约在前臂的中部头静脉与头副静脉相接。副头静脉由3个掌背侧静脉汇合而成，处于前臂外侧，又行于皮下，适合于采血和注射药物。

② 后肢的静脉　主要汇集了后肢动脉的血液，后肢静脉主要包括：臀后静脉、髂内静脉、后腔静脉、髂外静脉、股静脉、腘静脉、胫前静脉、外侧隐静脉等（图6-10）。髂内静脉的流入支与同名动脉的分支相当，但它并不分为体壁支和内脏支。髂外静脉主要汇聚来自后肢的回心血液。髂外静脉为股静脉上行的延续部，其汇流支包括股静脉、腘静脉及其附属支等，这些静脉均与同名动脉伴行。

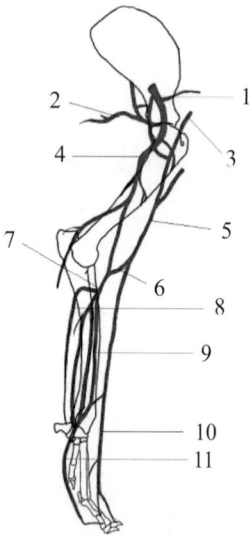

图6-9　前肢静脉

1—腋静脉；2—胸背静脉；3—肩臂静脉；4—臂静脉；
5、11—头静脉；6—正中肘静脉；7—骨间总静脉；
8—尺静脉；9—桡静脉；10—副头静脉

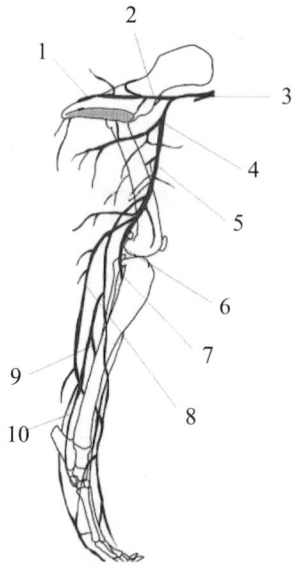

图6-10　后肢静脉

1—臀后静脉；2—髂内静脉；3—后腔静脉；4—髂外静脉；
5—股静脉；6—腘静脉；7—胫前静脉；8—外侧隐静脉；
9—隐静脉前支；10—隐静脉后支

三、肺循环血管

肺循环又称为小循环，从右心室开始，经肺动脉进入肺，在肺内形成毛细血管网，而后汇集成肺静脉，返回左心房。

1.肺动脉

起于右心室的肺动脉口，沿主动脉弓的左侧向后上方伸延，至心基的后上方分为左、右两支，分别与左、右支气管一起经肺门入肺。右侧支在入肺前还向右肺尖叶分出一小侧支，随右肺尖叶支气管分布于肺。肺动脉在肺内随支气管进行分支，最后在肺泡周围形成毛细血管网，在此进行气体交换。

2.肺静脉

由毛细血管网汇合而成，随肺动脉和支气管行走，由肺门出肺，注入左心房。

四、心脏自身的血管

心脏自身的血液循环称冠状循环，供给心脏的营养，运走心脏的代谢产物，由心冠状动脉、毛细血管和心静脉构成。冠状动脉由主动脉基部分出，分别沿左、右冠状沟和室间沟分支行走，称为左、右冠状动脉，并在心房和心室壁内反复分支形成毛细血管网。毛细血管网最后汇集成心静脉返回右心房（图6-11）。

图6-11 心脏自身血管

1—主动脉；2—前腔静脉；3—后腔静脉；4—右冠状动脉回旋支；5—冠状动脉的右纵沟支；
6—心中静脉；7—右心耳；8—肺动脉；9—肺静脉；10—左心耳；11—左冠状动脉回旋支；
12—心大静脉；13—左冠状动脉左纵沟支；14—心大静脉左纵沟支

1. 冠状动脉

是供给心脏血液的动脉，左、右两条，分别从主动脉根部发出。

2. 心静脉

心脏的静脉分为心大静脉、心中静脉和心小静脉，心大静脉和心中静脉与冠状动脉并行，开口于冠状窦，心小静脉在冠状沟附近直接开口于右心房。

知识点三 血液循环过程

【知识目标】

1. 辨别体循环与肺循环过程。
2. 说明胎儿血液循环过程及出生前后胎儿血液循环的变化。
3. 归纳微循环的组成、通路及调节。
4. 掌握组织液和淋巴液的生成与回流过程及影响因素。

【技能目标】

1. 能够熟练说出全身血液循环的路径。
2. 学会使用路径图的方法概括血液循环过程。

【职业素养目标】

1. 锻炼动手和知识分析能力。
2. 培养逻辑推理、发展和提升思维。

微课：血液循环途径及胎儿的血液循环

体循环和肺循环共同构成了完整的血液循环，使得血液在心脏和血管中不断流动，完成物质交换和气体交换，维持宠物机体的正常生理功能。

一、全身血液循环（体循环＋肺循环）

体循环，又称大循环，当心室收缩时，含有较多的氧及营养物质的动脉血自左心室输出，经主动脉及其各级分支，到达全身各部的毛细血管，进行组织内物质交换和气体交换，血液变成了含有组织代谢产物及较多二氧化碳的静脉血，再经各级静脉，最后汇入前、后腔静脉流回右心房。

肺循环，又称小循环，体循环返回心脏的血液从右心房流入右心室，心室收缩时，血液从右心室进入肺动脉，经其分支达肺泡表面毛细血管，在此进行气体交换，静脉血变成动脉血，经肺静脉回流入左心房，再入左心室。

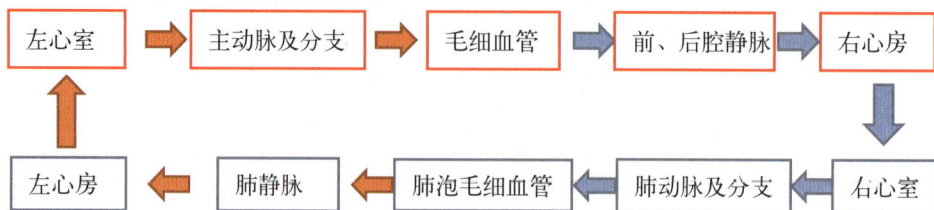

左心室 → 主动脉及分支 → 毛细血管 → 前、后腔静脉 → 右心房 → 右心室 → 肺动脉及分支 → 肺泡毛细血管 → 肺静脉 → 左心房 → 左心室

二、胎儿血液循环

1.胎儿心血管结构特点

胎儿在母体子宫内发育时，肺和消化器官不起作用，其所需要的全部营养物质和氧都是通过胎盘由母体提供，代谢产物也是通过胎盘经母体排出。因此胎儿血液循环具有与此相应的结构特点。

（1）卵圆孔　胎儿心脏房中隔上有一卵圆孔，使左、右心房相通。孔的左侧有一卵圆孔瓣膜，且右心房的血压高于左心房，故血液只能由右心房向左心房流。

（2）动脉导管　胎儿的主动脉和肺动脉之间有动脉导管相通，因此右心室的大部分血流通过肺动脉导管流入主动脉，仅有少量入肺，起营养肺的作用。

（3）静脉导管　胎儿的脐静脉经由肝的腹侧缘进入肝脏后，除与入肝血管及窦状隙连通外，还直接延续为静脉导管汇入后腔静脉，保证了脐静脉的胎盘来血迅速到达胎儿体循环，而不至于过久地停留于肝内。

（4）脐动脉和脐静脉　胎盘是胎儿与母体进行气体交换和物质交换的特有器官，以脐带与胎儿相连，脐带内有两条脐动脉和一条脐静脉。脐动脉沿膀胱侧韧带到膀胱顶，再沿腹腔底壁向前伸延至脐孔进入脐带，经脐带到胎儿胎盘，分支形成毛细血管网。胎盘毛细血管汇集成一条脐静脉，经脐带由脐孔进入胎儿腹腔，经肝门入肝最后汇合成数支肝静脉注入后腔静脉（图6-12）。

2.胎儿血液循环的路径

脐静脉将胎盘内富有营养物质和含氧较多的动脉血引入胎儿体内，一部分血液经肝门入肝，在窦状隙与来自门静脉的血液混合后，再经肝静脉注入后腔静脉，与胎儿自身的静脉血混合。后腔静脉的血液注入右心房，大部分经卵圆孔到左心房，再经左心室到主动脉及其分支，大部分到头、颈和前肢。

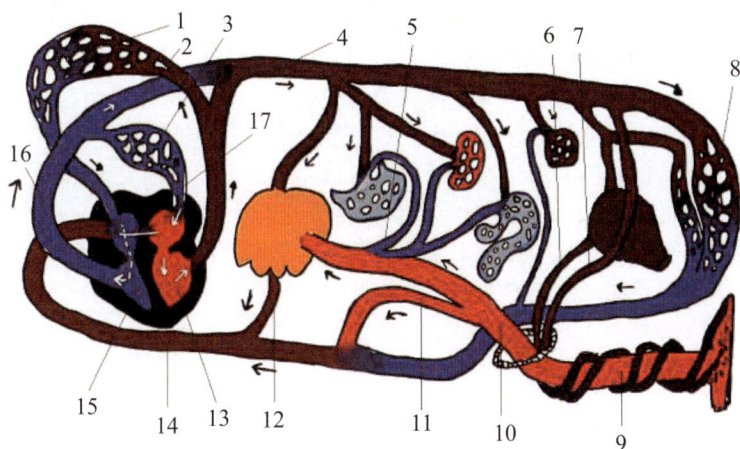

图6-12 产前胎儿血液循环

1—机体前部毛细血管网；2—动脉导管；3—肺部毛细血管网；4—主动脉；5—门静脉；6、7—脐动脉；
8—机体后部毛细血管网；9—脐带；10—脐静脉；11—静脉导管；12—肝静脉；13—左心室；
14—后腔静脉；15—右心室；16—肺动脉；17—肺静脉

　　来自胎儿身体前半部的静脉血，经前腔静脉入右心房。由于静脉间嵴的分流作用，进入右心房的血液大部分到右心室，再入肺动脉。因胎儿肺尚无功能活动，致使肺动脉的血液只有少量入肺，大部分经动脉导管到主动脉，进而到身体的后半部，并经脐动脉到胎盘。

　　由此可见，胎儿体内的血液大部分是混合血，但混合的程度不同。到肝、头颈和前肢的血液，含氧和营养物质较多，以适应肝功能活动和胎儿头部生长发育较快的需要；到肺、躯干和后肢的血液，含氧和营养物质较少（图6-12）。

3. 出生后的变化

　　胎儿出生后，由于肺开始呼吸和胎盘循环的中断，血液循环也发生了下列变化（图6-13）。

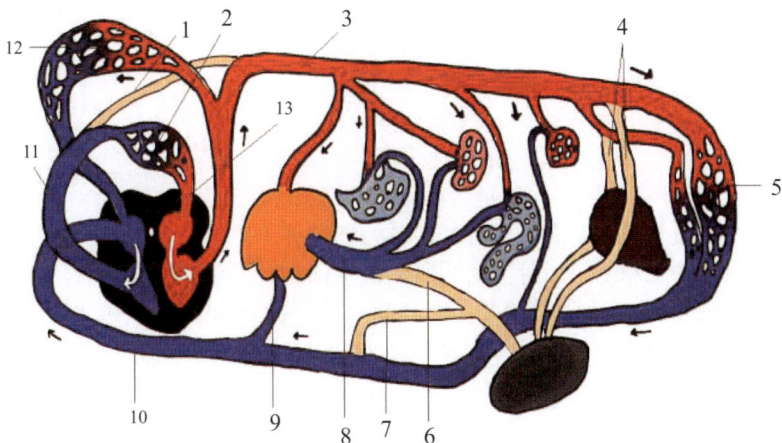

图6-13 产后胎儿血液循环

1—动脉导管索；2—肺毛细血管；3—主动脉；4—膀胱圆韧带；5—机体后部毛细血管网；6—肝圆韧带；7—静脉导管；
8—门静脉；9—肝静脉；10—后腔静脉；11—肺动脉；12—机体前部毛细血管网；13—肺静脉

　　（1）卵圆孔的封闭　由于肺发挥作用，肺静脉回左心房的血液量增多，内压增高，致使卵圆孔瓣膜与房中隔粘连，结缔组织增生、变厚，卵圆孔闭锁形成卵圆窝。此后，心脏的左半部和右半部完全分开，左半部为动脉血，右半部为静脉血。

（2）动脉导管的封闭　由于胎儿出生后开始呼吸，肺扩张，肺内血管的阻力减少，肺动脉压降低，动脉导管因管壁肌组织收缩，而发生功能性闭锁，继之以结构上的改变而完全闭塞，形成动脉导管索或动脉韧带。

（3）静脉导管的封闭　胎儿出生后静脉导管可退化封闭，但有的犬可出现静脉导管闭锁不全而造成的门静脉腔静脉旁路，需要进行手术矫正。

（4）脐动脉和脐静脉的变化　胎儿出生后，脐带被切断。脐动、静脉血流停止，血管逐渐闭塞萎缩，在体内的一段形成韧带，脐动脉成为膀胱圆韧带，脐静脉成为肝圆韧带。

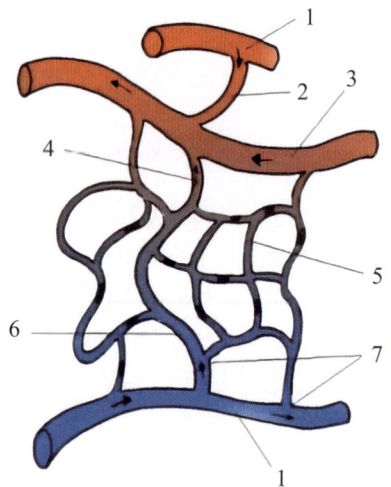

三、微循环

微循环是指微动脉和微静脉之间的血液循环。血液与组织液之间的物质交换就是通过微循环而实现的。

1. 微循环通路

机体中各器官、组织的结构与功能不同，组成微循环的结构也不同。典型的微循环结构包括微动脉、后微动脉、毛细血管前括约肌、直捷通路、真毛细血管、动-静脉吻合支和微静脉等（图6-14）。

（1）动-静脉短路　血液由微动脉经动-静脉吻合支，直接流回微静脉，没有物质交换功能，又称为非营养通路。在一般情况下，动-静脉短路处于关闭状态。这种状态开关与体温调节关系密切。

（2）直捷通路　血液从后微动脉经前毛细血管进入微静脉。流速快，流程短，物质交换功能不大，是安静状态下大部分血液流经的通路。主要功能是使血液及时通过微循环系统，以免全部滞留于毛细血管网中，影响回心血量。

（3）营养通路　血液从微动脉经后微动脉、毛细血管前括约肌进入真毛细血管网，再汇入微静脉。真毛细血管网管壁薄，经路迂回曲折，血流缓慢，与组织接触面广，是完成血液与组织液间的物质交换功能的主要场所。

图6-14　微循环通路示意图

1—微动脉；2—动-静脉吻合支；3—微静脉；
4—直捷通路；5—真毛细血管；6—后微动脉；
7—毛细血管前括约肌

2. 微循环的调节

微循环系统中仅微动脉分布有少量神经，其余成分并不直接受控于神经系统。尤其决定营养通路血流量的后微动脉和毛细血管前括约肌的舒缩活动，只受体液中血管活性物质调节。因此，微循环的调节方式主要是通过体液的局部调节。

四、组织液和淋巴液

1. 组织液的生成和回流

组织液是由血浆通过毛细血管管壁滤过而形成的。组织液又称组织间隙液，分布于细胞间隙内，它是血液与组织细胞间物质交换的媒介。绝大部分的组织液呈胶冻状，不能自由流动，只有极小部分呈液态，可自由流动。组织液形成后，机体为了保持组织液量的动态平衡，又被毛细血管重新吸收到血液中。组织液的生成和重吸收取决于毛细血管血压、组织液静水压、血浆胶体渗透压、组织液胶体渗透压四种因素。其中，毛细血管血压和组织液胶

体渗透压有利于生成组织液；组织液静水压和血浆胶体渗透压有利于组织液重吸收（图6-15）。可用下式表示：

有效滤过压＝（毛细血管血压＋组织液胶体渗透压）－
（组织液静水压＋血浆胶体渗透压）

如果有效滤过压为正值，血浆从血管滤出，即组织液生成；如果为负值，组织液则被重吸收。一般在毛细血管动脉端形成组织液，在静脉端部分组织液回流。

2. 淋巴液的生成与回流

在正常情况下，约90%的组织液在静脉端被重新吸收回血液，其余约10%进入毛细淋巴管，形成淋巴液。淋巴液沿着毛细淋巴管，进入小淋巴管，接着再进入大淋巴管，最后回流至心脏。淋巴液之所以沿心脏方向流动是因为淋巴管中有瓣膜，可控制淋巴液单向流动。

3. 影响组织液和淋巴液生成的因素

正常情况下，组织液不断生成，又不断被重吸收，保持动态平衡，因而血量和组织液量能维持相对稳定，如果这种动态平衡遭到破坏，将直接影响组织液和淋巴液的生成。影响组织液和淋巴液生成的因素有以下几个方面。

（1）毛细血管压　毛细血管血压升高，组织液生成增加。

（2）毛细血管壁通透性　毛细血管壁通透性增大时，胶体渗透压下降，有效滤过压加大。

（3）血浆胶体渗透压　动物患某种疾病（如肾病）时，血浆胶体渗透压下降，组织液生成增加。

（4）淋巴回流受阻　一部分组织液经由淋巴管系统流回血液，当淋巴回流受阻时，可发生局部水肿。

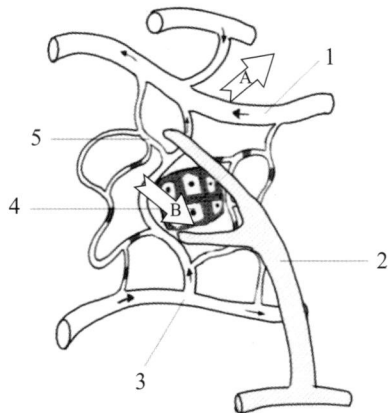

图6-15　组织液生成示意图

A. 毛细血管血压与组织液胶体渗透压方向；
B. 组织液静水压与血浆胶体渗透压方向
1—静脉端；2—毛细淋巴管；3—动脉端；
4—组织细胞；5—毛细血管

五、血液循环的调节

1. 神经调节

（1）调节心血管活动的神经中枢　心血管系统的活动受到中枢神经系统的调节控制。这些调节控制是通过反射活动来实现的，中枢神经内与心血管反射有关的神经元集中的区域叫作心血管反射中枢。

调节心血管活动的基本中枢在延髓。延髓内的心血管中枢是维持正常血压水平和心血管反射的基本中枢。心交感中枢与心迷走中枢之间有交互抑制的现象。心交感中枢紧张性活动增强时，心迷走中枢紧张性活动减弱，反之亦然。动物在安静状态下，心迷走中枢紧张性占优势，窦房结的自律性受到一定限制，故心率较慢。在运动、精神紧张、疼痛、大出血等情况下，心交感中枢的紧张性占优势，心率加快，心肌收缩能力加强，心输出量增加。

调节心血管活动的高级中枢分布在延髓以上的脑干部分及大脑和小脑中，它们在心血管活动调节中所起的作用较延髓基本中枢更加高级。特别是心血管活动和机体其他功能之间的复杂的整合。

（2）心脏和血管的神经支配　心脏受到交感神经和副交感神经（迷走神经）的双重支配。

① 心交感神经及其作用　心交感神经的节前神经元位于脊髓第1～5胸段的中间外侧柱；节后神经元位于星状神经节或颈交感神经节内。节后神经元的轴突组成心脏神经丛，支配心脏各个部分。右侧的纤维大部分终止于窦房结；左侧的纤维大部分终止于房室结和房室束。两侧均有纤维分布到心房肌和心室肌。

心交感节后神经元末梢释放的递质为去甲肾上腺素，与心肌细胞膜上的β型肾上腺素能受体结合，可导致心率加快，房室交界的传导加快，心房肌和心室肌的收缩能力加强。

② 心迷走神经及其作用　支配心脏的副交感神经是迷走神经的心脏支。右侧迷走神经心脏支的大部分神经纤维终止于窦房结；左侧迷走神经心脏支的大部分纤维终止于房室结和房室束。两侧均有纤维分布到心房肌，心室肌也有迷走神经支配，但纤维末梢的数量远较心房肌中的少。

心迷走神经节后纤维末梢释放的递质乙酰胆碱作用于心肌细胞的M受体，可导致心率减慢，心房肌收缩能力减弱，心房肌不应期缩短，房室传导速度减慢。刺激迷走神经时，也能使心室肌的收缩减弱，但其效应不如心房肌明显。

除真毛细血管外，血管壁都有平滑肌分布。支配血管平滑肌的神经纤维从功能上分为缩血管神经纤维和舒血管神经纤维两大类。

（3）心血管反射　经系统对心血管活动的调节通过各种心血管反射实现。机体内外环境的变化，可以被各种相应的内、外感受器所感受，通过反射引起各种心血管效应。各种心血管反射的生理意义在于维持机体内环境的稳态及使机体适应内、外环境的各种变化。

心血管系统的反射很多，一般可分为两大类，即加压反射和减压反射，其中最重要的是颈动脉窦和主动脉弓压力感受性反射。

① 颈动脉窦和主动脉弓压力感受性反射

a.动脉压力感受器：组织学的研究表明，在颈动脉窦和主动脉弓处管壁内有许多感受器。这些感受器是未分化的枝状神经末梢。生理学研究发现，这些感受器并不是直接感受血压的变化，而是感受血管壁的机械牵张程度，称为压力感受器或牵张感受器。

b.传入神经和中枢联系：颈动脉窦和主动脉弓压力感受器的传入神经纤维经窦神经和迷走神经传到延髓的心血管活动中枢。

c.反射效应：动脉血压升高时，动脉管壁被牵张的程度就升高，压力感受器传入的冲动增多，通过中枢机制，使迷走紧张加强，心交感紧张和交感缩血管紧张减弱，其效应为心率减慢，心输出量减少，外周血管阻力降低，故动脉血压下降。反之，当动脉血压降低时，压力感受器传入冲动减少，使迷走紧张减弱，交感紧张加强，于是心率加快，心输出量增多，外周血管阻力增高，血压升高。

d.压力感受性反射的意义：压力感受性反射在心输出量、外周血管阻力、血量等发生突然变化的情况下，对动脉血压进行快速调节的过程中起重要作用，使动脉血压不致发生过大的波动。

② 颈动脉体和主动脉体化学感受性反射

a.外周化学感受器：外周化学感受器位于颈动脉体（颈动脉窦旁）和主动脉体（在主动脉弓旁）中，对血液中氢离子浓度的增加和氧分压降低敏感。

b.传入神经和中枢联系：化学感受器受到刺激后，发出冲动分别经窦神经和迷走神经传进延髓的呼吸中枢、缩血管中枢和心抑制中枢。

c.反射效应：当血液中氢离子的浓度过高、二氧化碳分压过高、氧分压过低时，化学感受器受刺激，发出冲动经传入神经传至延髓呼吸中枢，引起呼吸加深加快，可间接地引起心率加快，心输出量增多，外周血管阻力增大，血压升高。

值得注意的是，血液中化学成分的变化直接作用于延髓心血管中枢的效果比作用于外周化学感受器的效果大得多。因此，在一般情况下，从颈动脉体和主动脉体化学感受器来的传入冲动对心血管控制没有重要意义。但在缺氧或窒息时，外周传入变成重要因素，与中枢效应结合，产生强有力的交感传出冲动作用于循环系统。

2.体液调节

体液调节是指血液和组织液中的某些化学物质、激素和代谢产物通过血液循环对心和血管的调节作用。体液中影响心血管活动的主要物质有肾上腺素和去甲肾上腺素。肾上腺素主要是对心脏起作用，使心搏加快加强，心血输出量增加，因而使动脉血压升高；去甲肾上腺素对血管作用很强，除心脏、脑、肺血管外，对体内大多数器官均有显著的缩血管作用，使外周阻力增大，因而使血压升高。

知识点四　血液成分及功能

【知识目标】
　　1.说明血液的理化性质及各组成成分和功能。
　　2.掌握血液凝固的过程、促凝和抗凝的方法。
【技能目标】
　　1.认识血液的组成。
　　2.能识别血细胞。
【职业素养目标】
　　培养在宠物临床岗位上认真刻苦、严谨好学的工作态度。

微课：血液

体液是指动物有机体中的大量水分及溶解于水中的物质总称。存在于细胞内的体液称为细胞内液，它是细胞内各种生化反应进行的场所；存在于细胞外的体液称为细胞外液，包括血浆、淋巴液、组织液和脑脊液等，这些细胞外液又称为机体的内环境。内环境能为细胞提供营养物质和接受来自细胞代谢的终产物，并能保持其中各种成分和pH、渗透压、各种离子浓度及温度等理化性质的相对稳定，从而保证细胞内各代谢活动和生理功能的正常进行。

血液是一种红色、略带腥味和黏性的液体，充满于心血管系统中，在心脏的推动下循环于全身血管系统之中。血液在不断流动过程中，实现其运输物质、维持稳态、保护机体及参与神经体液调节等生理功能。

一、血液的基本组成

正常血液为红色黏稠的液体。它由血浆和悬浮在血浆内的有形成分组成。血液的组成如下。

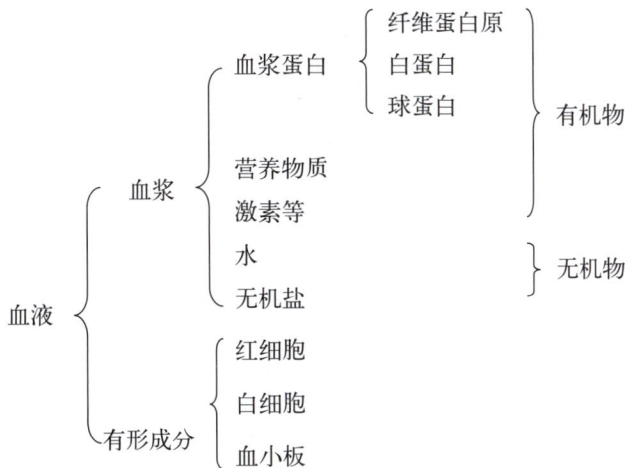

血液
　血浆
　　血浆蛋白
　　　纤维蛋白原
　　　白蛋白
　　　球蛋白　　　有机物
　　营养物质
　　激素等
　　水
　　无机盐　　　无机物
　有形成分
　　红细胞
　　白细胞
　　血小板

1. 血浆

把加有抗凝血剂的血液离心沉淀后，能明显地分为3层，上层液体为血浆，下层的深红色沉淀物为红细胞，在红细胞与血浆之间有一白色薄层是白细胞和血小板。抗凝全血经离心沉淀后全血中被压紧的红细胞容积占全血容积的百分比，称红细胞压积或红细胞比容。当血浆量或红细胞数发生改变时，均可使红细胞压积发生改变。

血浆除绝大部分是水外，还含有多种化学物质，如无机盐和蛋白质等有机物。离体血液不做抗凝处理，所凝固的血块不久后将进一步紧缩，并析出淡黄色的清亮液体，这种液体称为血清。血清与血浆的主要区别在于，血浆是血液中未经凝固的液体部分，含有可溶性的纤维蛋白原。该物质在血液凝固过程中，转变成为不溶性的纤维蛋白，并留在血凝块之中。

2. 血液的有形成分

（1）红细胞

① 红细胞的形态　大多数哺乳动物的成熟红细胞（RBC）无细胞核和细胞器（鸡的红细胞具有细胞核），呈双面内凹的圆盘状。犬的红细胞数为 $5.5 \times 10^{12} \sim 8.5 \times 10^{12}$ 个/L，平均寿命为120d。红细胞的细胞质内充满大量血红蛋白（Hb），血红蛋白由亚铁血红素和珠蛋白结合而成。外周血液中单位容积内红细胞数、血红蛋白含量同时或其中之一显著减少而低于正常值，称为贫血。

红骨髓是生成红细胞的主要器官。造血过程中需要供应造血原料和促进红细胞成熟的物质，如蛋白质、铁、维生素 B_{12} 和叶酸等，一旦这些物质供应不足或摄取不足，造血将发生障碍，出现营养性贫血。红细胞的生成还受到促红细胞生成素（EPO）及性激素的调节。

② 红细胞的功能　红细胞的主要功能是运输氧和二氧化碳，并对酸、碱物质具有缓冲作用，而这些功能均与红细胞中的血红蛋白有关。血红蛋白能与氧结合，形成氧合血红蛋白（HbO_2）。

（2）白细胞

① 白细胞的数量和分类　白细胞（WBC）是血液中无色、有核的细胞，体积比红细胞大。犬白细胞总数为 $6.0 \times 10^9 \sim 17.0 \times 10^9$ 个/L。可分为两大类：一类是粒细胞，即中性粒细胞、嗜酸性粒细胞和嗜碱性粒细胞；另一类是无颗粒细胞，包括单核细胞和淋巴细胞（图6-16）。白细胞数量以每升血液中有多少 10^9 个表示（10^9/L）。其变动范围较大，可随动物生理状态而变化，如下午的数量比早晨多，运动后比安静时多，但是各类白细胞之间的百分比却是相对恒定的（表6-1）。

表6-1　成年动物白细胞数及白细胞分类百分比

动物	白细胞总数 / (10^9/L)	各种白细胞的百分比/%				
		中性粒细胞	嗜酸性粒细胞	嗜碱性粒细胞	淋巴细胞	单核细胞
犬	6.0～17.0	61.0	6.0	1.0	25.0	7.0
猫	5.5～19.5	68.25	4.5	0.25	25.8	1.2
兔	4.0～12.0	35.0	1.0	2.5	59.0	2.0

② 白细胞的功能　白细胞依靠其具有的游走、趋化性和吞噬作用等特性，抵抗外来微生物对机体的损害，实现对机体的保护功能。

a. 嗜中性粒细胞：是粒细胞中数量最多的一种。胞体呈球形，核分叶2～5个。具有很强的变形游走和吞噬能力。当机体的局部受到细菌侵害时，中性粒细胞对细菌产物和受损组织所释放的某些化学物质有趋向性，可穿出毛细血管，聚集到病变部位吞噬细菌和清除组织碎片。在急性化脓性炎症时，中性粒细胞显著增多。

b. 嗜酸性粒细胞：数量较少，细胞呈圆球形。基本上没有杀菌能力。它的主要机能在于缓解过敏反应和限制炎症过程。当机体发生抗原 - 抗体相互作用而引起过敏反应时，可引起大量嗜酸性粒细胞穿出毛细血管进入结缔组织，吞噬抗原抗体复合物，释放组胺酶，灭活组胺，从而减轻过敏反应。

c. 嗜碱性粒细胞：数量最少。胞核常呈"S"形或分叶形。胞质内含有大小不等、分布不均的嗜碱性颗粒，可染成深紫蓝色，胞核常被颗粒掩盖。颗粒内有肝素和组胺等。嗜碱性粒细胞能变形游走，但无吞噬功能。颗粒中的组胺对局部炎症区域的小血管有舒张作用，能加大毛细血管的通透性，有利于其他白细胞的游走和吞噬活动；肝素对局部炎症部位起抗凝血作用。

d. 单核细胞：是白细胞中体积最大的细胞。呈圆形或椭圆形。胞核呈肾形、马蹄形或扭曲折叠的不规则形。其功能与嗜中性粒细胞类似，亦具有变形游走与吞噬能力，并能激活淋巴细胞的特异性免疫功能，促使淋巴细胞发挥免疫作用。

e. 淋巴细胞：数量较多，细胞呈球形。胞核呈圆形、椭圆形或肾形。淋巴细胞按其直径分为大、中、小三种。中淋巴细胞和大淋巴细胞核多为圆形，核染色质较疏松，着色较浅，有时可见核仁，胞质相对较多，胞核周围的淡染晕比较明显。小淋巴细胞核多为圆形或椭圆形，核的一侧有小凹陷，核染色质呈致密的块状，染成深蓝紫色。胞质很少，仅在核周围有一薄层，呈嗜碱性，染成天蓝色。健康动物血液中，大淋巴细胞极少，中淋巴细胞较少，主要是小淋巴细胞。淋巴细胞主要参与体内免疫反应。各种白细胞形态见图 6-16。

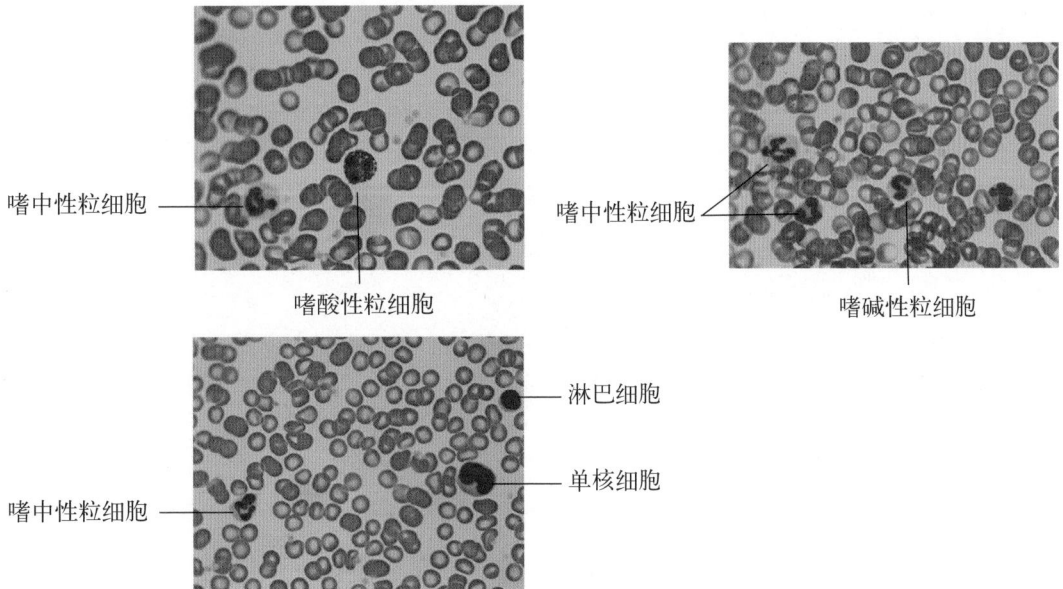

图 6-16　各种白细胞形态

（3）血小板

哺乳动物的血小板由骨髓内巨核细胞的胞质脱落而成，表面有完整的细胞膜，但无胞核，体积比红细胞小。血小板在血液中呈两面凸起的圆盘形或椭圆形，在血涂片上，其形状不规则，常成群分布于血细胞之间。中央部分有蓝紫色颗粒，称颗粒区。

正常情况下，血小板有黏附、聚集、释放、收缩和吸附等生理特性，有助于保持血管内皮细胞的完整性，并在血管创伤修复、生理止血过程中发挥重要作用。

3. 血液的化学成分

血液除有形成分外，其余成分就是血浆。血浆中含 90%～92% 的水分，8%～10% 的溶质。

溶质中包括无机盐和有机物。

（1）无机盐　血浆中无机盐约占 0.9%，主要以离子形式存在，少数以分子或与蛋白质结合状态存在。主要的阳离子有 Na^+、K^+、Ca^{2+}、Mg^+ 等；主要的阴离子有 Cl^-、HCO_3^-、HPO_4^+ 和 SO_4^{2-} 等。主要的微量元素有铜、锌、铁、锰、碘、钴等，它们主要存在于有机化合物分子中。这些无机离子的主要生理功能是维持血浆晶体渗透压、维持体液的酸碱平衡和维持组织细胞的兴奋性。

（2）有机物

① 血浆蛋白　是血浆中多种蛋白质的总称。根据分子量不同，血浆蛋白分为白蛋白（又称清蛋白）、球蛋白和纤维蛋白原等。其中白蛋白含量最多，球蛋白次之，纤维蛋白原最少，纤维蛋白原主要在血液凝固过程中起作用，可形成血凝块，当组织受伤出血时，起到堵塞血管破口、起止血的作用。

② 血浆中其他有机物

a. 非蛋白含氮化合物：通常称这类化合物所含的氮为非蛋白氮（NPN），它们主要是蛋白质代谢的中间产物，包括尿素、尿酸、肌酐、氨基酸、胆红素和氨等。

b. 血浆中不含氮的有机物：如葡萄糖、甘油三酯、磷酸、胆固醇和游离脂肪酸等，它们与糖代谢和脂质代谢有关。

c. 血浆中微量的活性物质：主要包括酶类、激素和维生素等。

二、血量

机体内的血液总量称为血量，是血浆量和血细胞量的总和。血量随动物的种类、性别、年龄、营养状况、妊娠、泌乳和所处的外界环境不同而发生变动。犬的总血量一般占体重的 8% 左右。

绝大部分血液在心血管系统中循环流动着，这部分称为循环血量；其余部分（主要是红细胞）储存在肝、脾和皮肤中，称为储存血量。当动物剧烈运动或大出血时，储存血量可释放出来，以补充循环血量之不足。

血量的相对恒定对于维持正常血压、保证各器官的血液供应非常重要。如动物一次失血量不超过总血量的 10%，对生命活动没有明显影响；如一次失血量达 20%，就会对生命活动产生显著影响；如一次急性失血量超过 30%，可引起血压急剧下降，导致脑和心脏等重要器官血液供应不足而危及生命。

三、血液的理化特性

1. 血色

动物血液呈红色，颜色随红细胞中血红蛋白的含氧量而变化。含氧量高的动脉血呈鲜红色，含氧量低的静脉血则呈暗红色。

2. 血液的密度

健康动物血液的相对密度在 1.050～1.060 之间。

3. 血液的黏滞性

血液流动时，由于内部分子间相互摩擦产生阻力，表现出流动缓慢和黏着的特性，称之黏滞性。

4. 血浆的渗透压

约为 770kPa。血浆的渗透压由两部分构成：一种是由血浆中的晶体物质，特别是各种电解质构成，叫作晶体渗透压，约占总渗透压的 99.5%；另一种是由血浆蛋白质构成的胶体渗透压，仅占总渗透压的 0.5%。血浆胶体渗透压虽小，但由于蛋白质不易透过毛细血管壁，而且血浆蛋白浓度又高于组织液，因此有利于血管中保留一定的水分。

机体细胞的渗透压与血浆的渗透压相等。与细胞和血浆的渗透压相等的溶液，叫作等渗溶液，常用的等渗溶液有 0.9% 氯化钠溶液和 5% 葡萄糖溶液。

5. 血液的酸碱度

动物的血液呈弱碱性，pH 在 7.35～7.45 之间。生命活动能够耐受的血液 pH 最大范围约为 6.9～7.8。在正常情况下，血液 pH 保持稳定，除了通过肺和肾排出过多酸性或碱性物质外，主要依赖于血液中的缓冲对。血液中的缓冲对主要由弱酸及其对应的共轭碱组成。血浆中的缓冲对有：$NaHCO_3/H_2CO_3$、Na_2HPO_4/NaH_2PO_4、Na- 蛋白质 /H- 蛋白质；红细胞中的缓冲对有：KHb/HHb、$KHbO_2/HHbO_2$。这些缓冲对中，以 $NaHCO_3/H_2CO_3$ 最为重要。

四、血液凝固与纤维蛋白溶解

机体在正常情况下，凝血、抗凝和纤维蛋白溶解过程经常处于动态平衡状态，相互配合，既有效地防止出血和渗血，又保证了血管内血流的畅通。

血液由流动的液体状态转变为不流动的胶冻状凝块的过程，称为血液凝固。凝血过程是一个多因子参与的一系列酶促反应，最后使血浆中可溶性的纤维蛋白原，转变成为不溶性的纤维蛋白。纤维蛋白呈丝状交错重叠，将血细胞网罗其中，形成血凝块。动物受伤出血时凝血作用可避免失血过多，也是机体的一种保护功能。

① 微课：生理性止血及凝血
② 动画：血液的凝固过程机制
③ 微课：抗凝和促凝方法

1. 凝血因子

在凝血因子（表 6-2）中除因子Ⅳ和磷脂外，都是蛋白质；因子Ⅱ、Ⅶ、Ⅸ、Ⅹ、Ⅺ、Ⅻ都是蛋白酶，而且Ⅱ、Ⅸ、Ⅹ、Ⅺ、Ⅻ都以酶原形式存在于血液中，通过有限水解后成为有活性的酶，此过程称激活。因子Ⅱ、Ⅶ、Ⅸ、Ⅹ在肝脏合成还需维生素 K 的参与，使肽链上某些谷氨酸残基的 γ 位羧化，以构成这些因子的 Ca^{2+} 结合部位。所以，缺乏维生素 K 可出现凝血功能障碍。

表 6-2　各种凝血因子表

因子	同义名	合成部位	凝血过程中的作用
Ⅰ	纤维蛋白原	肝	变为纤维蛋白
Ⅱ	凝血酶原	肝	变为有活性的凝血酶
Ⅲ	组织凝血激酶	各种组织	启动外源性凝血
Ⅳ	钙离子（Ca^{2+}）	来自细胞外液	参与凝血的多步过程
Ⅴ	前加速素易变因子	肝	调节蛋白
Ⅶ	前转变素稳定因子	肝	参与外源性凝血
Ⅷ	抗血友病因子	肝为主	调节蛋白
Ⅸ	血浆凝血激酶	肝	变为有活性的Ⅸ（Ⅸ→Ⅸa）
Ⅹ	Stuart-Power因子	肝	变为有活性的Ⅹ（Ⅹ→Ⅹa）
Ⅺ	血浆凝血激酶前质	肝	变为有活性的Ⅺ（Ⅺ→Ⅺa）
Ⅻ	接触因子	未明确	启动内源性凝血
Ⅻ Ⅰ	纤维蛋白稳定因子	肝	不溶性纤维蛋白形成

2. 凝血过程

凝血大体经历三个主要步骤：第一步为凝血酶原激活物的形成；第二步为凝血酶原激活物催化凝血酶原转变为凝血酶；第三步为凝血酶催化纤维蛋白原转变为纤维蛋白，至此血凝块形成。

在上述三个步骤中，各种凝血因子相继参与，往往是前一个因子使后一个因子活化，而活化了的因子又作为下一个因子的激活因素，如此因果相应构成连锁式复杂的酶促反应过程。

（1）凝血酶原激活物的形成　凝血酶原激活物是由多种凝血因子参与的一系列化学反应而形成的。它的形成有内源性和外源性两条途径，前者指仅依赖血液中存在的各种凝血物质的作用，就能形成该种物质；后者是指该物质的形成除了血浆中的凝血因子以外，还需要组织损伤时释放的物质参与。

① 内源性激活途径　指血管内皮受损时，暴露出的胶原纤维与血浆中的无活性的接触因子ⅩⅡ相接触，将其活化成因子Ⅻa，最后在血小板磷脂上形成凝血酶原激活物。

② 外源性激活途径　指由损伤组织释放的因子Ⅲ触发激活因子Ⅹ的过程，参与因子形成凝血酶原复合物，激活凝血酶原（因子Ⅱ）生成凝血酶（Ⅱa）。

凝血酶原激活物形成之后，随后的凝血过程完全相同，没有内源性和外源性之分。

（2）凝血酶原转变为凝血酶　正常的血浆中存在无活性的凝血酶原，在凝血酶原激活物的参与下，可将其催化成具有活性的凝血酶。

（3）纤维蛋白原转变为纤维蛋白　血浆中可溶性的纤维蛋白原，在凝血酶和Ca^{2+}的参与下转变为不溶性的纤维蛋白。凝血酶还能激活因子ⅩⅢ生成ⅩⅢa，在ⅩⅢa作用下胶冻态的纤维蛋白进一步形成牢固的不溶于水的纤维蛋白多聚体，即不溶于水的血纤维。

3. 抗凝和促凝措施

在实际工作中，常采取一些措施促进凝血过程（减少出血、提取血清时）或防止、延缓凝血过程（如避免血栓形成、获取血浆等）。

（1）抗凝或延缓凝血的常用方法

① 除钙法　在凝血的三个阶段中，Ca^{2+}都是必需的。设法除去血浆中的钙离子就能制止凝血。如加入草酸钾、草酸铵等，可与血浆中Ca^{2+}结合成不易溶解的草酸钙，为临床化验时所常用。

② 低温　血液凝固主要是一系列酶促反应，而酶的活性受温度影响较大，把血液置于较低温度下因降低酶促反应速度而延缓凝固。另外低温措施还能增强抗凝剂的效能。

③ 器皿　将血液置于特别光滑的或预先涂有石蜡的器皿内，可以减少血小板的破坏，延缓凝血。

④ 肝素　肝素在体内和体外都具有抗凝作用。

⑤ 双香豆素　由于双香豆素的主要结构与维生素K很相似，作用与维生素K相对抗，它可阻止Ⅹ、Ⅸ、Ⅶ和Ⅱ因子在肝内合成，故注射于循环血液后能延缓凝血。

⑥ 搅拌　若将流入容器内的血液，迅速用木棒搅拌，或容器内放置玻璃球加以摇晃，由于血小板迅速破裂等，加快了纤维蛋白的形成，并使形成的纤维蛋白附着在搅拌工具上。这种去掉纤维蛋白原的血液叫作脱纤血，将不再凝固。

（2）加速凝血的方法

① 血液适当加温能提高酶的活性，加速凝血反应。

② 增大接触面粗糙程度，可促进凝血因子ⅩⅡ的活化。促使血小板解体释放凝血因子，最后形成凝血酶原复合物。

③ 维生素K对出血性疾病具有加速血凝和止血的作用，是临诊常用的止血剂。

知识点五　心脏的功能

【知识目标】
　　1. 说明心肌细胞的生理特性。
　　2. 辨别不同的心音及形成和影响因素。
　　3. 归纳心输出量与影响因素。

【技能目标】
　　1. 能够听取犬的心音。
　　2. 能识别分析心电图。

【职业素养目标】
　　1. 锻炼观察和动手能力。
　　2. 培养不畏困难，勇往直前的探索精神。

微课：
① 心脏生理
② 心肌细胞的兴奋性与心动周期

　　心脏是血液循环的泵血器官，它节律性的周期性活动表现在两个方面：一是心动周期，二是生物电。心脏的每一次泵血活动都是这两个周期相互联系活动的结果。生物电为其内在表现形式，心动周期为其外在表现形式。

一、心肌细胞的生理特性

　　心肌细胞生理特性包括自律性、兴奋性、传导性和收缩性。其中自律性、兴奋性和传导性是在心肌细胞生物电活动的基础上形成的，属于心肌的电生理特性，而收缩性则属于心肌细胞的机械特性。

1. 心肌细胞的自律性

　　心肌细胞在没有神经支配和外来刺激的情况下，能自动发生节律性兴奋的特性，称为自动节律性，简称自律性。

　　心脏的自律性组织包括窦房结、房室交界、房室束及浦肯野纤维。这些组织的节律性高低不一，以窦房结最高，房室交界次之，浦肯野纤维最低。正常情况下，窦房结发出的兴奋依次传导给心房、房室交界及心室传导组织等，引起整个心脏的兴奋和收缩。可见窦房结是主导整个心脏兴奋和活动的正常部位，故称正常起搏点。由窦房结起搏而形成的心脏节律称为窦性心律。其他自律性较低的组织，总是处于窦房结控制下，只起传导兴奋的作用而不表现其自身的节律性，故称潜在起搏点。但在某些情况下，如窦房结起搏点功能不全、冲动下传受阻或某些心肌组织兴奋性异常升高时，潜在起搏点也可表现其自律性，引发部分或全部心肌细胞活动，而成为异位起搏点，所形成的心律称为异位心律。

2. 心肌细胞的兴奋性

　　心肌细胞对适宜刺激发生反应的能力称为兴奋性。各类心肌细胞均为可兴奋细胞，具兴奋性。

　　（1）心肌细胞兴奋时的周期性变化

　　① 绝对不应期和有效不应期　心肌细胞兴奋后，首先进入绝对不应期。此期间，细胞兴奋性为零，施以任何强大的刺激均不发生反应。过一段时间，细胞兴奋性有所恢复，但尚未达到备用状态，给予足够强度的刺激可引起局部反应，但不能引起细胞兴奋。此期和绝对不应期合称为有效不应期。在此期间，心肌细胞对任何强度的刺激均不能产生兴奋。因此，在有效不应期内，心肌细胞是不可能发生收缩的。与其他可兴奋的细胞相比，心肌细胞的有效不应期要长得多，这对保证心肌细胞完成正常的功能极其重要。

② 相对不应期　在经历有效不应期后，心肌细胞的兴奋性有所恢复，但仍低于正常水平，此时给予较强的刺激方可引起细胞兴奋，但兴奋的程度低于正常，兴奋的传导速度也较慢。此期为相对不应期。

③ 超常期　心肌舒张完毕之前的一段时间内，细胞兴奋性高于正常，此时给予较小强度的刺激即可引起细胞兴奋，故称超常期。超常期过后，细胞的兴奋性也恢复正常。

（2）期前收缩和代偿性间歇　引发心搏动的兴奋来自窦房结，在两次窦房结兴奋之间，给予心室肌一次额外刺激，是否能引起兴奋，取决于刺激的时间是否在前一次窦房结传来兴奋的有效不应期之内。如在有效不应期之内，则不能引起兴奋；如在有效不应期之后，就可能引发一次兴奋和收缩。由于它发生在下一个心动周期的窦房结节律性兴奋传来之前，故称之为期前兴奋或期前收缩，亦称早搏。

期前兴奋同样有较长的有效不应期，随后一次来自窦房结的节律性兴奋往往会落在期前兴奋的有效不应期内而失去作用，形成一次"脱失"。必须到再下一次窦房结的节律性兴奋传来时才能引起心室肌的兴奋和收缩。因此，在一次期前收缩之后往往有一段较长的心舒期，称为代偿性间歇（图6-17）。

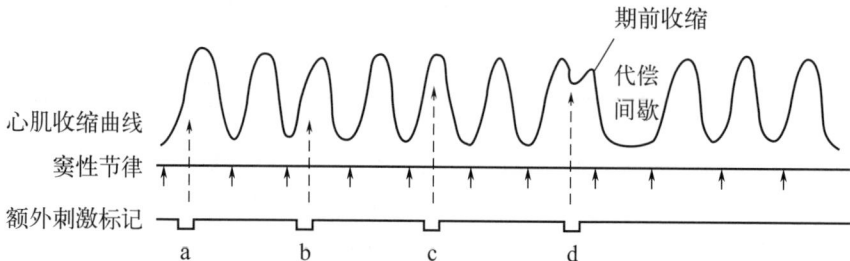

图 6-17　期前收缩与代偿性间歇

注：刺激 a、b、c 落在有效不应期内不起反应；刺激 d 落在相对不应期内，引起期前收缩与代偿性间歇。

3. 心肌细胞的传导性

心肌细胞之间兴奋的传导，是通过局部电流实现的。由于心肌细胞间存在闰盘结构，允许电荷顺利通过闰盘传递到另一个心肌细胞，从而引起整个心肌的兴奋和收缩，使心肌组织成为一个功能合胞体。

（1）心脏内兴奋传播的途径　心脏特殊传导系统具有起搏和传导兴奋的功能。窦房结位于上腔静脉和右心房的连接，含有分化较原始的心肌细胞（称 P 细胞），是心脏起搏点细胞，心脏兴奋起源于此。窦房结的兴奋经心房肌传至房室交界，由房室交界将兴奋继续下传至心室传导组织，包括房室束、左右束支及其分支及心肌传导细胞构成的末梢纤维网，最后到达心室肌，引起心室肌兴奋。心室肌将兴奋由内膜侧向外膜侧传导，引起整个心室兴奋。

（2）心脏内兴奋传导的特点　心脏各部位的心肌细胞，其传导性能并不相同。

房室交界处兴奋传导速度较慢，使兴奋通过房室交界时，延搁的时间较长，称为房 - 室延搁。这一传导延搁，使心房和心室不会同时兴奋，心房兴奋而收缩时，心室仍处于舒张状态。因此，房 - 室延搁对于保证心房、心室顺序活动和心室有足够充盈血液的时间，有重要的生理意义。心房内和心室内兴奋传导的速度较快，其生理意义是使兴奋几乎同时传到所有的心房肌或所有的心室肌，从而保证心房或心室几乎同时发生收缩（同步收缩），同步收缩效果好，力量大，有利于实现泵血功能。

4. 心肌细胞的收缩性

心肌的收缩性是指心房和心室工作细胞具有接受阈刺激产生收缩反应的能力。正常情况它们仅接收来自窦房结的节律性兴奋的刺激。心肌细胞收缩机理与骨骼肌相同，但有其特点。

（1）同步收缩（全或无式收缩）　心房和心室内特殊传导组织的传导速度快，且心肌细胞之间的闰盘电阻又低，因此兴奋在心房或心室内传导很快，几乎同时到达所有的心房肌或心室肌，从而引起全心房肌或全心室肌同时收缩，称为同步收缩。同步收缩效果好，力量大，有利于心脏泵血。同步收缩使心脏或不发生收缩，或一旦产生收缩，则全部心房肌或心室肌都参与收缩，故又称为全或无式收缩。

（2）不发生强直收缩　心肌一次兴奋后，其有效不应期长，相当于整个收缩期和舒张早期。在此时期内，任何刺激都不能使心肌再发生兴奋而收缩。因此，心肌不会发生如骨骼肌那样的强直收缩，能始终保持收缩后必有舒张的节律性活动，从而保证心脏的充盈和泵血功能。

二、心动周期

心脏每收缩和舒张一次，为一个心动周期。由于左、右心房和左、右心室都是同步收缩，因此心脏的一个心动周期包括心房收缩期、心房舒张期及心室收缩期、心室舒张期 4 个过程，其中心房舒张开始与两心室同步收缩在时间上重叠，并有一定的顺序关系。即在一个心动周期中，首先是两心房收缩，继而两心房舒张。当心房开始舒张时两心室同步收缩，然后心室舒张，接着两心房又开始收缩进入下一个心动周期。心动周期时程的长短与心率有关。如心率为 75 次 /min，则每个心动周期历时 0.8s，其中心房收缩期 0.1s，舒张期 0.7s；心室收缩期 0.3s，舒张期 0.5s（图 6-18）。在一个心动周期中，不论是心房还是心室，其舒张期均长于收缩期。从全心分析，房室同处于舒张状态占半个心动周期，称为全心舒张期。舒张期心肌耗能较少，有利于心脏休息，心室舒张期又是充盈的过程，充盈足够量的血液才能保证正常的射血量。由于心脏泵血推动血液流动主要是依靠心室的收缩和舒张，心房的舒缩活动处于辅助地位，故习惯上将心室收缩和舒张的起止作为心动周期的标志，把心室的收缩期和舒张期分别称为心缩期和心舒期。

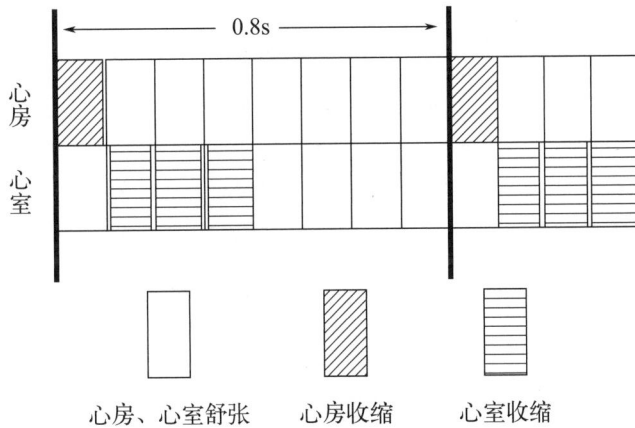

图 6-18　心动周期示意图

注：每隔代表 0.1s。

三、心率

动物在安静状态下单位时间内心脏搏动的次数称为心跳频率，简称心率。心率可因动物种类、年龄、性别及其他生理情况不同而不同。一般情况下，幼龄动物心率快，随年龄的增长而逐渐减慢；雄性动物的比雌性动物的稍快；同一个体在安静或睡眠时心率慢，而运动或应激时心率加快。

心率的快慢与心动周期的持续时间关系密切，心率越快，心动周期越短，收缩期和舒张期均相应缩短，但舒张期缩短更显著。因此，当心率过快时，心脏工作时间延长，而休息及充盈的时间缩短，可使心脏泵血功能减弱。

四、心音

心动周期中，由于心肌收缩和舒张、瓣膜启闭、血流冲击心室壁和大动脉壁及形成湍流等因素引起的振动，通过周围组织传播到胸壁，如将耳紧贴在胸壁的适当部位上或用听诊器在胸壁一定部位，所听到"通-塔"的两个声音称为心音，分别为第一心音和第二心音，偶尔还能听到较弱的第三心音和第四心音。

动画：犬心音听诊

第一心音发生于心缩期之初，标志着心室收缩的开始。形成原因包括心室肌的收缩、房室瓣突然关闭和血液冲击房室瓣引起心室振动及心室射出的血液撞击动脉壁引起的振动。第一心音的特点是音调较低，持续时间较长。

第二心音发生于心舒期之初，标志着心舒期的开始。形成是主动脉瓣和肺动脉瓣的关闭和动脉内的血流减速及心室内压迅速下降而引起的振动。第二心音的特点是音调较高，持续时间较短。

五、心输出量及其影响因素

1. 每搏输出量和每分输出量

每一个心动周期中，从左、右心室喷射进动脉的血液是基本相等的。每搏输出量是一侧心室一次收缩射入动脉中的血量，简称搏出量，相当于心室舒张期末容量与收缩期末容量之差。一侧心室一分钟内射入动脉的血量称为每分输出量，也称心输出量。它等于每搏出量与心率的乘积：心输出量（L/min）= 心率 × 每搏输出量。

微课：心脏的泵血过程

2. 影响心输出量的主要因素

心输出量的大小取决于心率和每搏输出量，而每搏输出量的大小主要受静脉回流量和心室肌收缩力的影响。

（1）静脉回流量　心脏能自动地调节并平衡心搏出量和回心血量之间的关系。回心血量愈多，心脏在舒张期充盈就愈大，心肌受牵拉就愈大，则心室的收缩力量就愈强，搏出到动脉的血量就愈多。

心脏自身调节的生理意义在于对搏出量进行精细的调节。某些情况（如体位改变）使静脉回流突然增加或减少，或左、右心室搏出量不平衡等情况下所出现的充盈量的微小变化，都可以通过自身调节来改变搏出量，使之与充盈量达到新的平衡。心脏的这种自动调节机制是维持左、右心室输出量相等的最重要的机制。

（2）心室肌的收缩力　在静脉回流量和心舒末期容积不变的情况下，心肌可以在神经系统和各种体液因素的调节下，改变其收缩力量。

（3）心率　是决定心输出量的另一基本因素，在一定范围内它与心输出量呈正比关系，即心输出量随心率加快而增大。但是心率过快时，心输出量反而减少。这是因为心室的充盈是在心舒期内完成的，心率加快时，心舒期缩短，影响心室的充盈，使每搏输出量减少。

六、心电图

在每一个心动周期中，从窦房结发出的兴奋，按一定途径顺序向整个心脏扩布，这种兴奋和传播所伴随的生物电变化通过身体各部组织传导到全身，使身体各部在每一心动周期中都发生有

规律的电变化，这种变化是由心脏活动产生并传播开来的，所以能够从一个特殊的角度反映心脏的状态。用测量电极放置在犬类体表的一定部位所记录到的心电变化曲线，称为心电图（ECG）。

描记心电图时把几个引导电极安放在动物体表的不同部位上，用导线把它们与心电图机之间连成电路，开动机器进行描记。其中电极在动物体上的安放方法称为导联，目前常用的有标准导联、加压单极肢体导联和胸导联。以 II 导联（左后肢连正极，右前肢连负极）为例，心电图主要由 P 波、QRS 波群和 T 波构成（图 6-19）。

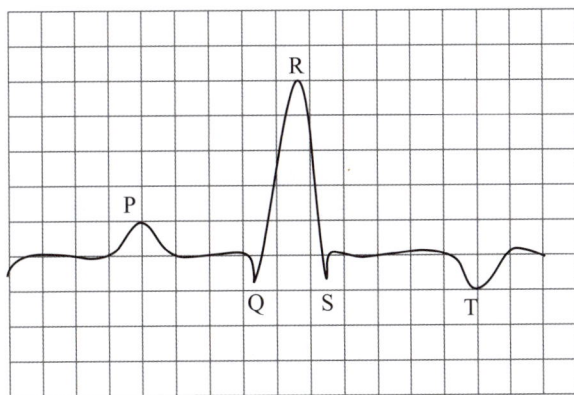

图 6-19　心电图模式图

1.P 波

一般认为 P 波的前半部表示右心房肌去极化时的电位变化，后半部表示左心房肌去极化时的电位变化。P 波的持续时间（P 波时限）表示兴奋在两个心房内传导的时间。

2.QRS 波群

又称 QRS 综合波、QRS 复波、心室综合波或心室波群。由向下的 Q 波、陡峭向上的 R 波与向下的 S 波组成，代表心室肌去极化过程的电位变化。QRS 波群的宽度（QRS 波群时限）表示激动在左、右心室肌传导所需的时间。

3.T 波

是继 QRS 波群后的一个振幅较低、时限较长的波，代表左、右心室肌复极化过程的电位变化。T 波可为正向、负向或双向几种。

知识点六　血管的功能

【知识目标】
　　1. 分析血压的形成原因。
　　2. 总结影响血压的因素。
　　3. 掌握静脉血压及静脉回流的生理意义。

【技能目标】
　　1. 能够测量并判断犬血压是否正常。
　　2. 能够分析犬血压异常原因。

【职业素养目标】
　　1. 锻炼学习和观察能力。
　　2. 锻炼搭建知识框架的能力。

微课：
① 血压的概念及形成过程
② 动脉血压和动脉脉搏
③ 静脉血压和静脉回流

血管具有运输血液、维持血压、调节体温、储存血液等功能。它们相互配合，共同维持着机体正常生理活动和内环境的稳定。

一、血压的概念

血压是指血管内的血液对单位面积血管壁的侧压力，也即压强。以往惯用毫米汞柱（mmHg）为单位，并以大气压作为生理上的零值。根据国际标准计量单位，压强单位为帕（Pa），1 mmHg相当于133Pa或0.133kPa。

二、血压的形成

血管内有血液充盈是形成血压的基础。血液充盈的程度决定于血量与血管系统容量之间的相互关系：血量增多，血管容量减少，则充盈程度升高；反之，血量减少，血管容量增大，则充盈程度下降。在犬的实验中，在心跳暂停、血液不流动的条件下，循环系统平均的充盈压为0.93kPa。

心脏射血是形成血压的动力。心室收缩所释放的能量，可分解为两个部分：一部分以动能形式推动血液流动；另一部分以势能形式作用于动脉管壁，使其扩张。当心动周期进入舒张期，心脏停止射血时，动脉管壁弹性回缩，将储存于管壁的势能释放出来，转变为动能，继续推动血液向外周流动。

外周阻力是形成血压的重要因素。如果不存在外周阻力，心室收缩的能量将转化为血液动能，射出的血液，毫无阻碍地流向外周，对血管壁将不能形成侧压力。

由于血液从大动脉流向外周并最后回流心房，沿途不断克服阻力而大量消耗能量，所以从大动脉、小动脉至毛细血管、静脉，血压递降，直至能量耗尽，以至当血液返回接近右心房的大静脉时，血压可降至零，甚至还是负值，即低于大气压。

三、动脉血压和动脉脉搏

1. 动脉血压

通常所说的血压，就是指体循环系统中的动脉血压，它决定了其他各类血管血压的主要动力。在每次心动周期中，动脉血压随着心室的舒、缩活动而发生明显波动，这种波动至小动脉后段消失。

（1）收缩压、舒张压和平均压　收缩压是指心缩期中动脉血压所达到的最高值，简称高压。在心舒期中动脉血压下降所达到的最低值，为舒张压，简称低压。动脉血压的数值，常以分数形式加计量单位来表示：收缩压／舒张压 kPa。

收缩压与舒张压的差值，叫作脉搏压，简称脉压。在心室收缩力和每搏输出量等不变的情况下，脉搏压大小可在一定程度上反映动脉系统管壁的弹性状况。各种动物的血压常值见表6-3。

表6-3　各种成年动物颈动脉或股动脉的血压

动物	收缩压/kPa	舒张压/kPa	脉搏压/kPa	平均动脉压/kPa
兔	16.0	10.6	5.3	12.4
猫	18.7	12.0	6.7	14.3
犬	16.0	9.3	5.3	11.6

在一个心动周期中每一瞬间动脉血压都是变动的，其平均值称为平均动脉压，简称平均压。由于在一个心动周期中，心缩期往往短于心舒期，因此，平均压不等于收缩压与舒张压的简单平

均值。平均压通常可按下式计算。

平均动脉压 = 舒张压 +1/3（收缩压 – 舒张压） 即平均动脉压 = 舒张压 +1/3 脉搏压

（2）影响动脉血压的因素　循环系统内足够的血液充盈量是形成动脉血压的前提，而心脏射血和外周阻力是动脉血压形成的两个基本条件。

影响动脉血压的主要因素有每搏输出量、心率、外周阻力、大动脉管壁弹性及循环血量等。在讨论某一因素对血压影响时，均假定其他因素为定量。

① 每搏输出量　在心率和外周阻力恒定的条件下，每搏输出量增加可使动脉内容量加大，收缩压升高。与此同时，弹性管壁的扩张使舒张压也有所增大，但由于收缩压升高时血液流速加快，因此，舒张压升高不如收缩压升高明显。

当心率加快时，由于心舒期缩短，回心血量减少，使每搏输出量相应减少，如外周阻力不变，则使收缩压降低。

② 外周阻力　外周阻力增加时，动脉血流向外周的阻力加大，使心舒期末动脉内血量增加，因此，舒张压升高明显。同样，外周阻力降低时，血压降低时舒张压下降明显。血液黏滞度也是构成外周阻力的因素。当黏滞度增加（如动物脱水、大量出汗时），血液密度加大，与血管壁之间以及血液成分之间的相互摩擦阻力也加大，这些因素均使血流的外周阻力加大。在其他条件恒定时，外周阻力越大，动脉血压越高。

③ 大动脉弹性　大动脉管壁弹性扩张主要是起缓冲血压的作用，使收缩压降低，舒张压升高，脉搏压减少。反之，当大动脉硬化，弹性降低，缓冲能力减弱时，则收缩压升高而舒张压降低，脉搏压加大。

④ 循环血量　循环血量增加可使血压升高，主要影响射血量，当其他因素不变时，收缩压升高显著。在阻力性血管中，小动脉分支多，总长度大，口径小，对血流的阻力大，而且管壁又富含平滑肌，在神经和体液的调节下，可作迅速的收缩和舒张而改变口径。因此，小动脉在决定外周阻力大小变化中，起着重要的作用。

2. 动脉脉搏

心室收缩时血液射进主动脉，主动脉压骤增，使管壁扩张；心室舒张时，主动脉压下降，血管壁弹性回缩而复位。随着心脏这种节律性泵血活动，主动脉管壁发生扩张 - 回缩振动，以弹性波形式沿血管壁传向外周，即形成动脉脉搏。脉搏波传导速度很快，要比血液流速快几十倍，因此，在远离心脏的体表动脉所触摸到的脉搏，即为心脏活动的瞬时反映。

一般情况下，能影响动脉血压的各种因素，也会影响动脉脉搏。所以，脉搏的速度、幅度、硬度及频率等，可以反映心跳的频率和节律、心脏的收缩舒张能力和血管壁的弹性等。脉搏波传播至小动脉末端时，因沿途遇到阻力，波动逐渐消失。

四、静脉血压和静脉血流

1. 静脉血压与中心静脉压

血液通过毛细血管后，绝大部分能量都消耗于克服外周阻力。因而到了静脉系统后血压已所剩无几，微静脉血压已降至 1.9kPa 左右。到腔静脉时血压更低，到右心房时血压已接近于零。

通常将右心房和胸腔内大静脉的血压，称为中心静脉压，正常值为 0.4～1.2kPa。中心静脉压的高低取决于心脏泵血能力与静脉回心血量之间的相互关系。当心脏泵血能力较强，能将回心血液及时射入动脉时，中心静脉压就较低；当心脏泵血能力较弱，不能及时射出回心血液时，中心静脉压就会升高。

中心静脉压可作为临床输血或输液时输入量和输入速度是否恰当的判定依据。在心功能较好时，如果中心静脉压迅速升高，可能是输入量过大或输入速度过快所致；反之，如果输血或输液之后中心静脉压仍然偏低，可能是血液容量不足。中心静脉压高于 1.6kPa 时，输血或输液应慎重。如图 6-20 所示，测定时先将三通阀门调至 A → B，使检压计充液，然后将阀门调至 B → D，即可从 B 管液面高度读出中心静脉压数值。测定时注意应将三通阀门置于心脏同一水平位置。

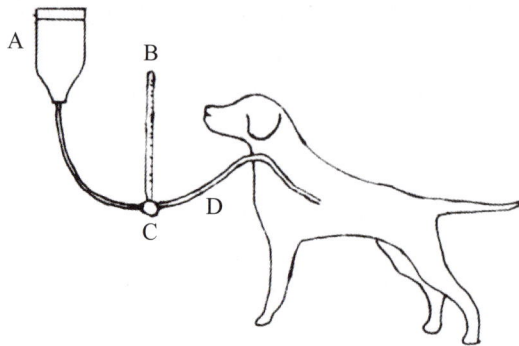

图 6-20　中心静脉压测定示意图

2. 静脉脉搏

心室收缩时血液射进主动脉，主动脉内压升高，使管壁扩张；心室舒张时，主动脉压下降，血管壁弹性回缩而复位。这种随着心脏节律性泵血活动，使主动脉管壁发生的扩张回缩的振动，以弹性波形式沿血管壁传向外周，即形成动脉脉搏。每分钟脉搏数等于心率。凡能够影响动脉血压的因素都能够影响动脉脉搏。犬的脉搏一般在股动脉处触诊。

3. 静脉回流

单位时间内由静脉回流心脏的血量等于心输出量。静脉对血流阻力很小，由微静脉回流至右心房的过程中，血压仅下降约 2.0kPa。动物躺卧时，全身各大静脉均与心脏处于同一水平，靠静脉系统中各段压差就可以推动血液流回心脏。但在站立时，因受重力影响血液将积滞在心脏水平以下的腹腔和四肢的末梢静脉中，这时需要借助外在因素的作用促使其回流。主要的外在因素如下。

（1）骨骼肌的挤压作用　骨骼肌收缩时，对附近静脉起挤压作用，推动其中的血液推开静脉管内壁上的静脉瓣，朝心脏方向流动。静脉瓣游离缘只朝心脏方向开放，使肌肉舒张时，静脉血不至于倒流。

（2）胸膜腔负压的抽吸作用　呼吸运动时胸膜腔内压产生的负压变化，也是促进静脉回流的另一个重要因素。胸膜腔内的压力是负压（低于大气压），吸气时更低，所以吸气时产生的负压可牵引胸腔内柔软而薄的大静脉管壁，使其被动扩张，静脉容积增大，内压下降，因而对静脉血回流起抽吸作用。此外，心舒期心房和心室内产生的较小的负压，对静脉回流也有一定的抽吸作用。

✎ 目标检测

1. 阐述心脏的形态与位置，并用听诊器听取心音。
2. 由内向外写出心壁的构造，总结心包的结构和功能。
3. 阐述心脏传导系统的组成及心脏正常起搏点的位置。
4. 总结参与全身血液循环的主要血管有哪些。写出连接心脏四个腔室的血管。
5. 总结微循环的组成及微循环三种路径及作用。
6. 阐述组织液和淋巴液生成过程。

7. 绘制全身血液循环路径图，总结胎儿的血液循环特点并绘制胎儿血液循环路径图。

8. 绘制血液成分思维导图。

9. 分别写出红细胞和白细胞的形态和功能。

10. 总结血小板的生理特性及生理性止血的过程。

11. 结合临床总结促凝和抗凝方法。

12. 阐述什么是异位节律。

13. 说出绝对不应期、相对不应期、超常期和有效不应期的概念及有效不应期的特点及意义。

14. 利用表格梳理心音形成的原因、特点及意义。

15. 列举影响心输出量的因素有哪些。

16. 阐述血压的概念及形成过程，写出血压形成的三个关键因素，并分析影响动脉血压的因素。

17. 完成《宠物解剖生理填充图谱》中模块六内容。

在线答题

07

模块七

淋巴系统

知识点一　淋巴系统组成

【知识目标】

1. 解释淋巴的组成与生成。
2. 说明淋巴管的分类和分布。
3. 说明免疫细胞的分类及特点。
4. 说明免疫器官的分类及特点。

【技能目标】

能在犬体表找到免疫器官的体表投影位置。

【职业素养目标】

培养"饮水思源"的思考模式，逐步探寻整理的过程。

动画：淋巴的生成

淋巴系统由淋巴、淋巴管道、淋巴组织和淋巴器官组成，它与心血管系统有着密切的关系，同时又是机体免疫功能的结构基础。

一、淋巴

淋巴是淋巴管道内流动的液体，是免疫系统重要的组成部分，同时也是体内主要的体液之一。淋巴来源于组织液，组织液来源于血液，而淋巴最后又回到了血液，三者密切相关，任何一方出现变化都将对其他体液成分产生影响。

淋巴是组织液透过毛细淋巴管壁进入毛细淋巴管而形成的。毛细淋巴管是以盲端起于组织间隙，管壁极薄，通透性极强，允许较大的蛋白质分子和脂肪微粒直接进入淋巴管。在生理条件下，组织液压力大于毛细淋巴管内的压力，所以组织液可顺利进入毛细淋巴管盲端而生成淋巴。当运动时，血流量增大，静脉压升高，淋巴的生成增多。

二、淋巴管道

淋巴管道起始于组织间隙、最后注入静脉的管道系统。淋巴在淋巴管内流动，淋巴器官位于淋巴管的路径上。淋巴管以毛细淋巴管起于组织间隙，并像静脉一样逐级汇集成大的淋巴管，最后回到前腔静脉。

淋巴管按淋巴汇集的顺序可分为毛细淋巴管、淋巴管、淋巴干和淋巴导管。淋巴生成后，沿毛细淋巴管→淋巴管→淋巴干→淋巴导管→前腔静脉或颈静脉回流到血液。

1. 毛细淋巴管

是淋巴管道系统的起始部分，和毛细血管伴行，但不相通，最后与静脉相连。毛细淋巴管分布较广，除上皮、中枢神经、骨髓、软骨、齿、角膜、晶状体及脾髓等处外，几乎遍布全身。毛细淋巴管彼此吻合成网，通透性大于毛细血管，可使组织液中的大分子物质如细菌、异物等较易进入毛细淋巴管内。因而当动物受到感染时，其炎症首先会在淋巴系统表现出来。

2. 淋巴管

由毛细淋巴管汇集而成，其形态结构与静脉相似，但管腔比相应静脉小，管壁薄、瓣膜多，有防止淋巴倒流的作用。瓣膜的出现是毛细淋巴管过渡到淋巴管的主要标志。

3. 淋巴干

淋巴干为机体某一区域较粗大的淋巴集合管，主要的淋巴干有五条，分别为：左、右 2 条气管淋巴干（颈干），左、右 2 条腰淋巴干，1 条很短的内脏淋巴干。

4. 淋巴导管

淋巴导管为体内粗大的淋巴管，由淋巴干汇集而成，有两条，即胸导管和右淋巴导管。

（1）胸导管 是全身最大的淋巴管道，起于最后胸椎到第一到三腰椎腹侧的乳糜池，穿过膈的主动脉裂孔入胸腔，沿胸主动脉右上方、右奇静脉的右下方前行，越过食管、气管的左侧向下走行，在胸腔入口处注入左静脉角，收集除右淋巴导管以外的全身淋巴。

（2）右淋巴导管 为右侧气管干的延续，短而粗，位于胸腔入口附近，收集右侧头颈部、右前肢、右肺、心脏右半部和右侧胸壁及胸腔器官的淋巴，注入右静脉角。

三、淋巴细胞

1. 淋巴细胞的分类

淋巴细胞由淋巴器官产生，是机体免疫应答功能的重要成分。淋巴细胞大小不一，胞核大，嗜碱性；胞质少，呈浅蓝色。它随血周流全身，在机体的各个组织中均可发现，能识别和消灭侵入机体的有害成分。根据发生部位、形态结构和免疫功能等的不同，一般将淋巴细胞分为以下四种。

（1）T细胞（T淋巴细胞） 是骨髓内形成的淋巴干细胞在胸腺内分化成熟的淋巴细胞，成熟后进入血液和淋巴液参与细胞免疫。是淋巴细胞中数量最多、功能最复杂的一类细胞。

（2）B细胞（B淋巴细胞） 是淋巴干细胞在骨髓或禽的腔上囊中分化成熟的，又称骨髓依赖性淋巴细胞。B细胞进入血液和淋巴后在抗原刺激下转为浆细胞，产生抗体进行体液免疫。

（3）K细胞 又称杀伤淋巴细胞，在骨髓内分化发育成熟，数量较少，具有非特异性杀伤功能，它能杀伤与抗体结合的靶细胞，且杀伤力较强，对肿瘤细胞也有杀伤作用。

（4）NK细胞 也称自然杀伤细胞，在骨髓内发育分化成熟，数量也较少。它不依赖抗体、抗原作用即可杀伤靶细胞。尤其对肿瘤细胞及病毒感染细胞，具有明显的杀伤作用。

2. 淋巴细胞再循环

部分淋巴细胞离开淋巴结进入血循环后，再次穿过淋巴结副皮质区内的毛细血管后微静脉返回淋巴器官或淋巴组织内的重复过程称为淋巴细胞再循环。参加再循环的淋巴细胞主要是记忆T细胞及记忆B细胞。淋巴细胞再循环有利于发现和识别抗原，在机体免疫活动中具有重要意义。

四、淋巴组织

淋巴组织存在于其他器官管壁之内，是含有大量淋巴细胞的网状组织，包括弥散淋巴组织、孤立淋巴小结和集合淋巴小结。

1. 弥散淋巴组织

弥散淋巴组织是以网状细胞和网状纤维为支架，内含淋巴细胞、浆细胞及巨噬细胞，所形成的一片以淋巴细胞为主的淋巴组织。淋巴细胞排列疏松，无特定外形，与周围结缔组织无明显的分界，主要分布于咽、消化管、呼吸道和泌尿生殖道等与外界接触较频繁的部位或器官的黏膜内，它们形成有害因子入侵的屏障，以抵御外来细菌或异物的侵袭。当抗原刺激使弥散淋巴组织增大时，则会出现淋巴小结。

2. 孤立淋巴小结和集合淋巴小结

孤立淋巴小结是淋巴细胞密集排列所形成的球状结构，轮廓清晰，分布在淋巴结、脾、消化道和呼吸道的黏膜上。如果是多个淋巴小结聚成团的，则称为集合淋巴小结，如回肠黏膜的集合淋巴小结。

五、淋巴器官

免疫器官是以淋巴组织为主要成分而构成的器官，因此又称淋巴器官。按其功能不同，可分为中枢淋巴器官和外周淋巴器官，二者通过血液循环及淋巴回流互相联系。

1.中枢淋巴器官

免疫细胞发生、分化、发育和成熟的场所，其共同特点是发生早，退化早。主要包括骨髓、胸腺和腔上囊（禽）。

（1）骨髓　是骨间网眼中的一种海绵状组织，既是中枢免疫器官，也是体内最大的造血器官。

（2）胸腺　既是免疫器官，又是内分泌器官。位于胸腔的心前纵隔中并延伸至颈部，骨髓中的淋巴干细胞转移到胸腺后，在胸腺激素的作用下，分化成具有免疫活性的淋巴细胞，这种依赖胸腺才能发育分化成为具有免疫活性的淋巴细胞叫 T 淋巴细胞（简称 T 细胞）。犬的胸腺呈粉红色，分为左右两叶，位于纵隔内，一般性成熟时体积最大，然后逐渐萎缩退化。

2.周围淋巴器官

周围淋巴器官也称外周淋巴器官或次级淋巴器官，包括淋巴结、脾、血结及弥散的淋巴组织，它们是 T 细胞、B 细胞定居和抗原进行免疫应答的场所。外周淋巴器官内的淋巴细胞来自中枢免疫器官。

（1）淋巴结　位于淋巴管经路上，大小不一，形状多样，有球形、卵圆形、肾形、扁平形等。

① 淋巴结的组织构造

a. 被膜：为覆盖在淋巴结表面的薄层的结缔组织膜，主要有胶原纤维、网状纤维，少量散在的弹性纤维和平滑肌纤维。被膜结缔组织伸入实质形成许多小梁并相互连接成网，构成淋巴结的粗支架。

b. 实质：位于被膜和小梁之间，分皮质和髓质两部分。

皮质：位于淋巴结的外围，包括淋巴小结、副皮质区和皮质淋巴窦三部分。

淋巴小结呈圆形或椭圆形，在皮质区浅层，可分为中央区和周围区。中央区着色淡，除网状细胞外，主要有 B 淋巴细胞、巨噬细胞，还有少量的 T 淋巴细胞和浆细胞等，此区的淋巴细胞增殖能力较强，称为生发中心。周围区着色深，聚集大量的小淋巴细胞。淋巴小结为 B 淋巴细胞的主要分化繁殖区。副皮质区为胸腺依赖区，是分布在淋巴小结之间及皮质深层的一些弥散淋巴组织，分布有许多毛细血管后微静脉。副皮质区为 T 淋巴细胞的主要分化繁殖区。皮质淋巴窦是位于被膜下、淋巴小结和小梁之间互相通连的腔隙，窦壁由一层扁平的网状内皮细胞构成，是淋巴流通的部位，接受输入淋巴管来的淋巴。

髓质：位于淋巴结的中央部，由髓索和髓质淋巴窦组成。髓索是密集排列呈索状的淋巴组织，它们彼此吻合成网，并与副皮质区的弥散淋巴组织相连续。髓索主要由 B 淋巴细胞组成，还有浆细胞和巨噬细胞。髓质淋巴窦位于髓索之间及髓索与小梁之间，结构与皮质淋巴窦相同，接受来自皮质淋巴窦的淋巴并将其汇入输出淋巴管（图 7-1）。

② 淋巴结的分布　在哺乳动物中，一个淋巴结或淋巴结群常位于身体的同一部位，并接受几乎相同区域的淋巴，这个淋巴结或淋巴结群就是该区的淋巴中心。一个淋巴中心有一个或一群淋巴结，也可能有多个或多群淋巴结。

常见的体表淋巴结有下颌淋巴结、腮腺淋巴结、颈浅淋巴结、腋窝淋巴结、腹股沟浅淋巴结。常见的深在

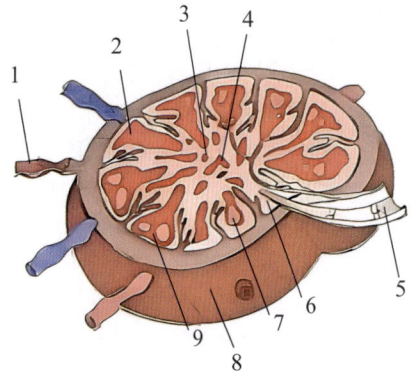

图 7-1　淋巴结形态结构

1—输入淋巴结；2—副皮质区；3—髓质淋巴窦；
4—髓索；5—输出淋巴管；6—淋巴门；
7—淋巴小结；8—被膜；9—皮质淋巴窦

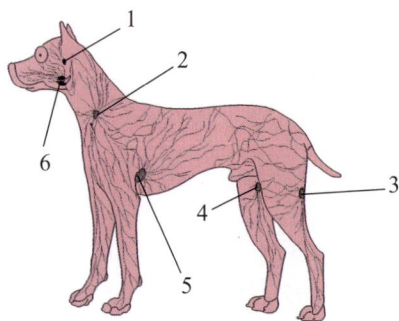

图 7-2 犬体表淋巴结分布

1—腮腺淋巴结；2—颈浅淋巴结；3—腘淋巴结；
4—股淋巴结；5—腋副淋巴结；6—下颌淋巴结

淋巴结有咽后淋巴结、颈深淋巴结、支气管淋巴结、肝（门）淋巴结（图 7-2）。

（2）脾 是体内最大的淋巴器官，位于腹腔前部，在胃的左侧，是血液循环通路上的一个过滤器，它有输出淋巴管，没有输入淋巴管；没有淋巴窦，有血窦。脾也分被膜和实质两部分。被膜由浆膜和致密结缔组织构成，含有胶原纤维、弹性纤维和平滑肌纤维，被膜的结缔组织携带平滑肌纤维伸入实质中形成小梁，并分支相互吻合，构成网状支架。脾收缩时可把脾内血液排出。实质为脾髓，分为白髓和红髓。

① 白髓 由淋巴组织环绕动脉构成，分布于红髓之间，它分为动脉周围淋巴鞘和脾小结两种结构。动脉周围淋巴鞘由淋巴组织紧包在穿行的中央动脉周围形成，它相当于淋巴结的副皮质区，属胸腺依赖区。脾小结的结构与淋巴结内的淋巴小结相似，位于淋巴鞘的一侧，亦有生发中心，主要为 B 淋巴细胞，当抗原刺激引起体液免疫反应时，脾小结则增大增多。

② 红髓 由脾索和脾窦（血窦）组成，因含有许多红细胞，故呈红色。脾索，为彼此吻合成网的淋巴组织索，除网状细胞外，还有 B 淋巴细胞、巨噬细胞、浆细胞和各种血细胞。脾窦分布于脾索之间，其形状、大小视血液充盈程度而变化，窦壁内皮细胞呈长杆状，内皮细胞之间有裂隙，基膜也不完整，这些均有利于血细胞从脾髓进入脾窦。

③ 边缘区 是白髓、红髓移行的部位，白髓的边缘有几层扁平的网状细胞呈同心圆排列，外面的淋巴组织结构疏松。边缘区内含有较多的巨噬细胞、各种血细胞及少量浆细胞、B 细胞。中央动脉的大多分支开口于此，此处即为淋巴细胞从血液进入红髓和白髓的门户，是血液进入红髓的滤器，有很强的吞噬滤过作用。

（3）血结 分布在血液循环的通路上，有滤过血液的作用。一般呈圆形，棕色或暗红色，直径 5～12mm，多成串存在，彼此间由血管相连，无输入、输出淋巴管。

（4）扁桃体 咽扁桃体位于咽腔背侧壁的咽中隔的黏膜中，表面有许多沟和峙。

知识点二 淋巴系统的功能

【知识目标】

　　1. 说明淋巴系统的功能。

　　2. 掌握免疫细胞的作用。

　　3. 分析淋巴结和脾脏的功能。

【技能目标】

　　能够在宠物临床上应用免疫知识。

【职业素养目标】

　　1. 锻炼观察和学习能力。

　　2. 锻炼总结和表达能力。

淋巴系统由淋巴器官、淋巴组织和淋巴细胞组成，具有如下功能。

（1）防御功能 可阻止病原微生物侵入机体，抑制其在体内繁殖、扩散，并可清除病原微生物及其产物。

（2）免疫稳定　可清除体内衰老和破损的细胞，以保持体内各类细胞的恒定。

（3）免疫监视　能够识别、杀伤和清除体内的突变细胞。

一、淋巴系统的功能

1.调节体液平衡

淋巴的回流虽然缓慢，但对组织液的生成与回流平衡却起着重要的作用。如果淋巴回流受阻，可引起淋巴淤积而出现组织液增多，局部肿胀等症状。

2.免疫、防御和屏障作用

淋巴在循环、回流入血过程中，要经过免疫系统的许多器官，而且液体中含有大量免疫细胞，能有效地参与免疫反应，清除细菌、异物等抗原，产生抗体。所以，淋巴系统具有重要的免疫、防御、屏障作用。

3.蛋白质回收

由毛细血管动脉端滤出的血浆蛋白，不能重吸收入毛细血管，只能通过淋巴回流回收。据测定，每天经淋巴回流入血的血浆蛋白约占循环血浆蛋白总量的1/4。

4.脂肪运输

由小肠黏膜上皮细胞吸收的脂肪微粒。经肠绒毛内毛细淋巴管回收，经过乳糜池 - 胸导管回流入血，胸导管内的淋巴液呈现白色乳糜状。

二、淋巴细胞的功能

淋巴细胞能首先识别外来的抗原，产生应答反应，不同的淋巴细胞采取不同的应答方式。① 分化成浆细胞，以产生抗体的形式。② 分化成能执行细胞免疫，以细胞本身去破坏抗原的形式。

三、淋巴器官的功能

1.中枢淋巴器官的功能

（1）骨髓　是中枢免疫器官也是体内最大的造血器官。骨髓中的红骨髓可生成血中的所有血细胞。骨髓中的多能造血干细胞经增殖、分化、演化为髓系干细胞和淋巴系干细胞。髓系干细胞是颗粒白细胞和单核吞噬细胞的前身。

（2）胸腺

① 培育和选择 T 细胞　淋巴干细胞进入胸腺后，在胸腺微环境的诱导和选择下，发育分化形成各种类型 T 细胞，经血液输送至周围淋巴组织和淋巴器官。

② 分泌激素　胸腺上皮细胞能分泌胸腺素、胸腺生成素、胸腺肽等到多种激素。

2.周围淋巴器官的功能

（1）淋巴结　主要是滤过淋巴、产生淋巴细胞和参加免疫活动。淋巴结也是产生抗体和效应淋巴细胞的重要器官。经巨噬细胞加工处理过的抗原物质可被特异性的淋巴组织识别而引起免疫反应。引起体液免疫反应时，淋巴结内 B 细胞母细胞化，并迅速分裂分化，使淋巴小结体积增大，数量增多，髓索增粗，浆细胞数量增多，产生抗体能力增强；引起细胞免疫反应时，淋巴结内 T 细胞母细胞化，迅速分裂分化，产生大量特异性的 T 效应细胞。淋巴结常同时发生体液免疫和细胞免疫，免疫反应剧烈时，临床上表现为肿大、出血等。淋巴结是检疫和疾病诊断常检的器官之一。

（2）脾

① 造血　胚胎时脾能产生各种血细胞，成年后仅能产生淋巴细胞和单核细胞。但当机体大

失血或某种疾病时则能恢复其产生各种血细胞的功能。

② 滤血　脾含有大量巨噬细胞，边缘区、脾窦等处都是滤血的场所，除了能清除侵入血液内的细菌和抗原物质外，还能吞噬分解衰老的红细胞及白细胞等。

③ 储血和调节血量　脾窦和脾索内都可以储存血液。在机体大失血、剧烈运动等情况下，脾收缩，排出血液进入循环，以满足机体的需要。

④ 免疫　脾内 B 淋巴细胞较多，可产生抗体，参与机体的免疫过程。

目标检测

1. 总结免疫器官的组成，并完成以下免疫细胞与淋巴细胞的分类。

免疫细胞分为：1_____，2_____，3_____。

淋巴细胞分为：1_____，2_____，3_____，4_____。

2. 标记出各淋巴管的组成。

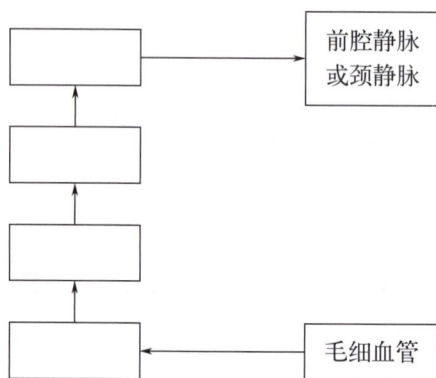

```
┌─────────────┐        ┌─────────────┐
│             │───────▶│   前腔静脉    │
│             │        │   或颈静脉    │
└─────────────┘        └─────────────┘
       ▲
┌─────────────┐
│             │
└─────────────┘
       ▲
┌─────────────┐
│             │
└─────────────┘
       ▲
┌─────────────┐        ┌─────────────┐
│             │◀───────│   毛细血管    │
└─────────────┘        └─────────────┘
```

3. 总结骨髓、胸腺、淋巴结、脾脏的功能。

4. 完成《宠物解剖生理填充图谱》中模块七内容。

在线答题

08

模块八
泌尿系统

知识点一 泌尿器官的结构

微课：泌尿器官
的结构位置

　　动物机体在新陈代谢过程中，不断产生各种代谢产物（多余的水分和无机盐类等），这些代谢产物绝大部分通过泌尿系统排出体外。泌尿系统由肾、输尿管、膀胱和尿道4部分组成（图8-1）。

一、肾

1.肾的位置和形态特点

　　肾为成对的实质性器官，左、右各一，位于腰椎横突的腹侧、腹主动脉和后腔静脉的两侧，呈蚕豆形，表面光滑，新鲜时为红褐色。肾外包裹有脂肪囊，其发育程度与犬的品系和营养状况有关。

　　肾的内侧缘有一凹陷，称为肾门，是肾动脉、肾静脉、输尿管、神经和淋巴管出入之处。肾门向肾内凹陷的空隙称为肾窦，肾窦内有肾盂、肾盏，以及血管、神经、淋巴管、脂肪等。右肾位于第1～3腰椎横突腹侧，前端位于肝尾叶的肾压迹内，右侧为右肾上腺和后腔静脉。左肾的位置常受到胃充盈程度影响，当胃内空虚时，位于第2～4腰椎的腹侧，若胃内食物充满，则约向后移，其前端约与右肾后端相对应，并与脾脏相邻或与扩张的胃相连，内侧与左肾上腺和主动脉相连，而外侧与腹壁相接，腹侧与降结肠相邻。

图 8-1　泌尿系统器官组成
1—肾脏；2—输尿管；3—尿道；4—膀胱

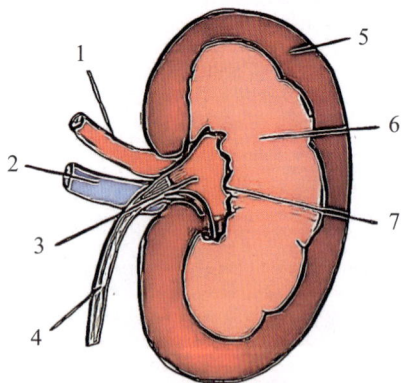

2.肾的一般构造

　　犬、猫的肾为光滑单乳头肾，由被膜和实质构成（图8-2）。

　　（1）被膜　由致密结缔组织构成。肾表面由内向外，有三层被膜包裹。内层是纤维囊，正常情况下易从肾表面剥离；中层为脂肪囊；外层为肾筋膜，由腹膜外结缔组织发育而来。

　　（2）实质　由若干肾叶组成。在肾切面上，肾叶可分

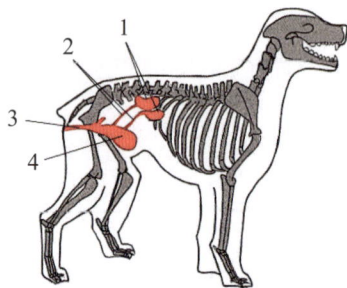

图 8-2　肾脏剖面图
1—肾动脉；2—肾静脉；3—肾盂；
4—输尿管；5—皮质；6—髓质；7—肾嵴

为表层的皮质和深层的髓质。肾皮质富有血管，新鲜时呈红褐色或棕红色，主要由肾小体和部分肾小管构成。皮质深入髓质的相邻两肾叶间，向内嵌入肾锥体，周围形成肾柱。肾髓质色淡，具有放射状条纹，由若干肾锥体构成。肾锥体呈圆锥形，锥底朝向皮质，与皮质相接处，形成暗红色的中间带。

3. 肾的组织构造

肾实质主要由许多泌尿小管、丰富的毛细血管及管间结缔组织构成。泌尿小管由肾单位和肾小管组成，肾单位由肾小体和肾小管组成。

（1）肾单位　是肾的结构和功能单位，包括肾小体和肾小管。根据肾小体在皮质中的位置不同，可将肾单位分为皮质肾单位和髓旁肾单位。皮质肾单位主要分布于皮质浅层和中部，数量较多，占肾单位总数的绝大部分；髓旁肾单位分布于靠近髓质的皮质深层。

① 肾小体　是肾单位的起始部，位于皮质内，呈球形，由肾小球和肾小囊两部分组成。肾小体的一侧有血管极，是血管进出肾小球的部位；血管极的对侧是尿极，是肾小囊延接近曲小管处（图8-3）。

肾小球是一团毛细血管球，位于肾小囊中。进入肾小球的血管叫入球小动脉，离开肾小球的血管叫出球小动脉。入球小动脉较粗，出球小动脉较细。

肾小囊是肾小管起始部盲端膨大凹陷形成的杯状囊，分为内、外两层，内层叫脏层，外层叫壁层。脏层上皮细胞为多突起的细胞，又称足细胞，足细胞紧贴在肾小球毛细血管外面，参与构成滤过屏障。壁层细胞为单层扁平上皮。脏层与壁层之间的腔隙叫肾小囊腔，与肾小管腔直接连通。

② 肾小管　是一条细长而弯曲的小管，起始于肾小囊腔，顺次可分为近曲小管、近直小管（髓袢降支粗段）、细段、远直小管（髓袢升支粗段）和远曲小管（图8-4）。近曲小管是肾小管中长而弯曲的部分，在肾小体附近弯曲盘旋。髓袢是由皮质进入髓质，又从髓质返回皮质的"U"形小管，为发夹状管袢。前接近曲小管，后接远曲小管。髓袢可分为降支和升支。皮质肾单位髓袢降支有一细段；髓旁肾单位细段较长，参与形成髓袢降支和升支。远曲小管位于皮质内，比近曲小管短而且弯曲少，其末端汇入集合管。

（2）集合管系　包括集合管和乳头管。许多条肾单位的远曲小管在末端汇合形成较粗的集合管，集合管汇集形成集合管系，包括弓形集合小管、直集合小管。集合管在肾椎体内汇入乳头管，乳头管末端开口于肾乳头内的肾盏，具有良好的重吸收功能。

（3）肾小球旁器　包括球旁细胞和致密斑等。入球小动脉进入肾小囊处，动脉管壁中的平滑肌细胞转变为上皮样细胞，称为球旁细胞。细胞呈立方形或多角形，核为球形，胞质内有分泌颗粒，颗粒内含肾素。在靠近肾小体血管极一侧，远曲小管的上皮细胞由立方形变为高柱状细胞，呈斑状隆起，称为致密斑。致密斑是一种化学感受器，可感受肾小管原尿中 Na^+ 浓度的变化，并将信息传递至球旁细胞，调节肾素的释放。

4. 肾的血液循环

肾的血管供应极为丰富，约占心输出量的1/4。肾动脉由腹主动脉分出，经肾门入肾后，即分成数支，在肾叶间延伸称为叶间动脉，

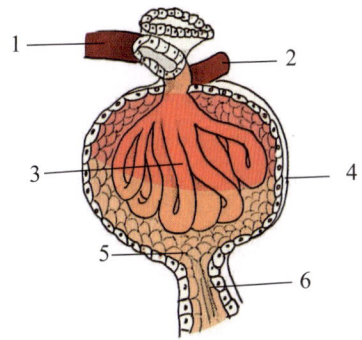

图8-3　肾小体模式图
1—入球小动脉；2—出球小动脉；3—肾小球；4—肾小囊；5—肾囊腔；6—近曲小管

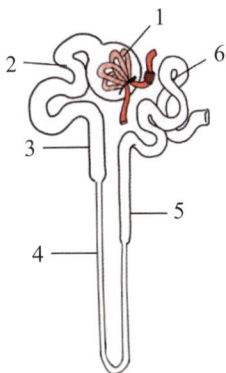

图8-4　肾小管模式图
1—肾小球；2—近曲小管；
3—髓袢降支粗段；4—细段；
5—髓袢升支粗段；6—远曲小管

叶间动脉在皮质和髓质交界处形成弓形动脉。由弓形动脉发出，形成小叶间动脉后分支为入球小动脉，进入肾小体后形成血管球，之后再汇成出球小动脉离开肾小体，再分支成毛细血管网围绕肾小管的周围，最终汇集成肾静脉由肾门出肾。

二、输尿管

输尿管为输送尿液到膀胱的一对细长的肌性管道。输尿管自肾门出肾后，沿腰椎腹侧在腰肌和腹肌之间向后伸延，越过髂外动脉和髂内动脉进入盆腔，在生殖褶中（公犬）或沿子宫阔韧带背侧缘（母犬），向后伸达膀胱颈的背侧，斜向穿入膀胱壁，在膀胱壁内延伸数厘米，末端开口于膀胱附近的黏膜面上。这种结构可防止尿液逆流。

输尿管壁由黏膜、肌层和外膜3层构成。黏膜常形成许多纵行皱襞，致使管腔横断面呈星状，黏膜上皮为变移上皮。肌层较发达，由平滑肌构成，可分为内纵行、中环行和薄而分散的外纵行肌层。外膜为疏松结缔组织，内有血管和神经。

三、膀胱

膀胱是暂时储存尿液的器官，略呈梨形。膀胱的前端钝圆叫膀胱顶，中部膨大叫膀胱体，后端狭窄叫膀胱颈。膀胱的形态、大小及位置随含尿量多少而改变，当膀胱空虚或尿液少时，位于盆腔前部的腹侧；尿液充满时膀胱的前半部分可突入腹腔。公犬的膀胱位于直肠、生殖褶及精囊腺的腹侧；母犬的膀胱位于子宫的后部及阴道的腹侧。胎儿时期或初生幼犬，膀胱主要位于腹腔，呈细长的囊状，其顶端伸达脐孔，并经此孔与尿囊相连通，以后逐渐缩入盆腔内。

膀胱由黏膜、肌层和浆膜3层构成。黏膜上皮为变移上皮，当膀胱收缩时，黏膜形成许多皱襞，近膀胱颈部（膀胱后端逐渐变细处）背侧有一三角区，称为膀胱三角。肌层出内纵、中环、外纵3层平滑肌组成，中环形肌厚，在膀胱颈部形成膀胱内括约肌。在膀胱顶（膀胱正前部）和膀胱体部覆以浆膜，膀胱颈部仅覆以结缔组织外膜。膀胱表面的浆膜从膀胱体折转到邻近器官和盆腔壁上，形成一些浆膜褶，起固定膀胱的作用。膀胱背侧的浆膜，母犬折转到子宫上，公犬折转到生殖褶上。膀胱腹侧的浆膜褶沿正中矢状面与盆腔底壁相连，形成膀胱中韧带。膀胱两侧壁的浆膜褶与盆腔侧壁相连，形成膀胱侧韧带。在膀胱侧韧带的游离缘内含有一索状物，称膀胱圆韧带，是胎儿时期脐动脉的遗迹。

四、尿道

尿道起于膀胱颈的尿道内口，后段并入生殖道中。公犬尿道外口在阴茎头的尿道突上，因而整个尿道细长而弯曲，公犬的尿道除有排尿功能外，还兼有排精的作用，故又称为尿生殖道，根据尿道所在的位置，可将其分为骨盆部和阴茎部。母犬尿道外口隐藏在尿生殖前庭内的前端底壁，因而整个尿道比较宽短。

知识点二　泌尿生理功能

【知识目标】

1. 了解尿的成分及理化特性。
2. 归纳肾小球的滤过作用。
3. 图示肾小管和集合管的重吸收、分泌和排泄作用。
4. 剖析影响尿生成的因素。

5. 描述尿的排出过程。

【技能目标】
1. 能够在宠物临床中分析尿量改变的影响因素。
2. 能够在宠物临床中分析尿液成分异常的原因。

【职业素养目标】
1. 培养严谨的逻辑推理能力和综合分析能力。
2. 培养仔细观察能力。

动物机体内的代谢终产物和其他不需要的物质（包括进入体内的异物和药物代谢产物等）都必须及时排出体外，否则可引起机体中毒，甚至死亡。机体将代谢终产物和其他不需要的物质，由体内排出的过程称为排泄。动物机体的排泄途径包括以下几种。

（1）肺　代谢产生的挥发性酸、少量水分以气体的形式经肺排出。

（2）大肠　由肝脏代谢产生经胆管排到小肠的胆色素及由小肠分泌的无机盐，随粪便经大肠排出。

（3）皮肤　代谢终产物的一部分水、盐类、氨、尿素通过汗液经皮肤排出。

（4）肾　由含氮类化合物所产生的，且较难扩散的终产物（尿酸、肌酸、肌酐等）脂肪代谢产生的非挥发性酸及部分摄入过量和代谢产生的水，以尿形式经肾排出。

肾脏是机体最重要的排泄器官，排泄量大且排泄物的种类很多，对维持机体渗透压和酸碱平衡，保持内环境稳定，有着极为重要的意义。

一、尿的理化特性

1. 尿色

犬的尿色一般呈淡黄色，但尿色的深浅主要取决于尿中的所含色素（尿色素、尿胆素）的浓度。尿量的多少直接影响尿中所含色素的浓度，因此也影响尿的颜色。一般尿量增加时，尿色较淡。剧烈腹泻、缺乏饮水、大量出汗及体温升高时，尿量减少，尿的颜色较深。排出的尿在空气中暴露后，无色的尿胆素原被氧化成尿胆素，使尿色变深。

2. 酸碱度

主要由摄入食物的性质来决定，犬属肉食动物，蛋白质在体内氧化成硫酸、磷酸和有机酸盐等从尿中排出，可使尿液呈酸性。另外，当新陈代谢加强时，犬体内产生较多的酸性物质，可使尿的酸度增加。

3. 尿量

犬每昼夜排尿 2～4 次，尿量为每千克体重 24～40mL，尿量的多少取决于进食量、食物的性质、饮水量、气候、季节和运动强度等多种因素，如饮水过多时，尿量增加；运动过度时，尿量减少。

尿主要由水、无机盐和有机物组成。其中水占 96%～97%，无机物和有机物占 3%～4%。无机物主要是氯化钠、氯化钾，其次是碳酸盐、硫酸盐和磷酸盐等。有机物主要是尿素，其次是尿酸、肌酐、肌酸、氨、尿胆素等。犬使用药物后，尿液中还会出现药物代谢产物。

二、尿的生成及其影响因素

尿的生成包括三个阶段：一是肾小球的滤过作用，生成原尿；二是肾小管和集合管的重吸收作用；三是肾小管和集合管分泌和排泄作用，生成终尿（图 8-5）。

微课：
① 尿生成过程及影响尿液生成的因素
② 尿的排出过程

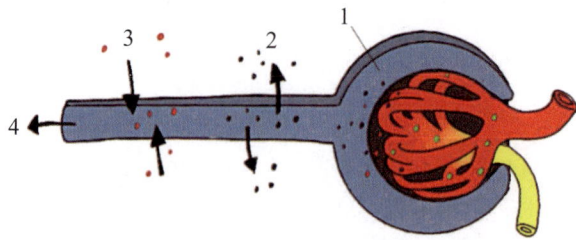

图8-5　尿的生成

1—滤过；2—重吸收；3—分泌；4—排泄

动画：
① 肾小球的滤过功能
② 肾小管和集合管的转运功能

1. 肾小球的滤过

循环血液流经肾小球毛细血管时，由于血压较高，除了血细胞和大分子蛋白质外，血浆中的水和其他物质（如葡萄糖、氯化物、无机磷酸盐、尿素和肌酐等）都能通过滤过膜滤过到肾小囊腔内，这种滤出液叫原尿。原尿中葡萄糖、氯化物、无机磷酸盐、尿素、尿酸和肌酐等各种晶体物质的浓度都与血浆非常接近，而且渗透压及酸碱度也与血浆相似，由此可见囊内液是血浆的超滤液。

原尿是通过肾小球滤过作用而产生的，而肾小球的滤过作用取决于两个因素，一是肾小球滤过膜的通透性；二是肾小球的有效滤过压。其中，前者是原尿产生的前提条件，后者是原尿滤过的必要动力。

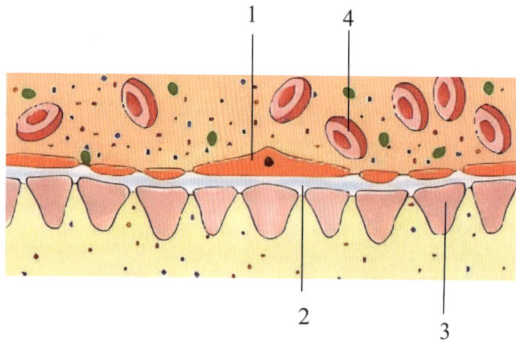

图8-6　肾小球滤过膜模式图

1—内皮细胞层；2—基膜层；3—肾小囊上皮细胞层；4—红细胞

（1）肾小球滤过膜的通透性　肾小球的滤过膜有三层结构（图8-6），最内层是肾小球毛细血管的内皮细胞，上面有许多窗孔，可阻止血细胞通过，但血浆蛋白可滤过；中间层是非细胞结构的基膜层，是一种微纤维网，是滤过膜的主要滤过屏障，只有水和部分溶质可以通过；最外层是肾小囊的上皮细胞层，其细胞表面有足状突起并交错形成裂隙称为足细胞，交错的足细胞间隙上有一层滤过裂隙膜，膜上有直径裂隙孔，是滤过的最后一道屏障。一般认为，基膜的孔隙较小，因此对大分子物质的滤过起到机械屏障作用。另外，在三层膜上都覆盖着带负电荷的糖蛋白，能阻止带负电荷的物质通过，起到电化学屏障作用。在病理情况下，滤过膜上带负电荷的糖蛋白减少或消失，就会导致带负电荷的血浆蛋白滤过量比正常时明显增加，从而出现蛋白尿。

不同物质通过滤过膜的能力称为肾小球滤过膜的通透性，取决于被滤过物质的分子大小及其所带的电荷。肾小球滤过膜的结构决定了滤过膜有良好的通透性。因此，水、晶体物质（如葡萄糖）和分子量较小的部分白蛋白均可从血浆滤过到肾小囊腔中。

（2）肾小球的有效滤过压　肾小球滤过作用的发生，其动力是滤过膜两侧的压力差。这种压力差称为肾小球的有效滤过压。肾小球有效滤过压由三部分压力组成，即肾小球毛细血管压、血浆胶体渗透压和囊内压。肾小球毛细血管压是推动血浆从肾小球滤过的力量，后两者的作用相反，是对抗滤过的力量。可用以下公式表示：

肾小球有效滤过压 = 肾小球毛细血管压 −（血浆胶体渗透压 + 肾小囊内压）

肾小球毛细血管血压较高，其主要原因是入球小动脉粗而短，出球小动脉细而长，相应地提高了血压，所以肾小球毛细血管血压较其他器官内的高，这是保证有效滤过的主要动力。

通过直接测定肾小体内各段压力的结果表明并不是肾小球毛细血管全部都有滤过作用，只有有效滤过压为正值的血管段，才发生滤过作用。生理条件下，肾小球毛细血管内的血浆胶体渗透压随着滤过液不断生成而升高，因此有效滤过压也逐渐下降。当有效滤过压下降至零时，即达到了滤过平衡时，滤过作用停止。

2. 肾小管和集合管的重吸收、分泌和排泄作用

血液经肾小球的滤过作用后生成原尿，原尿在流经肾小管和集合管时，其中的许多物质被重新吸收回血液中，称为重吸收作用。肾小管和集合管的重吸收作用具有一定的选择性，凡是对机体有用的物质，如葡萄糖、氨基酸、钠、氯、钙、碳酸氢根等，几乎全部或大部分被重吸收；对机体无用或用处不大的物质，如尿素、尿酸、肌酐、硫酸根、碳酸根等，则只有少量被重吸收或完全不被重吸收。

肾小管和集合管能将血浆或肾小管上皮细胞内形成的物质，如 H^+、K^+ 和 NH_4^+ 等分泌到肾小管腔中。同时也能将某些不易代谢的物质（如尿胆素、肌酸）或由外界进入体内的物质（如药物等）排泄到管腔中。习惯上把前者称为分泌作用，后者称为排泄作用。

肾小管和集合管的重吸收、分泌和排泄作用是通过物质跨膜转运功能实现的。原尿生成后进入肾小管被称为小管液。小管液经过肾小管和集合管的重吸收与分泌作用后成为终尿，最后被排出体外。在此过程中，小管液的数量会大幅度减少（约 99% 的小管液被重吸收），质量也发生重大改变（小管液的营养物质含量急剧减少，而排泄物的浓度迅速增高），使原尿最终成为终尿。

3. 影响尿生成的因素

尿液是通过肾小球的滤过作用和肾小管和集合管的重吸收、分泌和排泄作用而生成的。因此，凡能影响这两个作用的因素都可影响尿的生成。

（1）影响肾小球滤过作用的因素　主要有两种因素，一是肾小球滤过膜的通透性，二是肾小球的有效滤过压。这两种因素发生任何变化时，都能影响肾小球的滤过作用，从而改变尿的生成。

① 肾小球滤过膜通透性的改变　在正常情况下，肾小球滤过膜的通透性比较稳定，血细胞和大分子的血浆蛋白不能透过滤过膜，所以尿中不含有这些物质。但在机体缺氧或中毒的情况下，肾小球滤过膜通透性增大，滤过率增加，同时，原来不能通过的那些物质如血细胞和蛋白质可以通过滤过膜，因而，尿量增加，尿中含有一定数量的血细胞和蛋白质（血尿和蛋白尿）。在急性肾小球肾炎时，肾小球内皮细胞肿胀，基底膜增厚，可使肾小球滤过膜的通透性减小，还可能部分或完全阻断肾小球毛细血管血流，减少活动肾小球的数量，使有效滤过面积显著缩小，从而导致滤过率降低，原尿生成减少，出现少尿。

② 肾小球有效滤过压的改变　肾小球有效滤过压的大小取决于肾小球毛细血管血压、血浆胶体渗透压和肾小囊的囊内压三种压力的大小。凡能影响这三种压力的因素，都可以使肾小球的有效滤过压改变，从而影响尿量。例如，当犬因创伤、失血、烧伤等引起全身血压下降时，或者在入球小动脉收缩、阻力加大时，肾小球毛细血管的血压也随之降低，致使有效滤过压减小，滤过率降低，原尿生成减少，因而尿量减少；反之，全身血压升高或者出球小动脉收缩时，肾小球毛细血管压增大，有效滤过压增加，尿量增多。当静脉输入大量生理盐水时，一方面升高血压，另一方面血浆胶体渗透压降低，从而使肾小球有效滤过压升高，滤过率加大，原尿生成增多，尿量也增加。在输尿管或肾盂有异物（如结石）堵塞或者因发生肿瘤而压迫肾小管时，可造成囊内压升高，致使有效滤过压下降，滤过率降低，原尿生成减少，尿量相应减少。此外，肾血流量增加时，肾小球滤过率增大，原尿生成增多；反之，原尿生成减少。

（2）影响肾小管和集合管重吸收、分泌和排泄的因素　主要有四个方面，一是原尿中溶质的浓度；二是肾小球的滤过率；三是肾小管上皮细胞的功能状态；四是激素的作用。

① 原尿中溶质浓度的改变　当原尿中溶质浓度增加，并超过肾小管对溶质的重吸收限度时，原尿的渗透压就会升高，而渗透压的升高会妨碍肾小管对水的重吸收，引起尿量增加。例如，静脉注射高渗葡萄糖后，血糖浓度升高，原尿中糖的浓度也随之增加，如果浓度的增加超过了肾小球重吸收的限度，即肾糖阈时，则有一部分糖因不能被重吸收而使原尿的渗透压升高，影响肾小管上皮细胞对水的重吸收作用，从而使尿量增加。

② 肾小球的滤过率　正常情况下近曲小管重吸收率始终为肾小球滤过率的65%～70%。肾小球滤过率增大，滤液中的Na^+和水的含量增加，近曲小管对Na^+和水的重吸收率也升高；反之，肾小球滤过率减小，滤液中Na^+和水的含量也减少，对它们的重吸收率也相应降低，这种现象称为球-管平衡。

③ 肾小管上皮细胞的功能状态　当肾小管上皮细胞因某种原因而被损害时，往往会影响它的正常重吸收机能，从而使尿的质和量发生改变。例如，当机体因中毒导致肾小管上皮细胞机能发生障碍时，它重吸收葡萄糖的能力大大减弱，于是有较多的葡萄糖随尿排出，并因终尿中含有较多的葡萄糖而使尿量和排尿次数都有增加。

④ 激素的作用　肾小管活动的效应，主要表现为它对水的重吸收以及对离子的重吸收和分泌作用。肾小管的这些活动效应是受神经-体液调节的。一般认为，抗利尿激素和醛固酮的作用是肾小管活动效应的主要调节因素。抗利尿激素的作用是增加远曲小管对水的通透性，促进水的重吸收，从而使排尿量减少。血浆渗透压升高和循环血量的减少，均可引起抗利尿激素的释放，创伤及一些药物也能引起抗利尿激素的分泌，减少排尿量。醛固酮对尿生成的调节是促进远曲小管重吸收Na^+，同时促进K^+排出，即醛固酮有保Na^+排K^+作用。

三、尿的排出

尿的生成过程是连续不断的。持续不断的尿液由输尿管输送到膀胱储存，膀胱内的尿液充盈到一定程度时，再间歇性地引起反射性排尿动作，将尿液经尿道排出体外。

1. 膀胱和尿道括约肌的神经支配

膀胱和尿道有三种神经支配，即盆神经、阴部神经、腹下神经。盆神经属兴奋时引起膀胱逼尿肌收缩，尿道内括约肌舒张，促使尿液从膀胱排出。腹下神经兴奋时主要引起尿道内括约肌收缩，有利于尿液在膀胱内继续储存。阴部神经兴奋时引起尿道外括约肌收缩，阻止排尿。由于上述三种神经都发自腰荐部脊髓，所以通常将脊髓视为排尿低级中枢，而大脑皮层则是支配低级排尿中枢的最高级排尿中枢。

2. 排尿反射

当膀胱中的尿液储存到一定量时，对膀胱壁的牵张感受器构成有效刺激，产生的冲动经盆神经传入纤维到达腰荐部脊髓排尿低级中枢，冲动可同时上传到脑干和大脑皮层的排尿反射中枢，产生尿意。如果当时条件不适于排尿，低级排尿中枢则受大脑皮质抑制，使膀胱壁进一步松弛，继续储存尿液，直至有排尿的条件或膀胱内压过高时，低级排尿中枢的抑制才被解除，这时排尿反射的传出神经沿盆神经传到膀胱，引起膀胱逼尿肌收缩，膀胱内括约肌松弛，尿液被逼进尿道，尿道的尿液又刺激尿道感受器，冲动盆神经传入支传到荐髓排尿中枢，反射性抑制阴部神经，使尿道外括约肌松弛，进一步引起膀胱反射性收缩，如此进行连续的正反馈式反射活动，直至尿液排空为止。

犬排尿的地点及频率可通过训练加以控制，即采用建立条件反射的方法，使犬能定时、定点排尿，这在犬的驯养中具有实际意义。

拓展知识1：

　　球 - 管平衡：球 - 管平衡的意义在于使尿液中排出的溶质和水不至于因肾小球滤过率的增减而出现大幅度的变动。研究表明，肾小管重吸收功能的改变也可反过来引起肾小球滤过率发生相应的变化。如近端小管的重吸收量减少，可导致小管内压增加，进而使囊内压增加，于是有效滤过压降低，肾小球滤过率因而减少，这也是一种球 - 管平衡现象。

拓展知识2：

　　肾糖阈：肾糖阈是指当血浆葡萄糖浓度超过 8.96～10.08mmol/L 时，近端小管对葡萄糖的重吸收达到极限，尿中开始出现葡萄糖，此时的血糖浓度即为肾糖阈。

　　临床应用：由于增加原尿中溶质的浓度能减少肾小管对水的重吸收作用，故在临床上有时给病犬服用不被肾小管重吸收的物质，利用它来提高小管液中溶质的浓度，从而妨碍水的重吸收，借此达到利尿和消除水肿的目的。

目标检测

　　1. 描述犬左、右肾的位置及体表投影。
　　2. 用思维导图绘制肾脏的组织结构。
　　3. 总结尿液生成的三个阶段。
　　4. 写出肾小球有效滤过压的公式，说明影响肾小球滤过作用的因素。
　　5. 在右侧肾单位图上标出各种物质在肾小管和集合管的重吸收和分泌的位置（用箭头方向表示物质的进出）。
　　6. 分析以下情况下犬的尿量变化并说明原因。

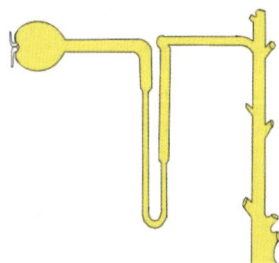

情况描述	尿量变化	原因
犬静脉注射500mL生理盐水		
犬患输尿管结石		
犬患急性肾小球肾炎		
犬因外伤大量失血		

　　7. 完成《宠物解剖生理填充图谱》中模块八内容。

在线答题

09

模块九

生殖系统

知识点一 生殖系统的结构

【知识目标】
1. 说明雌、雄性犬生殖系统的组成。
2. 描述雌、雄犬主要生殖器官的位置及体表投影。
3. 认识犬主要生殖器官的组织结构。
4. 了解卵泡发育过程及卵巢变化。

【技能目标】
1. 能够识别出卵巢、子宫在犬体表投影位置。
2. 能够通过生殖器官的结构形态，判断生殖器官发育是否正常。
3. 会辨别犬的性别。

【职业素养目标】
1. 会梳理知识点，提升学习能力。
2. 培养仔细观察、勇于探究的能力。
3. 深入理解生命的来源，提高对宠物的养护与疾病防治能力，培养敬畏生命的意识。

微课：犬雄性
生殖器官的
结构位置

生殖系统的主要功能是产生生殖细胞，孕育新个体，延续种族。此外还能产生和分泌性激素，与神经系统、内分泌系统共同调节生殖器官的活动和促进第二性征的发育。

一、雄性生殖系统的结构

雄性生殖系统由睾丸、附睾、输精管、精索、尿生殖道、副性腺、阴囊、阴茎和包皮组成（图9-1）。

1. 睾丸

睾丸位于阴囊内，呈椭圆形，左、右各一，表面光滑。外侧面稍隆凸，内侧面平坦。血管和神经进出的一端为睾丸头，与附睾头相接；另一端为睾丸尾，借睾丸固有韧带与附睾尾相连。睾丸表面被覆着一层浆膜，下方为致密结缔组织构成的膜，称为白膜。在睾丸头处，白膜向内纵深形成睾丸纵隔。从睾丸纵隔又发出许多睾丸小隔，呈放射状伸入睾丸实质，将睾丸实质分成许多睾丸小叶。每个睾丸小叶内有2～4条精小管，精小管之间为间质组织。精小管进入睾丸纵隔相互吻合成睾丸网，最后形成十余条睾丸输出小管进入附睾（图9-2）。

（1）精小管 分曲精小管和直精小管。

① 曲精小管 为精子发生的场所，形状弯曲，以盲端起于小叶边缘，向纵隔延伸与直精小管相接。管壁由基膜和多层上皮细胞组成。上皮包括两种类型的细胞，即生精细胞和支持细胞（图9-3）。性成熟的动物，在睾丸曲精小管的管壁中，可见许多不同发育

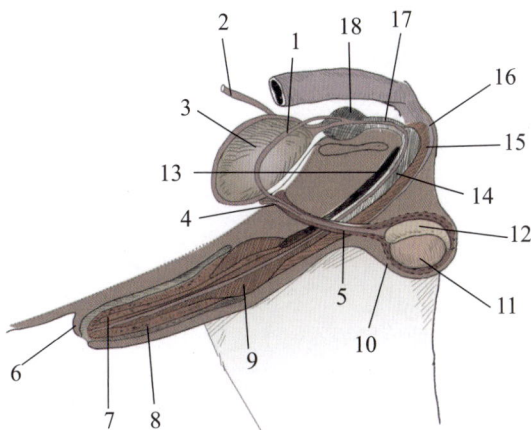

图9-1 雄性生殖系统

1—输精管；2—输尿管；3—膀胱；4—睾丸血管；5—精索；
6—包皮；7—阴茎骨；8—阴茎龟头长部；9—阴茎龟头球；
10—阴囊；11—睾丸；12—附睾；13—左海绵体；
14—海绵体；15—球海绵体肌；16—阴茎退缩肌；
17—尿道；18—前列腺

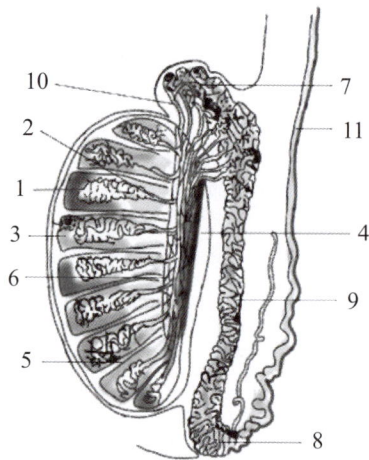

图9-2 睾丸与附睾的组织构造
1—曲精小管；2—直精小管；3—小叶；4—纵隔；
5—中隔；6—睾丸网；7—附睾头；8—附睾尾；
9—附睾体；10—睾丸输出管；11—输精管

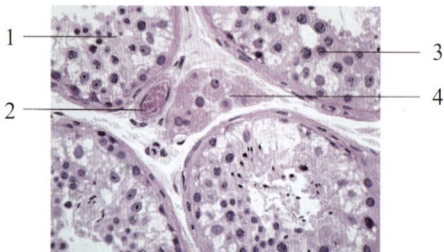

图9-3 睾丸组织切片
1—支持细胞；2—血管；
3—生精细胞；4—间质细胞

阶段的生精细胞，包括精原细胞、初级精母细胞、次级精母细胞、精子细胞和精子。从精原细胞增殖分化形成精子的过程，称为精子发生。支持细胞呈不规则的柱状或锥状，底部附着在基膜上，顶端伸向管腔，侧面和腔面内附着不同阶段的生精细胞。相邻支持细胞在靠近基底部的侧面形成紧密连结，这种连结装置与曲精小管的基膜及血管内皮和基膜等结构共同构成血睾屏障，该屏障对保护曲精小管内稳定的微环境具有重要作用。支持细胞具有支持、保护和营养各级生精细胞、吞噬退化的精子及合成雄激素结合蛋白等功能。

② 直精小管　是曲精小管在近睾丸纵隔处转变成的短而直的一段管道，管径细，管壁衬以单层立方或扁平上皮。细胞游离面有微绒毛和纤毛，纤毛的摆动对管腔内的液体有搅拌作用。

（2）睾丸网　位于睾丸纵隔内，由直精小管互相吻合而成的网状小管，管腔宽窄不一，管壁上皮是单层立方或扁平上皮。

（3）间质组织　是位于曲精小管之间的疏松结缔组织，其内除含有丰富的血管和淋巴管外，还有一种内分泌细胞，即睾丸间质细胞，它们成群地分布在曲精小管之间。间质细胞体积较大，呈卵圆形或多边形，胞核大而圆，胞质呈嗜酸性，含有脂滴和褐色素颗粒。间质细胞分泌雄激素，主要是睾酮，可促进精子的发生和成熟，维持第二性征和性功能等。

2. 附睾

附睾是储存精子和精子进一步成熟的场所，附着于睾丸的附睾缘，可分为附睾头、附睾体和附睾尾，外面也被覆有固有鞘膜和薄的白膜。附睾由睾丸输出小管和附睾管组成。附睾头膨大，由睾丸输出小管构成，与睾丸头相对。睾丸输出小管汇合成一条很长的附睾管，迂曲并逐渐增粗，构成附睾体和附睾尾。附睾尾借睾丸固有韧带与睾丸尾相连，末端管径增大，最后延续为输精管。

3. 输精管

输精管由附睾管直接延续而成，沿睾丸后缘上行进入精索，经腹股沟管入腹腔，然后折向后上方进入骨盆腔，在膀胱背侧的尿生殖褶内继续向后伸延，开口于尿生殖道起始部背侧壁的精阜上。犬的输精管在尿生殖褶内形成不明显的壶腹，其黏膜内有腺体（壶腹腺）分布，又称输精管腺部。

4. 精索

精索是一个扁平的圆锥形结构，其基部附着于睾丸和附睾，上端达鞘膜管内环，由神经、血管、淋巴管、平滑肌束和输精管等组成，外表被有固有鞘膜。精索内的睾丸动脉长而弯曲，与之伴行的静脉细而密，形成精索的蔓状丛，它们构成精索的大部分，具有延缓血流和降低血液温度的作用。动物去势时需要切断精索，同时采取止血措施。

5. 尿生殖道

雄性动物的尿道几乎全程都兼有排精作用，所以称为尿生殖道。尿生殖道前端接膀胱颈，沿骨盆腔底壁向后伸延，绕过坐骨弓，再沿阴茎海绵体腹侧的尿道沟向前延伸至阴茎头末端，以尿道外口开口于外界。尿生殖道管壁包括黏膜层、海绵体层、肌层和外膜。黏膜层有很多皱褶；海绵层主要是由毛细血管膨大而形成的海绵腔，属于血窦性结构；肌层由深层的平滑肌和浅层的横纹肌组成，横纹肌的收缩对射精起重要作用，还可帮助余尿排出。

6. 副性腺

一般情况下，动物的副性腺包括前列腺、成对的精囊腺和尿道球腺，其分泌物与输精管壶腹部的分泌物及睾丸生成的精子共同组成精液。犬的副性腺仅有前列腺，无精囊腺和尿道球腺。

7. 阴囊

阴囊是呈袋状的腹壁囊，借助腹股沟管与腹腔相通，内有睾丸、附睾和部分精索。阴囊内的温度略低于体腔内的温度，有利于精子的生成和发育。阴囊壁的结构由外向内依次分为皮肤、肉膜、阴囊筋膜和鞘膜。

8. 阴茎

阴茎是雄性动物的交配器官兼有排尿、排精作用，位于腹底壁皮下，自坐骨弓起，经左、右股部之间向前伸延至脐部，可分为阴茎根、阴茎体和阴茎头三部分。平时是柔软的，隐藏在包皮之内，交配时勃起。

犬的阴茎构造比较特殊，有一块长约 8～10cm 的阴茎骨并且在阴茎的根部有两个很发达的海绵体，在交配过程中，海绵体充血膨胀，卡在雌犬的耻骨联合处，使得阴茎不能拔出而呈栓塞状。

9. 包皮

是皮肤转折而成的管状鞘，有容纳和保护阴茎头的作用。

二、雌性生殖系统的结构

雌性生殖系统由卵巢、输卵管、子宫、阴道、阴道前庭和阴门等器官组成（图 9-4）。

1. 卵巢

（1）卵巢的位置和形态　卵巢有一对，是产生卵子和分泌雌性激素的器官，其位置、形状和大小随动物种类、个体、年龄及性周期的不同而异。卵巢由卵巢系膜悬吊在腹腔的腰下部，在肾的后方或骨盆前口两侧。卵巢的前端为输卵管端，与输卵管伞相连；后端为子宫端，借卵巢固有韧带连于子宫角。卵巢的背侧缘为卵巢系膜缘，有血管、神经和淋巴管出入，此处称为卵巢门；腹侧缘为游离缘。

（2）卵巢的组织结构　卵巢为实质性器官，其组织结构随动物种类、年龄和性周期不同而异。卵巢的表面除卵巢系膜附着部外，均覆有一层生殖上皮，在生殖上皮的下方为致密结缔组织构成的白膜。卵巢的实质由外周的皮质和中央的髓质构成，两者之间无明显的界限。皮质较厚，由不同发育阶段的卵泡、闭锁卵泡、黄体及结缔组织构成。髓质范围小，由疏松结缔组织构成。在卵巢门靠近卵巢系膜根部有成群的上皮样细胞称门细胞，其形态结构与睾丸间质细胞相似，能分泌少量雄激素。

微课：犬雌性生殖器官的结构位置

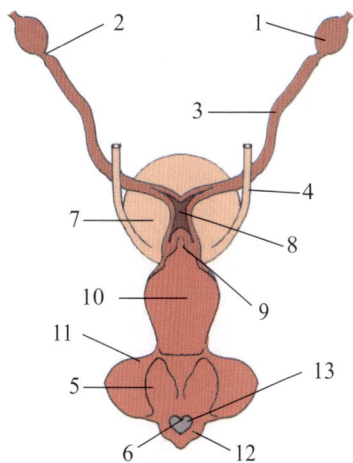

图 9-4　雌性生殖器官构成

1—卵巢；2—输卵管；3—子宫角；4—输尿管；
6—阴道前庭；6—阴蒂；7—膀胱；8—子宫体；
9—子宫颈；10—阴道；11—前庭球；
12—阴唇；13—阴蒂窝

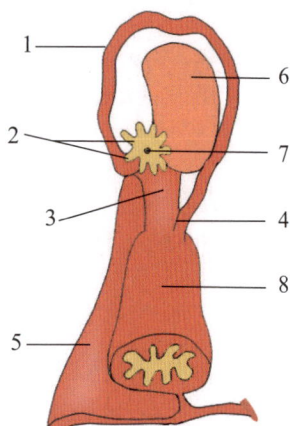

图9-5 输卵管结构图

1—输卵管；2—输卵管伞；3—卵巢固有韧带；
4—卵巢管子宫结合处；5—阔韧带；6—卵巢；
7—卵巢管开口；8—子宫角

2. 输卵管

输卵管是位于卵巢和子宫角之间的一对细长而弯曲的管道，是输送卵细胞和受精的场所。输卵管由输卵管系膜固定。输卵管系膜与卵巢固有韧带之间有卵巢囊，开口朝向腹侧，将卵巢整个或部分包埋其中。卵巢囊能保证卵巢排出的卵细胞顺利地进入输卵管（图9-5）。

输卵管可分为漏斗部、壶腹部和峡部三段。漏斗部为输卵管前端膨大的部分，漏斗的边缘有许多不规则的皱褶，称输卵管伞。漏斗中央的小孔为输卵管腹腔口，与腹膜腔相通，卵子由此进入输卵管。壶腹部较长，是位于漏斗部和峡部之间的膨大部分，壁薄而弯曲，为卵子受精处。峡部位于壶腹部之后，细而直，末端以小的输卵管子宫口与子宫角相接。输卵管的管壁由黏膜、肌层和浆膜三层构成。

3. 子宫

子宫是胎儿生长发育的器官，借子宫阔韧带悬于腰下，大部分位于腹腔内，小部分位于骨盆腔内。前端与输卵管相接，后端与阴道相通。背侧与直肠接触，腹侧与膀胱相邻，两侧为骨盆腔侧壁。子宫可分为子宫角、子宫体和子宫颈三部分。犬为双角子宫，呈"Y"字型。子宫角有一对，为子宫的前部，呈弯曲的圆筒状，位于腹腔内。前端以输卵管子宫口与同侧输卵管相通，后端会合形成子宫体。子宫体呈背腹略扁的圆筒状，位于骨盆腔内，部分在腹腔内。前接子宫角，向后延续为子宫颈。子宫颈为子宫的后部，位于骨盆腔内，管壁厚，内腔狭窄，称子宫颈管，前端以子宫颈内口通子宫体，后端以子宫颈外口开口于阴道。子宫颈管平时闭合，发情时稍松弛，分娩时扩大。

4. 阴道

阴道是雌性动物的交配器官，也是分娩时的产道。位于骨盆腔内，背侧为直肠，腹侧为膀胱和尿道，左、右两侧为荐结节阔韧带。阴道前端与子宫颈相接，后端与阴道前庭相通（图9-6）。阴道黏膜呈粉红色，较厚，内含许多纵褶，无腺体。阴道外面前部被覆有浆膜，后部为结缔组织外膜。

5. 阴道前庭

阴道前庭又称尿生殖前庭，是交配器官和产道，尿液也经此排出体外。阴道前庭左、右压扁，前接阴道，后连阴门，背侧为直肠和肛门，腹侧为骨盆腔底壁。在与阴道交界处的腹侧形成一横行的黏膜褶，称为阴瓣，靠近阴瓣的后方有一尿道外口。阴道前庭黏膜呈淡红色，在尿道外口后方的两侧壁和底壁分别有前庭大腺和前庭小腺及其开口。

图9-6 雌性生殖器官示意图（阴道部分）

1—子宫颈；2—膀胱；3—直肠；4—肛门；
5—阴道；6—尿道结节；7—阴道前庭；
8—阴门；9—阴蒂；10—阴蒂窝；11—尿道

6. 阴门

阴门位于肛门腹侧，以短的会阴部与肛门隔开，由左、右两阴唇构成。在背侧和腹侧互相联合，分别形成阴门背侧联合和阴门腹侧联合。两阴唇间的裂缝为阴门裂，阴门裂的腹侧联合呈锐角，背侧联合稍钝圆。在阴门腹侧联合前方有一阴蒂窝，内有小而凸出的阴蒂。阴蒂由海绵体构成，与雄性动物的阴茎是同源器官。阴唇外面被覆皮肤，内面衬有黏膜，皮下有丰富的脂肪、血管、淋巴管和神经等。

知识点二　雄性生殖生理

【知识目标】

　　1. 解释雄性生殖器官的生理功能。

　　2. 说明精子生成的过程。

　　3. 认识精子的结构及功能。

【技能目标】

　　1. 能够识别雄犬的性行为，正确管理犬的交配过程。

　　2. 能够识别精子的各部分结构及功能，区分不具有受精能力的精子。

【职业素养目标】

　　1. 提升知识点的归纳总结能力，培养综合思维。

　　2. 培养对动物的爱心，能够细心地护理宠物。

微课：雄犬生殖器官的功能

　　公犬在生殖活动中主要是完成交配并以精液即精子的方式为后代提供遗传资源，生殖是雌雄两性由生殖器官产生生殖细胞（精子和卵子），进行交配并受精后，母犬完成妊娠、分娩和哺乳。

一、雄犬生殖器官的功能

1. 睾丸

具有产生精子和分泌雄激素的功能。睾丸的曲精小管是产生精子的场所，雄激素则是由睾丸间质细胞合成和分泌的。

（1）睾丸的生精功能　睾丸曲精小管中的精原细胞转化为精子的过程，称为精子发生，可分为精原细胞有丝分裂、精母细胞减数分裂和精子细胞形态变化3个阶段。

精子的生成过程是在一定时间内有规律地进行的，一个精原细胞经多次分裂后生成64个精子，但在精子生成过程中有一些细胞会退化。生成的精子经直细精管、睾丸网而移向附睾储存，并在其中发育成熟和获得运动能力。储存于附睾内的精子，可通过射精而随精液排出。若长期不射精，精子则逐渐衰老、死亡并被吸收。

（2）睾丸的内分泌功能　睾丸间质细胞分泌的雄激素主要为睾酮。睾酮不仅在精子发生时起重要作用，还能刺激雄性动物副性器官的发育和第二性征的出现。雄激素在体内不能储存，而是迅速被利用或降解，降解产物主要从尿中排出，少量随粪便排出。此外，睾丸支持细胞可通过分泌抑制素和合成少量的雌激素等参与生精调控。

2. 附睾

具有使精子成熟、储存精子及吸收和分泌功能。

（1）精子成熟　精子由曲精小管输送到附睾时还没有成熟，从附睾头部取出的精子没有受精能力。未成熟的精子在附睾内发生一系列形态和代谢方面的变化，才能获得运动能力，达到功能上的成熟。

（2）储存精子　精子在附睾体部成熟，输送至尾部储存。附睾尾部较粗，能储存较多的精子。在附睾尾部的精子处于休眠状态，有利于精子的长期存活。

（3）吸收功能　睾丸产生的睾丸液在通过附睾时被重新吸收。重吸收有选择性，可使附睾液能维持正常的渗透压，保持附睾液内环境的稳定，有利于精子的存活。

（4）分泌功能　附睾上皮细胞的分泌物能供给精子发育所需要的养分。附睾管内呈弱酸性，而且温度较低，适宜于精子的存活和发育成熟。

3. 副性腺

犬的副性腺有前列腺、无尿道球腺和精囊腺。前列腺分泌物较稀薄，具有特别的臭味，呈碱性，含有 Na^+、K^+、Ca^{2+}、蛋白质、氨基酸、胆固醇和多种酶类，还有抗精子凝集素的结合蛋白，能防止精子头部互相凝集，其主要作用是中和阴道的酸性分泌物，吸收精子排出的 CO_2，促进精子的运动等。

二、雄犬的性行为

爬跨与交配爬跨是雄犬的基本性行为方式。当雄犬有交配行为时，雄性体内还不一定能产生成熟的精子，用这样的雄犬交配有可能使雌犬空怀。年轻雄犬在没有优势个体的压制时其性成熟可稍提前。交配时，雄犬选择愿意爬跨稳定站立的雌犬后，用前肢抱紧雌犬的骨盆，随后抽动阴茎，由于阴茎骨的作用，雄犬交配时阴茎不需要勃起，即可插入雌犬的阴道内，在阴茎插入后其抽动速度更快。阴茎海绵体的膨大和插入后雌犬阴道肌的收缩，会造成犬科动物交配时出现特有的连锁现象，称"锁结"。连锁之后雄犬爬下来与雌犬呈相反方向，此时雄犬的阴茎会在雌犬的阴道内旋转180°，再次射精。连锁时间一般为10～30min，这时不可强行将两犬分开，否则会严重损伤犬的生殖器。当雄、雌犬自行松脱后，它们会各自舔舐阴部，这时也不可马上对犬进行牵拉和驱赶，特别是雄犬，因为雄犬在交配后常常出现腰部凹陷，俗称"掉腰子"，不可让其进行剧烈的运动。

三、射精

在繁殖季节，雌犬会出现发情表现，吸引雄犬进行交配。在交配过程中，雄犬将附睾内储存的精液射入雌犬生殖道内的过程，称为射精。

1. 射精的过程

射精过程可分为以下三个阶段。

（1）第一阶段　当犬阴茎刚插入阴道时就开始射精，此时精液呈清水样，很少有精子，起到冲洗阴道的作用，人工收集时可弃去不用。

（2）第二阶段　此时经过几次抽动后，再加上阴道节律性收缩，阴茎充分勃起，将含有大量精子的乳白色精液射入子宫内。

（3）第三阶段　在锁结时发生，此时的精液为不含精子的前列腺分泌物。

2. 精液的构成

精液由精子和精浆两部分组成。精子在精浆中所占比例很小，精液量的大小主要取决于动物副性腺的分泌量。

（1）精子　在睾丸的曲精小管产生，储存于附睾内，经输精管和尿生殖道排出。精子的结构主要由头部、颈部和尾部3部分组成（图9-7）。

① 头部　犬的精子头部呈扁卵圆形，长 8.0～9.2μm，宽 3.3～4.6μm，主要由细胞核、顶体和核后帽三个部分组成。细胞核周围有一层核膜，内含 DNA、RNA 和核组蛋白等组成的染色体，能进入卵细胞并与卵细胞结合。精子头部的前端为顶体，内含与受精有关的酶类在精子衰老时易变性，出现异常或脱落，是评定精子品质指标之一。核后帽紧接在顶体后部，是包在核后部的一层薄膜。精子死亡后，该区易被伊红、溴酚蓝等染色剂着色，而不易着色的为活精子，借此可以鉴别精子的状态。

② 颈部　在头的基部，含有 2～3 个基粒，在基粒与核之间有一基板，尾部的纤丝以此为起点。颈部是精子最脆弱的部分，特别是在精子成熟时稍受影响，则尾部在此处脱离形成无尾精子。

③ 尾部　尾部是精子的运动器官，可分为中段、主段和末段 3 部分，由中心体小体发出的轴丝和纤丝组成，靠近颈为中段，中间为主段，最后为末段。精子具有独立运动的能力，它是借助于尾部的螺旋运动与"S"形平面波动重叠在一起的一种复杂运动。运动形式可分为三种类型，即直线前进、原地摆动和原地转圈运动。只有前进运动的精子才有可能达到受精的目的地。精浆的 pH 值、渗透压、电解质的种类和含量、温度及光线等因素均可影响精子的活力和存活时间。

（2）精浆　是各种副性腺的混合分泌物，pH 值约为 7.0，渗透压与血浆相似。其化学成分极为复杂，含有 Na^+、K^+、Ca^{2+}、Mg^{2+} 等无机离子和果糖、山梨醇、柠檬酸、肌醇、甘油磷酸胆碱等有机物。精浆的生理作用有：① 稀释精子，便于精子的运行和输入雌性动物的生殖道；② 提供精子运动和存活的适宜环境；③ 提供精子活动的能源；④ 刺激雌性生殖道的活动，有利于精子的运行。

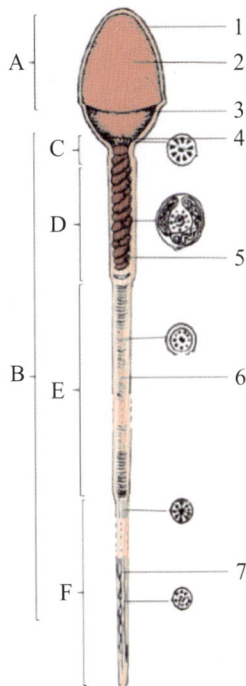

图 9-7　精子显微结构示意图
A. 头部；B. 尾部；C. 颈段；D. 中段；
E. 主段；F. 末段
1—顶体膜（核前帽）；2—顶体；3—核后帽；
4—中心粒；5—线粒体鞘；
6—纤维鞘；7—轴丝

拓展知识:

信息素，也称作外激素，指的是由个体分泌到体外，被同物种的其他个体通过嗅觉器官察觉，使后者表现出某种行为、情绪、心理或生理机制改变的物质。它具有通信功能。几乎所有的动物都证明有信息素的存在。

知识点三　雌性生殖生理

【知识目标】

1. 阐述雌性生殖器官的生理功能。
2. 认识卵子结构及受精过程。
3. 辨析发情期、妊娠期雌犬的身体及行为变化。
4. 说明犬的初配适龄、妊娠时间。

5. 归纳胚胎发育过程，认识胎膜、胎盘结构
6. 理解初乳的概念和意义。

【技能目标】
1. 会选择犬的交配时间。
2. 能够判断雌犬的发情状态及是否妊娠。
3. 能够判断分娩进程，为做好助产工作打好基础。

【职业素养目标】
1. 培养敬畏生命的意识，增强对母爱的认识。
2. 提升对知识点归纳总结的能力。

犬的雌性生殖生理是一个复杂而精妙的过程，涵盖了从性成熟的启动，到发情周期的规律性变化，再到妊娠、分娩及哺乳期的一系列生理转变。其中涉及激素的微妙调控、生殖器官的协同作用及遗传和环境因素的综合影响。学习犬雌性生殖生理，对于犬的繁殖管理、疾病诊断与防治具有重要的实际意义。

一、雌性生殖器官的功能

1. 卵巢

（1）卵巢的生卵作用　卵巢的皮质部表层聚集着许多原始卵泡，经过初级卵泡、次级卵泡、生长卵泡和成熟卵泡等阶段，最终成熟排出卵子，原卵泡腔处则形成黄体。

成熟卵泡的卵泡液迅速增多，卵泡体积增大，部分突出于卵巢表面，使隆起部分的卵泡壁、白膜和生殖上皮变薄，组织被胶原酶、透明质酸酶分解而破裂，次级卵母细胞连同外周的透明带、放射冠随卵泡液一起排出，这一过程称为排卵。在一个性周期中，各种动物排卵的数目不同。单胎动物一般只有一个卵泡成熟并排出一个卵子，而多胎动物则有多个卵泡同时成熟并排出多个卵子。

排卵后，卵泡壁塌陷形成皱襞，卵泡内膜毛细血管破裂，基膜破碎，形成内含血液的卵泡腔，称血体。同时卵泡内膜伸入腔内，在促黄体素的作用下，颗粒层细胞和内膜细胞增生分化，血液很快被吸收，形成一个体积很大又富有血管的内分泌细胞团，新鲜时呈黄色，称为黄体。其中由颗粒层细胞分化来的黄体细胞称粒性黄体细胞，数量多，胞体大，染色浅，主要分泌孕激素和松弛素；由卵泡内膜细胞分化而来的黄体细胞称膜性黄体细胞，数量少，体积小，染色较深，位于黄体的周边，主要分泌雌激素。

黄体的发育和存在时间的长短取决于排出的卵是否受精。如卵未受精，则黄体逐渐退化，这种黄体称为发情黄体或假黄体；如卵受精，则黄体继续发育，并维持到妊娠后期，这种黄体称为妊娠黄体或真黄体。假黄体和真黄体在完成功能后都会自行退化，退化的黄体被结缔组织代替，形成白色瘢痕，称为白体。

（2）卵巢的分泌功能　在卵泡发育的过程中，包围在卵泡细胞外的两层卵巢皮质基质细胞形成内、外两层的卵泡膜，其中内膜的颗粒细胞可以分泌雌激素，它是导致母畜发情的直接因素。排卵后形成的黄体可分泌孕酮，是维持妊娠所必需的激素之一。

2. 输卵管

（1）运送卵子　借助纤毛的摆动、管壁的蠕动，将卵子运送到指定位置。

（2）精子获能、卵子受精和受精卵分裂的场所　精子在进入雌性生殖道后并不具备受精能力，必须在输卵管停留一段时间，才能获得穿过透明带使卵子受精的能力，这一过程叫作精子获能。子宫输卵管连接部可以对精子进行筛查，也可以控制精子与受精卵的运动。

（3）分泌功能　输卵管分泌细胞含有特殊的分泌颗粒，其分泌物构成输卵管液，内含黏蛋

白和黏多糖（图9-8）。输卵管的分泌作用受激素控制，发情时分泌增多。

3. 子宫

（1）储存、筛选和运送精子　子宫颈口平时闭合，发情配种后，子宫颈口张开，有利于精子逆流进入，并可阻止死亡精子和畸形精子进入。大量精子储存在复杂的子宫颈隐窝内，进入子宫的精子借助子宫肌的收缩作用，运送到输卵管，在子宫内膜分泌物的作用下，发生精子获能。

（2）孕体的附植、妊娠与分娩　子宫内膜可以供孕体附植，并形成母体胎盘，与胚胎胎盘结合，为胚胎的生长发育创造良好的条件。妊娠时，子宫颈黏液高度黏稠，形成栓塞，封闭子宫颈口，防止子宫感染。分娩前子宫颈栓塞液化，子宫颈口扩张，随着子宫的收缩，胎儿和胎膜排出。

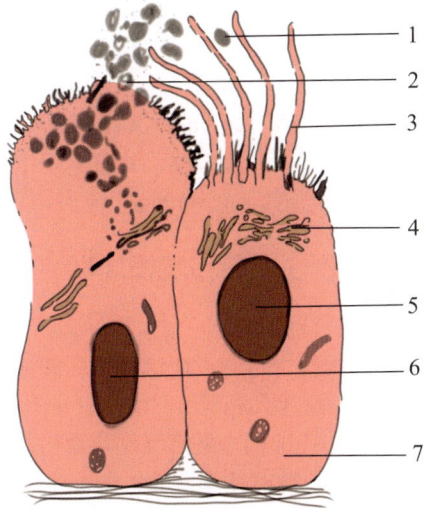

图9-8　分泌细胞和柱状细胞的模式图
1—黏多糖；2—黏蛋白；3—动纤毛；4—高尔基体；
5—细胞核；6—分泌细胞；7—柱状细胞

（3）调节卵巢黄体功能，导致发情　子宫通过局部的子宫-卵巢静脉-卵巢动脉循环而调节黄体功能和发情周期。雌犬未孕时，子宫内膜可分泌前列腺素，引起卵巢的周期黄体溶解、退化，诱导促卵泡素的分泌，引起卵泡的发育并导致发情；妊娠后，子宫内膜不分泌前列腺素，黄体继续存在，维持妊娠。

4. 阴道

既是交配器官，又是产道，在尿生殖前庭壁前有前庭小腺、前庭小球和前庭缩肌，交配中可将阴茎"锁"在阴道内。

二、卵子

1. 卵子的形态大小

卵子为圆形，其直径大小因所含卵黄量不同而变动。

2. 卵子的结构

卵子主要包括放射冠、透明带、卵黄膜及卵黄等部分（图9-9）。

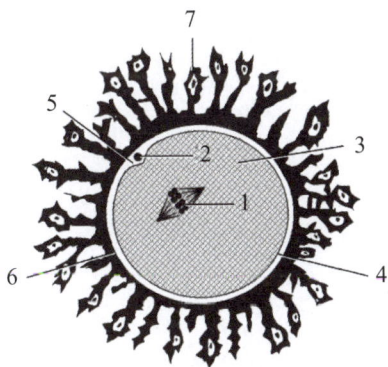

图9-9　次级卵母细胞结构图
1—分裂中的细胞核；2—第一极体；3—卵黄；
4—卵黄膜；5—卵周隙；6—透明带；7—放射冠

（1）放射冠　卵子周围有放射冠细胞和卵泡液基质，这些细胞的原生质突出部分斜着或者不定向地穿入透明带，与卵母细胞本身的微细突起相互交织。排卵后数小时，输卵管黏膜所分泌的纤维分解酶使这些细胞剥落，引起卵子裸露。

（2）卵膜　卵子有两层明显的被膜，即卵黄膜和透明带。

卵黄膜是卵母细胞的皮质分化物，具有与体细胞的原生质膜基本上相同的结构和性质，为双层膜结构。其主要作用是保护卵子，完成正常的受精过程；对精子有选择作用，可阻止多余精子进入卵子；使卵子有选择地吸收无机离子和代谢物质。

透明带是一层均质而明显的半透膜，主要是糖蛋白组成，可以被蛋白分解酶（如胰蛋白酶和胰凝乳蛋白酶）所溶解。部分放射冠细胞可以穿过整个透明带，以供给卵母细胞营养。随着卵母细胞成熟，透明带内突起也退化。排卵后，微绒毛回缩，卵母细胞与卵丘细胞分离。

（3）卵黄 排卵时，卵黄占据透明带以内的大部分容积。皮质颗粒是卵黄膜里存在的单层膜小泡，当精子进入时，其释放内容物到卵黄周隙，引起卵黄膜和透明带反应，阻止多余精子进入。受精后，卵黄收缩，并在透明带和卵黄膜之间形成一个"卵黄周隙"，极体存在于周隙中。卵子如未受精，则卵黄断裂为大小不等的碎块，每块中含有1个或数个发育中断的核。

三、性成熟和发情周期

1. 性成熟

动物的生殖器官在幼年时期和成年时期具有较大的差异。随动物机体发育，在达到性成熟之后，动物才具有繁殖产生下一代的能力。

（1）初情期 是指雌性动物初次出现发情或排卵现象的时期。其特点是雌性动物的发情表现不完全，此时体重占成年体重的30%。由于其生殖器官尚未发育成熟，仍处于生长发育阶段，因此虽然雌性动物具有发情症状，但发情和发情周期是不正常或不完全的。初情期是性成熟的初级阶段，经过一段时间才能达到性成熟。雌性初情期一般在8～10月龄，通常大型犬的初情期比小型犬晚，生活在寒冷地区的犬初情期要晚，营养水平高的犬初情期比营养水平低的犬早。

（2）初配适龄 雌性动物的配种适龄应根据其具体生长发育情况而定，一般比性成熟晚一些，开始配种时，体重应达到正常成年体重70%。犬的初配一般在第2～3次发情时为佳，大约18～24月龄进行初配效果好，名贵品种可更晚一些。

2. 发情周期

雌性动物出现周期性的卵泡发育和排卵，并伴有生殖器官和机体的一系列周期性生理变化，这种周期性的性活动称为发情周期。发情周期的时间一般是指从一次发情开始到下一次发情开始的间隔时间。犬的发情周期为3.5～13个月，正常雌犬每年发情两次，一般在春季3～5月和秋季9～11月各发情一次，发情时，身体和行为会发生特殊变化；雄犬发情无规则性，在雌犬集中发情时，睾丸进入功能活跃状态，当接近发情雌犬时，嗅到雌犬发情的特殊气味，便可引起兴奋完成交配。雌犬主要表现为如下几个阶段。

（1）发情前期 为发情期的准备阶段，时间为7～10d，生殖系统开始为排卵作准备。此时卵子已接近成熟，生殖道上皮开始增生，腺体活动开始加强，分泌物增多，外阴充血，阴门肿胀，潮红湿润，流出混有血液的黏液。雄犬常会闻味而来，但雌犬不允许交配。

（2）发情旺期 是发情征兆最明显并接受交配的时期，持续6～14d。外阴继续肿胀、变软，流出的黏液颜色变浅，出血减少或停止。雌犬主动接近雄犬，当雄犬爬跨时主动下塌腰部，臀部对向雄犬，将尾偏向一侧，阴门打开，允许交配。发情后2～3d，雌犬开始排卵，是交配的最佳时期。

（3）发情后期 外阴的肿胀消退，逐渐恢复正常，性情变得安静，不准雄犬靠近。一般持续两个月左右，然后进入乏情期。如已受孕，则发情期后为怀孕期。

（4）乏情期 生殖器官进入不活跃状态，一般为3个月左右，然后进入下一个发情前期。

四、受精

精子与卵子形成受精卵的过程称为受精。受精的过程主要包括以下几个阶段。

1. 精子溶解放射冠

获能后的精子、卵子相遇后，精子质膜和顶体外膜相融合，顶体膜局部破裂释放出顶体酶，使放射冠和透明带溶解，这一过程称为顶体反应。精子的数量在精子溶解放射冠的过程中，有重要的意义，若参加受精的精子数目太少，释放的透明质酸酶不足，不能溶解放射冠，则精子无法接触透明带。

2. 精子穿过透明带

精子到达透明带后，附着于透明带，并通过释放顶体酶将透明带溶出一条通道而穿越透明带并和卵黄膜接触。精子触及卵黄膜的瞬间，会激活卵子，使之从休眠状态下苏醒过来，同时，卵黄膜发生收缩，由卵黄释放某种物质，传播到卵的表面及卵黄周隙，引起透明带阻止后来的精子再进入透明带，这一变化称为透明带反应。迅速而有效的透明带反应可防止多个精子进入透明带，是防止多精子进入卵子的屏障之一。

3. 精子进入卵黄膜

精子进入透明带后，到达卵周隙，精子头部在此附着于卵黄膜表面。卵黄膜表面具有大量的微绒毛，当精子与卵黄膜接触时，即被微绒毛抱合，通过微绒毛的收缩将精子拉入卵内。随后精子质膜和卵黄膜相互融合，使精子的头部完全进入卵细胞内。当精子进入卵黄膜时，卵黄紧缩，卵黄膜增厚，并排出部分液体进入卵黄周隙，这种变化称为卵黄膜反应，又称为卵黄膜封闭作用，具有阻止多精子进入卵子的作用，是受精过程中防止多精子受精的第二道屏障。

4. 原核形成

精子进入卵子后，头部开始膨大，精核疏松，核膜消失，失去固有的形态，同时卵母细胞释放第二极体，最后在疏松的染色质外又形成新的核膜，核内出现多个核仁，这种重新形成的细胞核称为雄原核。雌原核的形成类似于雄原核。两性原核同时发育，体积不断增大。

5. 配子配合

雄原核和雌原核经充分发育、移动并紧密接触，然后两核膜破裂，核膜、核仁消失，染色体混合、合并，形成二倍体的核。随后，染色体对等排列在赤道部，出现纺锤体，达到第一次卵裂的中期。从两个原核彼此接触到两组染色体结合的过程，称为配子配合。至此，受精结束。受精后的卵子称为合子。

五、妊娠

妊娠是指由受精开始，直至胎儿从产道中产出为止的生理变化过程。在此过程当中胎儿与母体均发生一系列的生理变化。

1. 妊娠时的生理变化

（1）妊娠雌犬的全身变化　妊娠后雌犬的行动变得缓慢而谨慎，且温驯、安静、嗜睡，喜欢温暖安静的场所。妊娠期间雌犬的食欲增强，采食量明显增加，但有时会出现孕吐的现象，此时，食欲下降，短期内即可恢复正常。妊娠后期由于腹腔内压增高，呼吸式、呼吸次数也随之改变，粪、尿的排出次数增多。雌犬体尺和体重在妊娠期间均有所增加，增加的幅度主要受妊娠期和胎儿数量的影响。

（2）妊娠雌犬生殖器官的变化　受精后雌犬外阴迅速回收，阴门紧闭，阴道黏膜上覆盖有从子宫颈分泌出来的浓稠黏液。妊娠后随着胎儿体积的增大，胎儿下沉入腹腔，卵巢也随之下沉，其位置和形状有所变化，阴道受到牵拉，子宫颈口方向也有所改变。子宫随着妊娠的时间不断增大，以满足胚胎生长的空间及营养需要，其变化主要有增生、生长和扩张。妊娠前半期，子宫体积的增长主要是子宫肌纤维的肥大及增长；后半期则是由于胎儿使子宫壁扩张、变薄。妊娠后，子宫颈内膜的腺管数量增加，并分泌黏稠的黏液，形成子宫栓塞，同时子宫颈的括约肌收缩得很紧，子宫颈管完全封闭，防止外界细菌、异物进入；子宫阔韧带中的平滑肌及结缔组织增生，使其变厚，随子宫重量增加，子宫下垂，子宫阔韧带伸长并且绷得很紧。在妊娠末期，外阴部水肿并且柔软，为分娩做好准备。

（3）妊娠雌犬激素的变化　妊娠期间，雌犬内分泌系统发生明显的变化，这种改变使得雌犬体内也发生相应的生理变化。

2. 早期胚胎发育

可分成胚胎的早期发育、早期胚胎的迁移和胚胎的附植三部分内容。

（1）胚胎的早期发育　受精的结束标志着胚胎早期发育的开始，其细胞仅分裂而无生长，并且分裂是在透明带内进行的，这种特殊的分裂称为卵裂，卵裂所形成的细胞称卵裂球。胚胎按形态特征大体可分为桑葚胚、囊胚、原肠胚 3 种，3 个胚层的建立和形成，为胎膜和胎儿各器官的分化奠定了基础。

（2）早期胚胎的迁移　卵裂中的早期胚胎沿着输卵管运行，在排卵后 6～9d 进入子宫内，此时正是桑葚胚或囊胚的早期。在此期间，胚胎除消耗自身有限的营养外，还从输卵管及子宫内膜的分泌物中获得营养。胚胎进入子宫内壁并不是立即着床，而是有一个呈游离状态的间隔期。

（3）胚胎的附植　胚泡在子宫内发育初期的游离状态，随其增大，与子宫壁相贴附，随后和子宫内膜发生组织及生理的联系，位置固定下来的过程，也称附着、植入或着床。犬的带状囊胚扩展时，在子宫腔内的运动逐渐受到限制，位置被缓慢地固定下来。正常状态下，胚胎始终存在于子宫腔内。

3. 胎膜与胎盘

（1）胎膜　是胎儿的附属膜，又称胎衣，是胎儿本体以外包被着的几层膜的总称。其作用是与母体交换养分、气体及代谢产物，对胎儿的发育极为重要。胎膜主要有卵黄囊、羊膜、尿膜和绒毛膜等。

① 卵黄囊　卵黄囊上有稠密的血管网，胚胎发育的早期借以吸收子宫中的养分和排出废物，随着尿囊的发育，卵黄囊逐渐萎缩，最后只在脐带中留下一点遗迹。犬卵黄囊的前、后端附着在脉络膜内壁上，可以使胎儿在胎膜中心保持悬垂状态，以保护胎儿类似鸡卵的卵黄附着的"卵带"作用。

② 羊膜　是胎膜最内侧的一层，羊膜外侧覆盖有尿膜，两膜之间有血管分布。羊膜囊内有羊水，妊娠初期羊水量少，随着胎儿的发育而逐渐增加。羊水清澈透明、无色、黏稠，其量比尿囊液少得多，分娩时羊水带有乳白色光泽，稍黏稠。正常情况下，羊水可以保护胎儿免受震荡和压力等物理损伤；为胚胎提供了向各方向自由生长的客观条件；提供液态隔离防止胚胎干燥及胚胎组织和羊膜发生粘连；有助于分娩时子宫颈扩张并润滑胎儿体表及产道，有利于胎儿产出。

③ 尿膜　其功能一方面是储存胚胎排出的尿，因而可以在一定程度上认为它是胚体外临时的膀胱，并起着和羊膜相似的保护作用；另一方面则代替在胚胎早期的卵黄囊的生理机能。随着尿液的增加，尿囊亦逐渐增大，有一部分和羊膜融合而成尿膜羊膜，还有一部分和绒毛膜融合形成尿膜绒毛膜。尿囊液有助于分娩初期子宫扩张。

④ 绒毛膜　为胎膜的最外层，包围着整个胚胎和其他胎膜。由于其外面被覆有绒毛，故称为绒毛膜。绒毛膜在胎盘的形成上具有重要作用，而且一部分和尿膜融合，但是犬的尿膜不与绒毛膜融合形成血管网，而是卵黄囊同绒毛膜融合形成卵黄囊 - 绒毛膜胎盘。

⑤ 脐带　由包着卵黄囊残迹的两个胎囊及卵黄管延伸发育而成，是连接胎儿和母体的纽带。其含脐动脉、脐静脉、脐尿管、卵黄囊的遗迹等。胎儿通过脐动脉把体内循环的无营养静脉血液导入胎盘，通过脐静脉把新鲜动脉血运送进体内。脐带很坚韧，不能自然断裂，其内的血管在肌肉层断裂时可剧烈收缩，因此，脐带被咬断（或切断）时出血少。初生仔犬腹部残留的脐带断端经数天后，可逐渐干燥而自然脱落。

（2）胎盘　通常是指胎膜的绒毛膜和母体子宫黏膜发生联系所形成的一种临时性器官，由两部分组成。胎膜的尿膜绒毛膜部分为胎儿胎盘，子宫黏膜部分为母体胎盘。

犬的胎盘在绒毛膜中央呈环带状，所以称为带状胎盘（图9-10）。其特征是绒毛膜的绒毛聚合在一起形成一个宽带，环绕在卵圆形的尿膜绒毛膜囊的中部，子宫内膜也形成相应的带状母体胎盘。带状胎盘有两种，一种是完全带状胎盘，另一种是不完全带状胎盘，犬属于完全带状胎盘。完全带状胎盘在妊娠早期是由卵黄囊形成有功能的卵黄囊-绒毛膜胎盘，以及绒毛膜-尿膜在赤道区生长发育，侵入子宫上皮而形成的。

胎盘是维持胎儿生长发育的器官，它的主要功能是物质运输、合成分解代谢、分泌激素和免疫等。

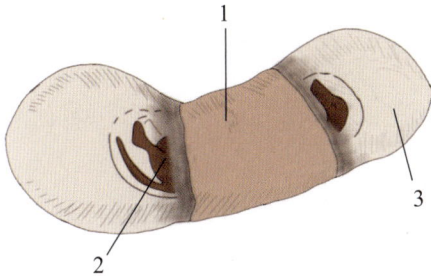

图 9-10　带状胎盘模式图

1—带状胎盘；2—胎儿；3—胎膜

图 9-11　分娩过程

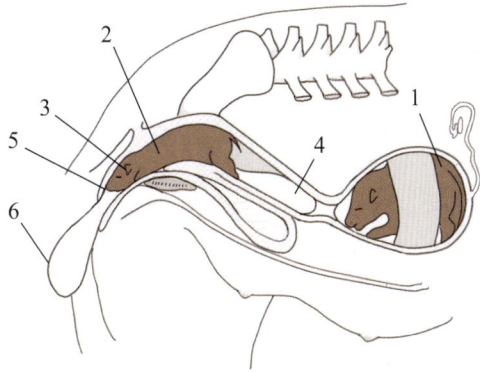

1—子宫内的幼犬；2—产道中的幼犬；3—头部；
4—胎盘；5—羊膜囊；6—绒毛膜尿囊

六、分娩和泌乳

1. 分娩过程

分娩是指妊娠期满，胎儿发育成熟，雌性动物将胎儿及其附属物（胎膜）由产道排出体外的生理过程。整个分娩期从子宫颈口张开、子宫开始阵缩到胎衣排出为止，一般可分为三个阶段（图9-11）。

（1）第一阶段（开口期）　从子宫开始阵缩，到宫颈口充分扩张打开为止。这一阶段持续的时间差别较大，犬一般为3～24h。在这一阶段，子宫一般只产生阵缩，没有努责。雌犬行为上表现轻微的不安、烦躁，时起时卧，来回走动，常做排尿动作，有时也有少量粪尿排出，呼吸、脉搏加快。

（2）第二阶段（产出期）　从子宫颈口充分扩张打开，至所有胎儿全部排出为止。这一阶段持续时间的长短取决于雌犬的状况和仔犬的数目，一般在6h之内，仔犬数多的不应超过12h。在这一阶段，子宫阵缩和努责共同发生，而且强烈。雌犬行为上表现极度不安，烦躁情绪增强，并伴有努责。第一只仔犬要娩出时，阵缩和努责更加强烈，且持续时间更长、更频繁，同时雌犬常常会将后肢向外伸直，便于仔犬排出，强烈努责数次后，休息片刻继续努责，直到胎儿排出；第二只仔犬要娩出而产生阵缩时，雌犬就会暂时撇开第一只仔犬，来处理第二只仔犬的出生。如此反复这一行为直到所有仔犬产出。在这一阶段，通常情况下，雌犬不需要人为护理与帮助，而且多数雌犬还会因有人在其附近而产生情绪。但对初产雌犬在这一阶段要特别加强观察，以便能够随时提供助产及难产救助。

（3）第三阶段（胎衣排出期）　从胎儿排出直到所有胎衣完全排出为止。在这一阶段，雌犬子宫轻微阵缩，偶有轻微努责。胎盘和胎膜一般是在每只仔犬娩出后15min内排出，也有可能与

微课：泌乳及排乳反射

下一只仔犬娩出时一起排出。胎盘具有丰富的蛋白质，雌犬通常会吃掉胎盘和胎膜，用于补充能量，帮助分娩，但有时这样做会带来不好的影响。这一阶段的雌犬相对以上两个阶段比较安静，处于疲劳状态。

2. 分娩机制

分娩是胎儿发育成熟后的自发生理活动，引起分娩发动的因素是多方面的。

（1）机械因素　随着胎儿迅速生长，子宫也不断扩张，子宫壁扩张后，胎盘血液循环受阻，胎儿所需要的氧气和营养得不到满足，引起胎儿强烈反射性活动，并且日益增大的胎儿对母体的压迫感逐渐加强，导致分娩。

（2）激素因素　对分娩启动有作用的激素很多，包括催产素、孕酮、雌激素、前列腺素、肾上腺皮质激素、松弛素等。这些激素通过共同作用来启动分娩。

（3）胎儿因素　胎儿糖皮质类固醇可引起孕酮的下降、雌激素的上升和前列腺素的释放等，这些变化可导致子宫肌收缩，引发分娩。

（4）免疫因素　母体对胎儿免疫耐受性消失，导致分娩发动。

（5）神经因素　中枢神经对分娩的启动并不起决定性的作用，但对分娩具有很好的调节作用，可以接收并传导分娩期间的各种信号。

3. 乳腺的发育与结构

（1）乳腺的位置与结构　见模块二被皮系统。

（2）乳腺的发育　雌性动物的乳腺随着机体的生长而逐渐发育。出生后至初情期之前，乳腺只有很小的腺乳池和不发达的导管，随着年龄的增长，雌性动物乳腺中的疏松结缔组织和脂肪组织逐渐增多，导致乳腺逐步增大。妊娠初期，乳导管的数量继续增加，出现没有分泌腔的乳腺泡；妊娠中期，乳腺泡出现分泌腔，腺泡和导管的体积不断增大，同时乳腺内神经纤维和血管数量增多；妊娠后期，腺泡上皮具备分泌功能。临分娩前，腺泡分泌初乳，分娩后，进入哺乳时期，乳腺发育达到全面活动期，到哺乳后期，腺组织逐渐缩小以致停止分泌活动，被结缔组织和脂肪所代替，乳腺进入静止期。当再次妊娠时，乳腺又重新生长发育。

4. 乳的生成及其调节

乳的生成是在乳腺腺泡上皮和腺小管分泌上皮细胞内进行的。它包括较复杂的选择性吸收和一系列新物质的合成两个基本过程。乳汁中的各种原料均来自血液，主要是乳腺上皮细胞对血浆选择性吸收和浓缩的结果，包括球蛋白、酶类、维生素和无机盐等物质；而乳中的酪蛋白、乳白蛋白和乳糖等则是上皮细胞利用血液中的各种原料，经过复杂反应合成的。乳汁中的这些营养物质能很好地满足幼仔生长的需要。

乳可分为初乳和常乳。雌犬在分娩后3～5d乳腺所分泌的乳叫初乳。初乳色黄而浓稠，稍有咸味和特殊的腥味，煮沸时易凝固，内含丰富的蛋白质、无机盐（主要是镁盐）和免疫物质等。蛋白质能被机体直接吸收到血液，以补充幼仔血浆蛋白的不足；镁盐有缓泻作用，能促进胎粪的排出和消化道蠕动；免疫物质可使幼犬产生被动免疫，增强其抵抗疾病的能力。初乳是新生犬必不可少的食物，对于保证幼犬的健康生长具有重要意义。初乳期过后，乳腺所分泌的乳汁称为常乳。所有哺乳动物的常乳含有水、蛋白质、糖类、无机盐、酶和维生素等成分，常乳中的蛋白质主要是酪蛋白。

乳分泌受神经和激素的调节，与乳排放之间有着密切的协作和制约关系。

5. 排乳

由哺乳和挤乳引起的乳房的腺泡和乳导管系统内紧张度的改变，使储存其内的乳迅速流向乳池的过程，称为排乳。排乳是一种复杂的反射过程，由于哺乳或挤乳时刺激雌性动物乳头的感受器，反射性引起腺泡和细小乳导管壁外的肌上皮收缩。中等乳导管、粗大乳导管和乳池壁外的平滑肌强烈收缩，乳汁流入乳池，使乳池乳压迅速升高，乳头括约肌开放，使乳汁排出体外为排乳反射，排乳反射能够通过条件反射影响排乳，在固定的时间、地点进行挤乳及采用熟练的挤乳员进行挤乳都可以成为条件刺激来建立条件反射，以提高泌乳量。

目标检测

1. 识别睾丸切片模式图中的各种细胞及组织，并说明各细胞的功能。

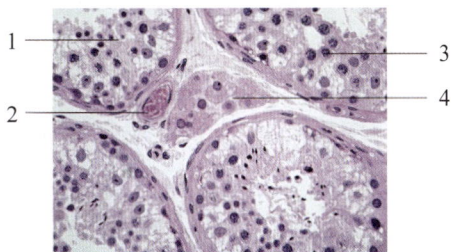

2. 利用思维导图，总结雌、雄性生殖器官的功能。

3. 受精过程中，精子穿过的顺序为_____、_____、_____。

4. 简要描述雌犬发情期的表现。

阶段	发情表现
发情前期	
发情中期	
发情后期	
乏情期	

5. 写出胎膜的结构和胎盘类型，并绘制出胎盘。

6. 什么是初乳？初乳的成分和功能是什么？

7. 什么是常乳？常乳的主要成分是什么？

8. 完成《宠物解剖生理填充图谱》中模块九内容。

在线答题

10

模块十

神经系统

知识点一　中枢神经系统结构

【知识目标】

　　1. 归纳中枢神经系统的组成及结构。

　　2. 识别脊髓和脑的位置、形态和内部结构。

【技能目标】

　　能在犬体上找到脑和脊髓各部分的体表投影位置。

【职业素养目标】

　　1. 培养利用思维导图的方法归纳总结知识的能力。

　　2. 通过宏观辨识培养微观探析的能力。

微课：脊髓的
构造

　　神经系统可分为中枢神经系统和周围神经系统两部分。中枢神经系统包括脑和脊髓；周围神经系统包括躯体神经和植物性神经，其中躯体神经包括脑神经和脊神经，植物性神经包括交感神经和副交感神经。

一、脊髓

1. 脊髓的位置和形态

　　脊髓位于椎管内，呈上下略扁的圆柱形，前端在枕骨大孔处与延髓相连，后端到达荐骨中部，两旁发出脊神经，广泛分布到躯干、四肢各部。脊髓依其与脊椎的对应关系分为颈部、胸部、腰部、荐部和尾部。颈髓与胸髓交界处较粗大，称颈膨大，为前肢神经发出部位。腰髓与荐髓交界处也较粗，称腰膨大，为后肢神经发出部位。腰膨大之后逐渐变细小呈圆锥状，称脊髓圆锥。从脊髓圆锥向后伸出一根非神经性的软膜细丝称终丝，终丝外包以硬膜丝，附着于尾椎锥体背面，有固定脊髓的作用。

2. 脊髓的内部结构

　　脊髓由灰质和白质构成，灰质位于中央，周围为白质。灰质中央有一纵贯脊髓的中央管，内含脑脊液（图 10-1）。

　　（1）灰质　主要由神经元胞体和树突构成。横断面呈蝶形（H形），灰白色。每侧灰质都有背、腹侧两个突出部，分别称为背侧角（柱）和腹侧角（柱），背侧角和腹侧角之间为灰质联合，在胸部脊髓和腰部脊髓的前段，腹侧柱脊髓基部的外侧，还有稍隆起的外侧柱。背侧柱内有中间神经元，接受脊神经节内感觉神经元中枢突传来的冲动；腹侧柱内为运动神经元，发出冲动经腹侧根传出支配骨骼肌；外侧柱内有副交感神经节前神经元。

　　（2）白质　主要由神经纤维聚集而成，被灰质分为左右对称的背侧索、外侧索和腹侧索。背侧索位于背侧柱和背正中沟之间，

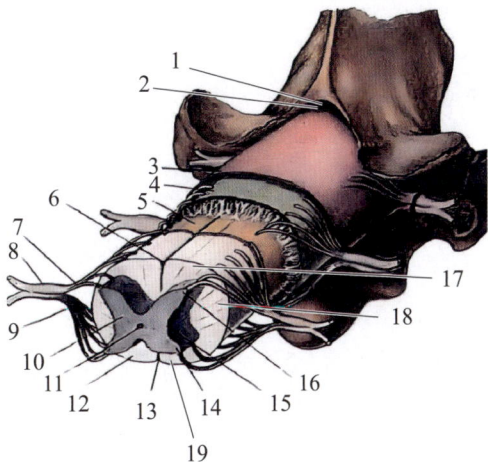

图 10-1　脊髓的横断面模式图

1—椎弓；2—硬膜外腔；3—脊硬膜；4—脊蛛网膜；5—脊软膜；
6—背正中沟；7—脊神经背侧根；8—脊神经节；
9—脊神经腹侧根；10—灰质部；11—中央管；12—白质部；
13—腹正中裂；14—腹角；15—侧角；16—背角；
17—背侧索；18—外侧索；19—腹侧索

由脊神经感觉神经元的中枢突构成，为感觉传导束（上行束）；外侧索位于背侧柱和腹侧柱之间，腹侧索位于腹正中裂之间，它们均由来自背侧柱的中间神经元的轴突（上行束）及来自大脑和脑干的中间神经元的轴突（下行束）组成，以下行束为主。

微课：大脑、小脑、脑干、间脑的形态结构

二、脑

脑位于颅腔内，经枕骨大孔与脊髓相连。可分为大脑、小脑、间脑、中脑、脑桥和延髓，通常将后三者合称脑干（图 10-2）。

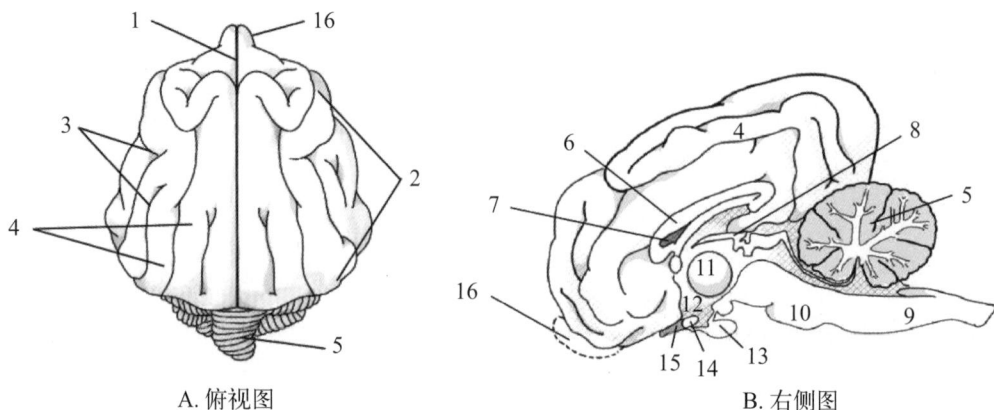

A. 俯视图　　　　　　　　　　　　B. 右侧图

图 10-2　犬的脑结构示意图

1—纵裂；2—右大脑半球；3—沟；4—脑回；5—小脑；6—胼胝体；7—透明隔；8—松果体；9—延髓；
10—脑桥；11—丘脑；12—下丘脑；13—脑垂体；14—视交叉；15—右侧视神经；16—嗅球

1. 脑干

自后向前依次为延髓、脑桥和中脑 3 部分（图 10-2B）。

（1）延髓　为脑干的末段，呈前宽后窄背腹稍扁的锥体状。前端与脑桥相接，后端在枕骨大孔处与脊髓相连，背侧面被小脑覆盖，腹侧上部与脑桥以延髓脑桥沟相隔。延髓前半部的中央管敞开，形成第四脑室底壁的后部，称开放部；后半部外形与脊髓相似，称闭合部，其室腔仍为中央管。延髓内部主要为网状结构，内有心跳、呼吸、吞咽、呕吐、咳嗽等生命中枢，还有许多神经核，如第 XI～XII 对脑神经核等。

（2）脑桥　位于小脑腹侧，前接中脑，后连延髓。背侧部主要为网状结构和上行传导束，为延髓向前的延续，内有中继核和三叉神经核，前端两侧有连接小脑的小脑前脚（结合臂）；腹侧面与小脑中脚交界处有粗大的第 V 对脑神经核。

（3）中脑　位于脑桥的前方，内有一管腔，称中脑导水管，前连第三脑室，后通第四脑室。第四脑室是位于延髓、脑桥和小脑之间的空腔。前端通中脑导水管，后端经延髓中央管通脊髓中央管，内部充满脑脊液。中脑导水管将中脑分为背侧的四叠体和腹侧的大脑脚。中脑的内部结构为网状结构，内有黑质、红核和动眼神经核和滑车神经核。

2. 小脑

略呈球形，位于脑干的背侧，与延髓和脑桥构成第四脑室顶壁，其表面有许多沟和回（图10-2B）。小脑两侧为小脑半球，正中为小脑蚓部。小脑的表面为灰质，称小脑皮质。白质在深部，呈树枝状伸至小脑各部，称髓树，又称小脑髓质。小脑借三对小脑脚（小脑前脚、中脚和后脚），分别与中脑、脑桥及延髓相连。

3. 间脑

位于中脑和大脑半球之间，被两侧大脑半球覆盖，内有第三脑室。间脑主要包括丘脑和丘脑下部。

（1）丘脑　占间脑的最大部分，为一对卵圆形灰质团块。左右两丘脑的内侧部相连，断面呈圆形，称丘脑间黏合，其周围环状裂隙为第三脑室。丘脑中还有一些与运动、记忆及其他功能有关的神经核群。在左、右丘脑的背侧，中脑四叠体的前方，有一椭圆形小体，称松果体，属于内分泌腺。

（2）丘脑下部　又称下丘脑，位于丘脑腹侧，包括第三脑室侧壁上的一些结构，是植物性神经的皮质下中枢。从脑底面看，由前向后依次为视交叉、视束、灰结节、漏斗、脑垂体、乳头体。丘脑下部前下方的视交叉前连视神经，视交叉的后方有一对圆形的突起称乳头体。视交叉与乳头体之间为灰结节，向下延续为漏斗，漏斗的下端连接脑垂体（内分泌腺）。下丘脑有许多重要的灰质核群，如位于视交叉上方的视上核，位于第三脑室两侧的室旁核，以及内侧基底部的弓状核和腹内侧核等。第三脑室位于间脑内部的正中矢面上，是围绕丘脑间黏合的矢状环形空腔，内部充满脑脊液。前方以一对室间孔连通两个大脑半球的侧脑室；顶壁为脉络丛；腹侧形成一漏斗形凹陷；后方通中脑导水管。

4. 大脑

又称端脑，位于脑干前方，后端以大脑横裂与小脑分开，背侧以大脑纵裂分为左右两个大脑半球。纵裂的底部结合紧密，是连接两半球的横行宽纤维板，称为胼胝体。大脑半球表面为灰质，称大脑皮质，皮质深面为白质，白质内藏灰质团块纹状体，称为基底核。每侧大脑半球均包括大脑皮质、白质、嗅脑、基底核和侧脑室（图10-3）。

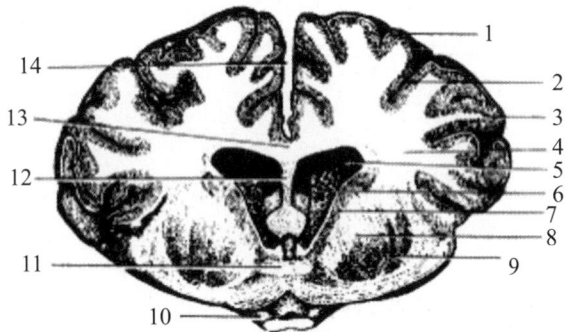

图10-3　大脑半球横切面

1—脑回；2—脑沟；3—大脑皮质；4—大脑白质；5—侧脑室；6—侧脑室脉络丛；7—尾状核；
8—内囊；9—豆状核；10—视束；11—前联合；12—透明隔；13—胼胝体；14—大脑纵裂

（1）大脑皮质和白质

① 皮质　指覆盖于大脑半球表面的灰质，是神经活动的高级中枢，主要由4～6层神经细胞所构成。皮质表面凹凸不平，有许多弯曲的沟和回，以增加大脑皮质的面积。每侧大脑皮质的背外侧面均可分为4叶，前部为额叶，后部为枕叶，背侧部为顶叶，外侧部为颞叶。一般认为额叶是运动区，枕叶是视觉区，顶叶是感觉区，颞叶是听觉区，各区的面积和位置因动物种类不同而异。

② 白质　位于皮质深面，也称大脑髓质，由神经纤维构成。

（2）嗅脑　位于大脑半球底面，由嗅球、嗅束、嗅三角、梨状叶和海马等构成（图10-4）。

① 嗅球　呈卵圆形，位于大脑半球前端，是嗅脑最前端的部分。其接受嗅黏膜的嗅神经纤

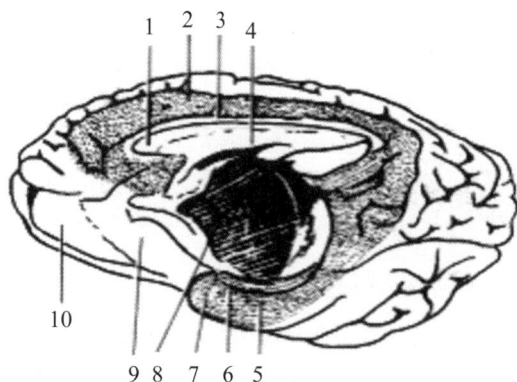

图 10-4　大脑半球内侧面示边缘系统
1—透明隔；2—扣带回；3—胼胝体；4—穹隆；
5—海马回；6—齿状回；7—梨状叶；
8—丘脑切面；9—嗅三角；10—嗅回

维（嗅丝），内含嗅神经终止核。

② 嗅束（嗅回）　一对，位于嗅球后面，即内侧和外侧嗅束，内侧嗅束伸向半球内面的旁嗅区，外侧嗅束向后连于梨状叶。

③ 嗅三角　为内、外侧嗅束之间的三角区，前端稍隆凸部称嗅结节，后面有大量的小血管传入的部分称前穿质，其深部为基底核。

④ 梨状叶　为嗅三角后方、大脑脚外侧的梨状隆起，表层是灰质，前方深部藏有杏仁核，位于侧脑室底壁。梨状叶被视为嗅觉皮质区。

⑤ 海马　由白质和灰质组成，属古皮质。呈三角形，位于侧脑室后底壁。

（3）基底核　是大脑半球内部的灰质核团，位于大脑的基底部深层，是皮质下运动中枢，主要有尾状核和豆状核，在两核之间有由白质构成的内囊。

（4）侧脑室　大脑半球内左右对称的两个腔隙，顶壁为胼胝体；底壁前部为尾状核，后部为海马；内侧壁是透明中隔，经室间孔与第三脑室相通。侧脑室内有脉络丛，在室间孔处与第三脑室脉络丛相连。

三、脑脊膜和脑脊液

1. 脑、脊髓的被膜

脑和脊髓外周包有三层结缔组织膜，由外向内依次为硬膜、蛛网膜和软膜。

（1）硬膜　为厚而坚韧的致密结缔组织膜。脑硬膜紧贴颅腔壁，无间隙存在。脊硬膜和椎管之间有一较宽的腔隙，称脊硬膜外腔，内含静脉和脂肪。

（2）蛛网膜　薄而透明，位于硬膜深层。蛛网膜分出无数结缔组织小梁与软膜相连。蛛网膜与硬膜之间形成狭窄的硬膜下腔，内含少量淋巴液。脑硬膜下腔与脊硬膜下腔前后相通。蛛网膜与软膜之间的腔隙称蛛网膜下腔，其中充满脑脊液。

（3）软膜　薄而富有血管，紧贴于脑、脊髓的表面并深入其沟、裂之中，分别称为脑软膜和脊软膜。在脑室壁的一些部位，脑软膜上的血管丛与脑室膜上皮共同折入脑室，形成脉络丛，能产生脑脊液。

2. 脑和脊髓的血管

脑的动脉血液供应来自颈内动脉、枕动脉和椎动脉的分支，这些动脉一起在脑底合成一动脉环，围绕脑垂体；脑的静脉血汇入硬脑膜内的静脉窦，进入静脉。脊髓的动脉血来自肋间背侧动脉及腰动脉等的脊髓支，在脊髓腹侧汇合成脊髓腹侧动脉，沿腹正中裂延伸，分布于脊髓，脊髓的静脉血注入颈静脉、椎静脉、肋间背侧静脉等。

3. 脑脊液

是由各脑室脉络丛产生的无色透明液体，充满于脑室系统、脊髓中央管和蛛网膜下腔。脑脊液对脑、脊髓有营养作用。

知识点二　周围神经系统结构

【知识目标】
1. 归纳周围神经系统的组成。
2. 说明脊神经的组成及分布。
3. 背诵12对脑神经组成。
4. 描述植物性神经的组成及分布。

【技能目标】
能够识别宠物体中主要的外周神经。

【职业素养目标】
1. 培养将知识简单化并利于记忆的学习方法（如口诀）的能力。
2. 培养运用列表的方法总结知识结构的能力。
3. 培养运用绘图法将抽象知识具体化的能力。

微课：
① 脊髓对躯体运动的调节
② 小脑对躯体运动的调节

　　周围神经系统由联系中枢和各器官之间的神经纤维构成，包括中枢神经系统以外的全部神经结构。根据分布的不同可分为躯体神经和植物性神经。躯体神经主要分布于体表和骨骼肌，包括脊神经和脑神经；植物性神经主要分布于内脏、腺体和心血管，包括交感神经和副交感神经。

微课：脑神经和脊神经

一、躯体神经

1. 脊神经

　　由脊髓发出，含有感觉纤维和运动纤维，在椎管中由背侧根（感觉根）和腹侧根（运动根）聚集而成。按发出的部位可分为颈神经、胸神经、腰神经、荐神经和尾神经（表10-1）。

表10-1　脊神经分类、数目表

名称	犬/对	兔/对
颈神经	8	8
胸神经	13	12～13
腰神经	7	7～8
荐神经	3	4
尾神经	5～6	6
合计	36～37	37～38

　　（1）颈神经　分背侧支和腹侧支。颈神经的背侧支又分为内侧支和外侧支，分布于颈部背、外侧的肌肉和皮肤。颈神经的腹侧支有以下几个主要分支。

　　① 耳大神经（耳后神经）　为第2颈神经腹侧支的分支，分布于耳郭凸面。

　　② 颈横神经（颈皮神经）　为第2颈神经腹侧支的分支，分布于腮腺部、喉部及下颌间隙部。

　　③ 膈神经　为膈肌的运动神经，来自第5、6、7对颈神经的腹侧支。膈神经沿斜角肌的腹侧缘向后伸延，经胸前口入胸腔，沿纵隔向后伸延，分布于膈。

　　（2）胸神经　分背侧支和腹侧支。

　　① 背侧支　又分为内侧支和外侧支。内侧支分布于背多裂肌和背棘肌等背部深层肌肉。外

侧支分布于肋提肌、背腰最长肌、背髂肋肌及胸壁上 1/3 部的皮肤。

② 腹侧支 较大，又称肋间神经，伴随肋间背侧动、静脉，沿肋骨的后缘在肋间内、外肌之间下行，沿途分支分布于肋间肌、腹肌和皮肤。

（3）腰神经 分背侧支和腹侧支，背侧支又分为内侧支和外侧支。

① 髂腹下神经 来自第 1 腰神经的腹侧支，经腰方肌与腰大肌之间，向后下方伸延。

② 髂腹股沟神经 来自第 2 腰神经的腹侧支。

③ 生殖股神经 又称精索外神经，来自第 2、3、4 腰神经的腹侧支，沿腰肌间下行，分为前、后两支，均穿过腹股沟管，与阴部外动脉一起，分布到睾外提肌、阴囊、包皮（公）或乳房（母）。

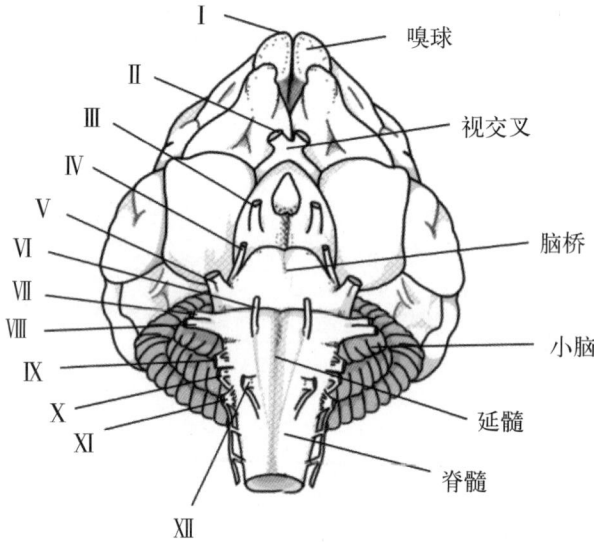

图 10-5 脑神经分布图

④ 股外侧皮神经 来自第 3、4 腰神经的腹侧支。经腰肌间向外侧伸延，伴随旋髂深动脉的后支，在髋结节后方穿出腹壁，分布于股前和外侧皮肤。

（4）荐神经 分背侧支和腹侧支，背侧支经荐背侧孔出椎管，分布于臀部的皮肤及尾根部的肌肉和皮肤。

（5）尾神经 包括背侧支和腹侧支，分别分布于尾背侧、尾腹侧的肌肉和皮肤。

2.脑神经

脑神经是从脑发出的神经，大多从脑干发出，共 12 对（图 10-5）。根据所含神经纤维的种类可分为感觉神经、运动神经和混合神经，一般按其连接脑部的前后顺序来命名。各脑神经的简况见表 10-2。

表 10-2 脑神经简况表

名称	与脑的联系部位	纤维成分	分布部位
Ⅰ 嗅神经	嗅球	感觉神经	鼻黏膜
Ⅱ 视神经	间脑外侧膝状体	感觉神经	视网膜
Ⅲ 动眼神经	中脑的大脑脚	运动神经*	眼球肌
Ⅳ 滑车神经	中脑四叠体后丘	运动神经	眼球肌
Ⅴ 三叉神经	脑桥	混合神经	头面部皮肤、口、鼻黏膜、咀嚼肌
Ⅵ 展神经	延髓	运动神经	眼球肌
Ⅶ 面神经	延髓	混合神经*	面、耳、睑肌和部分味蕾
Ⅷ 前庭蜗神经	延髓	感觉神经	前庭、耳蜗和半规管
Ⅸ 舌咽神经	延髓	混合神经*	舌、咽和部分味蕾
Ⅹ 迷走神经	延髓	混合神经*	咽、喉、食管、气管和胸、腹腔内脏
Ⅺ 副神经	延髓和颈部脊髓	运动神经	咽、喉、食管以及胸头肌和斜方肌
Ⅻ 舌下神经	延髓	运动神经	舌肌和舌骨肌

*含有副交感纤维。

对 12 对脑神经进行归纳，总结出以下口诀，帮助理解记忆：

一嗅二视三动眼；四滑五叉六外展；七面八听九舌咽；十迷一副舌下全。

（1）感觉神经　脑神经中属于感觉神经的有嗅神经、视神经和前庭蜗神经。

① 嗅神经　传导嗅觉，为鼻腔嗅区黏膜的神经细胞的轴突所构成，轴突集合为许多细丝，经筛板入颅腔，止于嗅球。

② 视神经　传导视觉，为眼球视网膜内的神经细胞轴突集合而成，入颅腔后，部分纤维与对侧的视神经进行交叉形成视交叉，向后移行称为视束，止于间脑的外侧膝状体。

③ 前庭蜗神经　为来自内耳前庭、半规管和耳蜗的神经，分别传导平衡感觉和声音刺激冲动到延髓的前庭核和耳蜗核。

（2）运动神经　属于运动神经的有动眼神经、滑车神经、展神经、副神经和舌下神经。

① 动眼神经、滑车神经和展神经　分别起于脑干中的动眼神经核、滑车神经核和展神经核，均分布于眼球肌肉，调节眼球的活动。动眼神经还含有副交感神经纤维。

② 副神经　起于延髓和脊髓，分布于喉肌、斜方肌和胸头肌，调节喉和头、颈的活动。

③ 舌下神经　起于延髓内的舌下神经核，分布于舌肌和舌骨肌，调节舌的活动。

（3）混合神经　脑神经中属于混合神经的有三叉神经、面神经、舌咽神经和迷走神经。面神经、舌咽神经和迷走神经还含有副交感神经纤维。

① 三叉神经　在颅腔内分为眼神经、上颌神经和下颌神经三大支。眼神经分布于鼻黏膜、泪腺、上眼睑、颞区及额区的皮肤；上颌神经出颅腔后分数支，分布于软腭、硬腭、鼻黏膜、下眼睑、上颌牙齿、鼻背、鼻孔、上唇及其附近的皮肤；下颌神经分布于咀嚼肌、下颌齿及颏部等。

② 面神经　经面神经管出颅腔，穿过腮腺，在颞下颌关节的下方绕过下颌骨而到咬肌表面，向前下方伸延，分布于耳及面部唇和颊等。

③ 舌咽神经　经破裂孔出颅腔，在咽外侧沿舌骨支向前下方伸延，分为咽支和舌支。咽支分布于咽和软腭；舌支分布于舌根。

④ 迷走神经　见植物性神经。

二、植物性神经

植物性神经又称自主神经，是指分布于内脏器官、心血管和皮肤的平滑肌及心肌、腺体等处的传出神经，一般不包括传入神经（图 10-6）。

1. 植物性神经的一般特征

植物性神经与躯体神经的运动神经相比较，具有下列一些结构和功能上的特点。

① 躯体运动神经支配骨骼肌；而植物性神经则支配平滑肌、心肌和腺体。

② 躯体运动神经自中枢到效应器只经过一个运动神经元；植物性神经自中枢到效应器要由两个神经元来完成，前一个神经元称节前神经元，其胞体位于脑干和脊髓灰质侧柱，由它发出的轴突称节前纤维。后一个神经元称节后神经元，其胞体位于周围的植物性神经节内，由它发出的轴突称为节后纤维。节前纤维离开中枢后，在植物性神经节内与节后神经元形成突触；节后神经元发出的节后纤维将中枢发出的冲动传至效应器。节后神经元的数目较多，一个节前神经元可与多个节后神经元形成突触，这有利于较多效应器同时活动。

③ 躯体运动神经的纤维一般是较粗的有髓纤维；而植物性神经的节前纤维是细的有髓纤维，节后纤维是细的无髓纤维。

④ 躯体运动神经一般都受意识支配；而植物性神经在一定程度上不受意识的直接控制，具有相对的自主性。

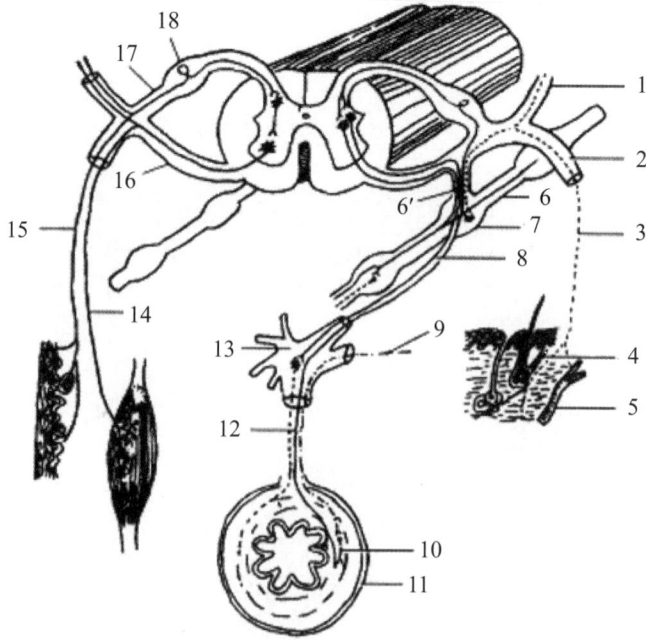

图 10-6　脊神经和植物性神经反射径路模式图

1—脊神经背侧支；2—脊神经腹侧支；3—交感神经节后纤维；4—竖毛肌；5—血管；6—交感神经干；
6′—交通支；7—椎旁神经节；8—交感神经节前纤维；9—副交感神经节前纤维；
10—副交感神经节后纤维；11—消化管；12—交感神经节后纤维；13—椎下神经节；
14—脊神经运动神经纤维；15—感觉神经纤维；16—腹侧根；17—背侧根；18—脊神经节

⑤ 植物性神经分交感神经和副交感神经，在中枢的调节下，交感神经和副交感神经的作用
是相互对抗的，又是协调统一的（图 10-7）。在植物性神经所支配的大多数器官中，一般既有交
感神经，又有副交感神经，即其分布和支配大多是双重的；而躯体运动神经在效应器上的分布则
是单一的。

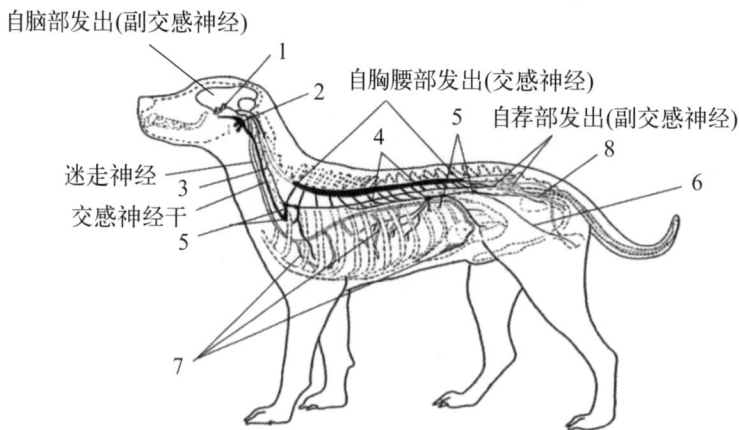

图 10-7　犬植物神经分布

1—脑干中的副交感神经细胞核；2—颈前神经节；3—椎神经；4—交感神经干和交感神经节；
5—大交感神经节；6—分布于胸腔器官、腹腔器官和盆腔器官的交感神经；
7—分布于胸腔器官和腹腔器官的迷走神经分支；8—盆神经

2. 交感神经

交感神经分为中枢部和周围部。中枢部为交感神经的低级中枢，位于脊髓的胸 1 至腰 3 节段的灰质侧柱。周围部包括交感神经干、神经节、神经节的分支及神经丛。

交感神经的节前神经元发出的节前神经纤维经脊髓腹侧根至脊神经，出椎间孔后经白交通支到相应部位的椎神经节，或经过椎神经节而至椎下神经节，与其中的节后神经元形成突触，另一些节前纤维通过椎神经节向前、后伸延，终止于前、后段的椎神经节，因而在脊柱两侧形成两条交感神经干。

交感神经的节后神经元发出的节后神经纤维有 3 种去向，一是经灰交通支返回脊神经，随着脊神经分布于躯干和四肢的血管、汗腺、竖毛肌等；二是在动脉周围形成神经丛，攀附动脉而行，并随动脉分布到相应的器官；三是由椎旁神经节直接分出内脏支到所支配的脏器。

交感神经干按部位可分为颈部、胸部、腰部和荐尾部。

（1）颈部交感神经干　由第 1～6 胸段脊髓灰质外侧柱发出的节前纤维和颈前、颈中、颈后 3 个交感神经节组成。它沿气管的背外侧、颈总动脉的背侧缘向前伸延至颅腔底面，常与迷走神经并行，称迷走交感干，与颈总动脉一起包在一个结缔组织鞘内。

① 颈前神经节　呈梭形，位于颅底腹面。发出节后神经纤维围绕颈内、外动脉形成神经丛，分布于唾液腺、泪腺、虹膜开大肌和头部的皮肤。

② 颈中神经节　位于颈后部，其节后神经节纤维分布于主动脉、心脏、气管和食管。

③ 颈后神经节　与第 1、2 胸神经节合并成星状神经节，位于胸前口内，在第 1 肋骨椎骨端的内侧，呈星芒状，向四周发出节后神经纤维，向后下方发出心支，参与构成心神经丛，分布于心、肺；向背侧分支到臂神经丛，分布于前肢。

（2）胸部交感神经干　紧贴于胸椎的腹外侧，由椎旁神经节和节间支组成。每一节有一个胸神经节，神经节的数目与胸椎数目相等。在每一椎间孔附近有一个椎旁神经节，每个椎旁神经节都以白交通支和灰交通支与相应的胸神经相连，分布于胸壁的皮肤。另一些节后神经纤维形成小支，到主动脉、食管、气管和支气管，并参与心和肺神经丛。胸部交感干还发出内脏大神经和内脏小神经。

① 内脏大神经　由胸部交感干中后段分出，与其并行，穿过膈脚的背侧入腹腔，连于腹腔肠系膜前神经节。

② 内脏小神经　由胸部交感干的后段分出，也连于腹腔肠系膜前神经节，向后下方发出心支，参与构成肾神经丛。

（3）腰部交感神经干　在最后胸椎后端接胸部交感干，沿腰小肌内侧缘向后伸延，有 2～5 个腰神经节，发出节后神经纤维组成灰交通支返回腰神经。腰部交感干还发出腰内脏支，连于肠系膜后神经节。腹腔内有两个神经节，即腹腔肠系膜前神经节和肠系膜后神经节。

① 腹腔肠系膜前神经节　位于腹腔动脉根部两侧和肠系膜前动脉根部的后方，呈半月形。其节后纤维与迷走神经的分支一起参与形成腹腔神经丛（或称太阳丛），分布于胃、肝、脾、胰、肾、小肠、大肠等。

② 肠系膜后神经节　为一对扁而小的神经节，位于肠系膜后动脉根部两侧，在肠系膜后神经丛内。其节后纤维沿动脉分布到结肠后段、精索、睾丸、附睾或卵巢、输卵管、子宫角。此外，还分出一对腹下神经，向后伸延到骨盆腔内，参与构成盆神经丛，分布于结肠后段、直肠、膀胱、前列腺、公畜的阴茎或母畜的子宫和阴道。

（4）荐尾部交感神经干　沿荐骨骨盆面向后伸延，并逐渐变细，前部的神经节较大，后部的较小。其节后神经纤维组成灰交通支连于荐神经和尾神经，分布于所属部位的血管、汗腺、竖毛肌、平滑肌等。

3. 副交感神经

副交感神经的低级中枢，即节前神经元胞体位于脑干和荐部脊髓，故可分为颅部和荐部副交感神经。节后神经元的胞体位于所支配的器官旁或器官内，统称为终末神经节，其节后神经纤维较短。

（1）颅部副交感神经　其节前神经纤维位于动眼神经、面神经、舌咽神经和迷走神经内。

① 动眼神经　其内的副交感神经节前纤维，进入眼球，终止于睫状神经节，其节后纤维分布于眼球的睫状肌和瞳孔括约肌。

② 面神经　其内的副交感神经节前纤维，一部分至翼腭神经节，节后纤维分布于泪腺、腭腺、颊腺和鼻黏膜腺；另一部分到下颌神经节，节后纤维分布于舌下腺和颌下腺。

③ 舌咽神经　其内的副交感神经节前纤维，至下颌神经内侧面的耳神经节，节后纤维分布于腮腺。

④ 迷走神经　为混合神经，是脑神经中伸延最长，分布最广的神经。左右迷走神经的食管背侧支合成迷走背侧干；腹侧支合成迷走腹侧干，分别沿食管的背侧缘和腹侧缘向后伸延，穿过膈的食管裂孔进入腹腔。迷走腹侧干分布于胃、幽门、十二指肠、肝和胰；迷走背侧干除分布于胃外，还向后伸延，通过腹腔肠系膜前神经节参与构成腹腔肠系膜前神经丛，分布于胃、肠、肝、胰、脾、肾等器官。迷走神经分出的侧支有咽支、喉前神经、喉返神经、心支、支气管支及一些分布于外耳的小支，分布于相应的器官。

（2）荐部副交感神经　其节前神经元胞体位于荐部脊髓第 1～4 节外侧柱内，节前纤维随第 2～4 荐神经的腹侧支出椎管，形成 1～2 条盆神经。盆神经沿骨盆侧壁向腹侧伸延到直肠或阴道外侧，与腹下神经一起构成盆神经丛，节前纤维在盆神经丛中的终末神经节交换神经元，节后纤维分布于结肠末端、直肠、膀胱、前列腺、公畜的阴茎或母畜的子宫及阴道。

知识点三　感觉器官结构

【知识目标】

　　1. 认识眼和耳的结构。

　　2. 了解视觉和位听觉传导过程。

【技能目标】

　　能在眼和耳的解剖模型上找到各部分结构。

【职业素养目标】

　　1. 培养利用思维导图方法总结知识点的能力。

　　2. 通过识图和绘图提升结构识别能力。

动画：眼睛的结构

　　感觉器官是感受器及其辅助装置的总称。感受器是机体接受内、外界环境各种刺激的结构。不同类型的刺激，首先要经由相应的感受器来接受，并通过感受器的换能作用，把刺激能量转换为神经冲动，经感觉神经和中枢神经系内的传导路，把冲动传至大脑皮质而产生各种感觉，从而建立机体与内、外界环境间的联系。感受器的种类很多，结构简繁不一。有的感受器结构很简单，如位于皮肤内的游离神经末梢和环层小体等；有的感受器形态结构比较复杂，具有各种辅助装置，如视觉器官和位听器官等。

一、视觉器官 – 眼

　　视觉器官能感受光波的刺激，经视神经传到视中枢而产生视觉。视觉器官由眼球及其辅助器官组成。

1. 眼球

球位于眼眶内，后端有视神经与脑相连，由眼球壁和眼球内容物两部分组成（图10-8）。

（1）眼球壁　由三层构成，由外向内依次为纤维膜、血管膜和视网膜。

① 纤维膜　为致密而坚韧的纤维结缔组织膜，形成眼球的外壳，有保护眼球内容物和维持眼球外形等作用。可分为前部的角膜和后部的巩膜。

a. 角膜：约占纤维膜的前 1/5，无色透明，具有折光作用，呈前凸后凹的球面，为眼前房的前壁。角膜内无血管和淋巴管，但有丰富的神经末梢，感觉灵敏。角膜上皮再生能力很强，损伤后易恢复，但若损伤较重，则会形成瘢痕或因炎症而变浑浊，而严重影响视力。

b. 巩膜：约占纤维膜的后 4/5，不透明，呈乳白色，主要由互相交织的胶原纤维束所构成，含有少量弹性纤维。巩膜前接角膜，与角膜交界处深面有一环形巩膜静脉窦，是眼房水流出的通道，有调节眼压的作用；后下部有巩膜筛板，为视神经纤维的通路。

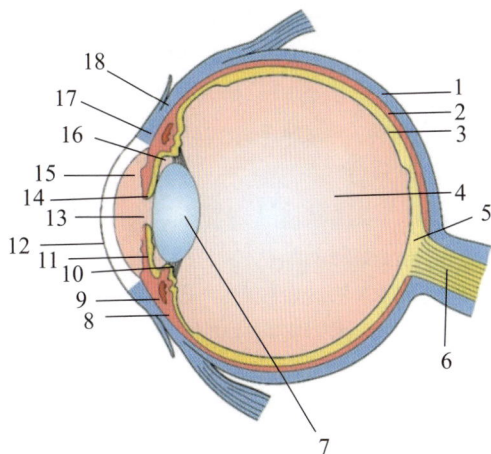

图10-8　眼球纵切面模式图

1—巩膜；2—脉络膜；3—视网膜；4—玻璃体；5—视乳头；
6—视神经；7—晶状体；8—睫状突；9—睫状肌；
10—晶状体悬韧带；11—虹膜；12—角膜；
13—瞳孔；14—虹膜粒；15—眼前房；
16—眼后房；17—巩膜静脉窦；18—球结膜

② 血管膜　位于纤维膜与视网膜之间，含有大量血管和色素细胞，有营养眼内组织、调节进入眼球光量和产生房水的作用。血管膜由后向前可分脉络膜、睫状体和虹膜三部分。

a. 脉络膜：呈棕褐色，占血管膜后方大部，富含血管和色素细胞，外面与巩膜疏松相连，内面紧贴视网膜的色素层，后方有视神经穿过。

b. 睫状体：位于巩膜与角膜移行部的内面，是血管膜呈环形的增厚部分。其内面的前部有许多呈放射排列的皱褶，称为睫状突，睫状突以晶状体悬韧带和晶状体相连；后部平坦光滑，称睫状环。睫状体的外面为平滑肌构成的睫状肌，受副交感神经支配，睫状肌收缩或舒张，可使晶状体悬韧带松弛或拉紧，从而改变晶状体的凸度，具有调节视力的作用。

c. 虹膜：是血管膜前部的环形薄膜，在晶状体之前，富含血管、平滑肌和色素细胞。虹膜的中央有一孔，称为瞳孔，瞳孔呈横椭圆形，其游离缘有一些小颗粒。虹膜内有两种不同方向排列的平滑肌，一种环绕瞳孔周围，叫瞳孔括约肌，收缩时可缩小瞳孔，受副交感神经支配；另一种呈放射状排列，称瞳孔开大肌，收缩时可开大瞳孔，受交感神经支配。从眼球前面透过角膜可看到虹膜和瞳孔，在弱光下或看远物时瞳孔开大，在强光下或看近物时瞳孔缩小。

③ 视网膜　紧贴在血管膜的内面，可分为盲部和视部两部分。

a. 盲部：贴附在虹膜和睫状体的内面，外层为色素上皮，内层无神经细胞，无感光作用。

b. 视部：贴附在脉络膜的内面，由高度分化的神经组织构成，在活体平滑而透明，略呈淡红色，后部较厚，愈向前愈薄，有感光作用。视部构造复杂，可分内、外两层。外层为色素层，由单层色素上皮构成。内层为神经层，主要由三层神经细胞组成，其中最外层为接受光刺激的感光细胞（视杆细胞和视锥细胞），是构成视觉器官的最主要部分；中层为传递神经冲动的双极细胞；内层为节细胞。节细胞的轴突在视网膜后部集结成束，并形成一圆形或卵圆形的白斑，称为视神经乳头，其表面略凹，是视神经穿出视网膜的部位。此处只有神经纤维，无感光能力，又称盲点。在视神经乳头处，视网膜中央动脉呈放射状分布于视网膜，分支情况因宠物种类不同而异。

视神经乳头和动脉在做眼底检查时可以看到。在视神经乳头的外上方，约在视网膜的中央有一小圆形区称视网膜中心，是感光最敏锐的部位。

（2）眼球内容物　包括晶状体、玻璃体和房水，它们均无血管而透明，和角膜一起构成眼球的折光装置，使物体在视网膜上映出清晰的物像，对维持正常视力有重要作用。

① 晶状体　为富有弹性的双凸透镜状无色透明体，后面的凸度比前面的大，位于虹膜与玻璃体之间，以晶状体悬韧带和睫状体相连。晶状体外包一层透明而具有弹性的晶状体囊，其实质由许多平行排列的晶状体纤维的组成。通过调节晶状体的凸度可调节焦距，当看近物时，睫状肌收缩，晶状体悬韧带放松，晶状体凸度变大；当看远物时，与此相反，这样都能使物像聚焦在视网膜上。晶状体因疾病或创伤等变浑浊形成的疾病临床上称为白内障。

② 玻璃体　是无色透明的胶状物质，充满于晶状体和视网膜之间，除有折光作用外，还有支撑视网膜的作用。

③ 眼房和房水　眼房位于晶状体与角膜之间，被虹膜分为前房和后房，经瞳孔相通。房水是充满眼房的无色透明液体，由睫状体产生，由眼后房经瞳孔到眼前房，再渗入巩膜静脉窦至眼静脉。房水除有折光作用外，还具营养角膜和晶状体及维持眼内压的作用。如果房水过多或回流受阻，可引起眼内压增高而影响视力，临床上称为青光眼。

2. 眼球的辅助器官

眼球的辅助器官包括眼睑、泪器、眼眶和眶骨膜及眼球肌，对眼球有保护、运动和支持作用（图10-9、图10-10）。

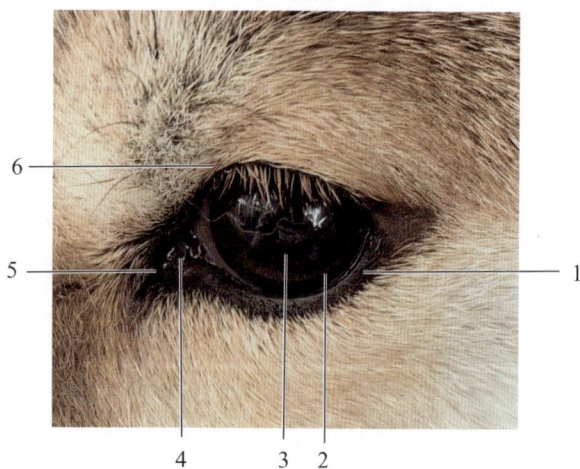

图10-9　眼的外观

1—下眼睑；2—角膜；3—瞳孔；4—第三眼睑；
5—泪阜；6—上眼睑

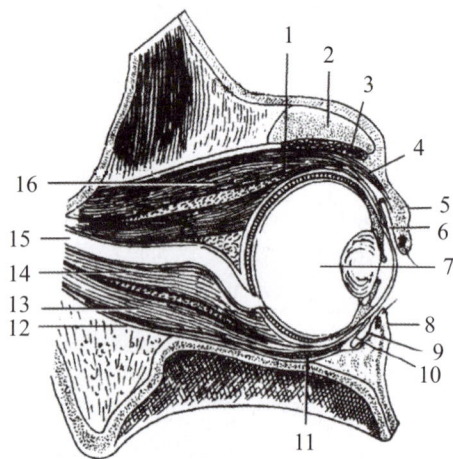

图10-10　眼球的辅助器官

1—眼球上斜肌；2—额骨眶上突；3—泪腺；
4—眼睑提肌；5—上眼睑；6—结膜囊；
7—玻璃体；8—下眼睑；9—睑结膜；10—球结膜；
11—眼球下斜肌；12—眶骨膜；13—眼球下直肌；
14—眼球退缩肌；15—视神经；16—眼球上直肌

（1）眼睑　是位于眼球前方的皮肤褶，俗称眼皮，分为上眼睑和下眼睑，有保护眼球免受伤害的作用。上、下眼睑之间的裂隙称为睑裂，其内外两端分别称为内侧角和外侧角。眼睑外面为皮肤，内面为睑结膜，中间为眼轮匝肌和睑板腺。内外两面移行部称睑缘，睑缘上长有睫毛。睑结膜为一薄层湿润而富有血管的膜，睑结膜折转覆盖于巩膜前部，称球结膜。睑结膜和球结膜之间的裂隙称结膜囊。睑板腺的导管开口于睑缘，分泌物有润泽睑缘的作用。眼轮匝肌收缩可闭合睑裂。位于上、下眼睑内侧角的透明皮褶称瞬膜，又称第三眼睑，呈半月形，常含有色素，内有一片软骨。第三眼睑无肌肉控制，仅在眼球被眼肌向后拉时压迫眼眶内组织使其被动露出。

（2）泪器　包括泪腺和泪道2部分。

① 泪腺　泪腺位于眼球背外侧与眶上突之间，有多条导管，开口于上眼睑结膜囊内。泪腺可分泌泪液，借眨眼运动分布到眼球表面，起湿润和清洁作用。

② 泪道　泪道是泪液排出的通道，由泪小管、泪囊和鼻泪管组成。泪小管为两条短管，起始于眼内侧角处的两个缝状小孔即泪点，汇于泪囊。泪囊为漏斗状的膜性囊，位于泪骨的泪囊窝内，为鼻泪管上端的膨大部。鼻泪管位于骨性鼻泪管中，沿鼻腔侧壁开口于鼻前庭，泪液在此随呼吸蒸发。鼻泪管受阻时，泪液不能正常排泄，而从睑缘溢出，长期可刺激眼睑发生炎症。

（3）眼眶和眶骨膜

① 眼眶（眶窝）　由额骨、泪骨、颧骨及颞骨所构成，具有保护眼的作用。

② 眶骨膜　包围着眼球、眼肌、血管、神经和泪腺。眶骨膜的内外间隙中填充有许多脂肪，与眶骨膜共同起着保护眼的作用。

（4）眼球肌　属于横纹肌，位于眶骨膜内，包括眼球退缩肌、眼球直肌和眼球斜肌。其内血管、神经丰富，故眼球运动灵活，且不易疲劳。

二、位听器官 - 耳

耳内含听觉感受器和平衡感受器，这两种感受器虽功能截然不同，但结构密切相关。耳可分为外耳、中耳和内耳3部分，外耳和中耳是收集和传导声波的部分，内耳则是兼具接受声波和平衡刺激的部分。

1. 外耳

外耳包括耳郭、外耳道和鼓膜3部分（图10-11）。

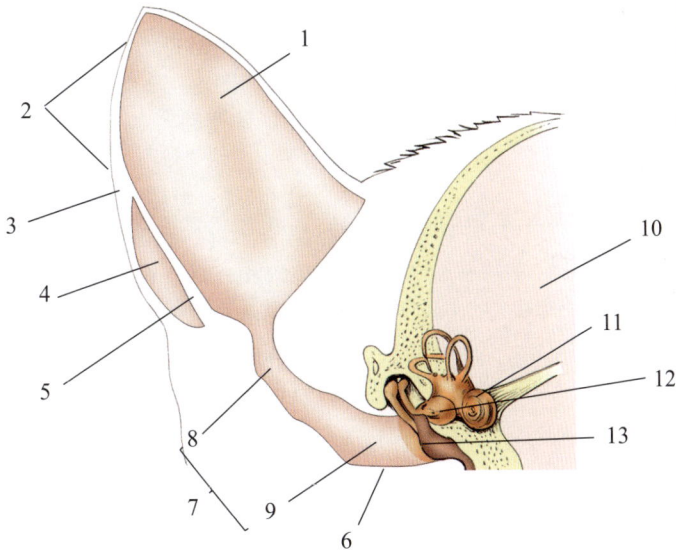

动画：犬耳朵
结构

图 10-11　外耳结构图

1—外耳；2—耳郭；3—外侧缘；4—皮肤边缘袋；5—耳郭软骨；6—环状软骨；7—外耳道；
8—垂直耳道；9—水平耳道；10—脑；11—内耳耳蜗；12—中耳；13—鼓膜

（1）耳郭　耳郭外面的隆凸称耳背，里面的凹陷称舟状窝，窝内的皮肤形成纵走的皱褶。耳郭以耳郭软骨为支架，内、外被覆皮肤，内面的皮肤上部长有长毛，基部毛少，包有脂肪垫，并附着有较发达的耳肌，包括耳郭内肌和耳郭外肌，使耳郭能作灵活运动，便于收集声波。

（2）外耳道　是从耳郭基部到鼓膜的管道，由外部的软骨性外耳道与内部的骨性外耳道两部分组成。软骨性外耳道以环状软骨为支架，外侧端与耳郭软骨相连，内侧端以致密结缔组织与岩颞骨外耳道相接；骨性外耳道即岩颞骨的外耳道，外口大，内口小，内口有鼓膜环沟。外耳道内面被覆皮肤，软骨性外耳道的皮肤具有短毛、皮脂腺和盯聍腺，盯聍腺是由汗腺演变而成的，与汗腺构造相似，能分泌盯聍，又称耳蜡。

（3）鼓膜　位于外耳道底部，在外耳道与中耳之间，周缘嵌在鼓膜环沟内，略向内凹陷，其内侧面附着于锤骨柄。鼓膜可分为三层，外层为外耳道皮肤的延续，中层为纤维层，内层为鼓室黏膜的延续。

2. 中耳

中耳包括鼓室、听小骨和咽鼓管3部分。

（1）鼓室　为岩颞骨内一个含气的小腔，内面被覆黏膜。其外侧壁以鼓膜与外耳道隔开，内侧壁以骨质壁或迷路壁与内耳隔开。鼓室的前下方通咽鼓管。

（2）听小骨　共有三块，由外向内依次为锤骨、砧骨和镫骨，彼此借关节相连形成听小骨链。一端以锤骨柄附着于鼓膜，另一端以镫骨底的环状韧带附着于前庭窗，使鼓膜和前庭窗连接起来。当声波振动鼓膜时，听小骨成一杠杆串连运动，使镫骨底在前庭窗上来回摆动，将声波的振动传到内耳。听小骨链的活动与鼓室的鼓膜张肌和镫骨肌有关，鼓膜张肌可紧张鼓膜，镫骨肌可调节声波振动时对内耳的压力。

（3）咽鼓管　又称耳咽管，连接咽腔和鼓室，其黏膜与咽及鼓室黏膜相延续。咽鼓管一端开口于鼓室前下壁，称咽鼓管鼓口；另一端开口于咽侧壁，称咽鼓管咽口，空气从咽腔经此管到鼓室，可以保持鼓膜内、外两侧大气压力的平衡，防止鼓膜被冲破。

3. 内耳

内耳又称迷路，位于岩颞骨的骨质内，在骨室与内耳道底之间，由构造复杂的管腔组成，是听觉和平衡（位）觉感受器的所在部位。内耳可分为骨迷路和膜迷路两部分，骨迷路由致密骨质构成；膜迷路为膜性结构，套在骨迷路内，形状与之相似（图10-12）。

（1）骨迷路　包括前庭、骨半规管和耳蜗3部分。

① 前庭　为位于骨迷路中部略膨大的腔隙。前庭的前部有一孔通耳蜗，后部有五个孔与三个骨半规管相连通。前庭的外侧壁即鼓室的内侧壁，有前庭窗和蜗窗；内侧壁即内耳道的底，其表面有一嵴称前庭嵴，嵴的前方有一小窝称球囊隐窝，嵴后方的窝较大，称椭圆囊隐窝。前庭内侧壁的后下方有前庭水管的内口。

② 骨半规管　位于前庭的后上方，为三个互相垂直的半环形管，根据其位置分别称为上半规管、后半规管和外半规管。骨半规管的一端膨大称壶腹，另一端称骨脚，上半规管与后半规管的脚合并为一总骨脚。

③ 耳蜗　位于前庭的前方，因形似蜗牛壳而

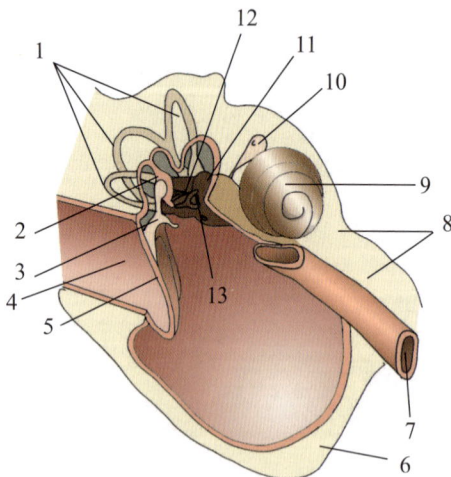

图10-12　内耳结构图

1—半规管；2—砧骨；3—锤骨；4—外耳道；5—鼓膜；6—鼓室；7—咽鼓管；8—颞骨；9—耳蜗；10—球囊；11—椭圆囊；12—镫骨；13—卵圆窗

得名。蜗底朝向内耳道，蜗顶朝向前外方。耳蜗由蜗轴和环绕蜗轴的耳蜗螺旋管构成，蜗轴位于中央，呈圆锥形，由骨松质构成，轴底有许多小孔供耳蜗神经通过。

（2）膜迷路　由椭圆囊、球囊、膜半规管和耳蜗管4部分组成。

① 椭圆囊　位于椭圆囊隐窝内，椭圆囊后壁与膜半规管相通，向前以椭圆球囊管与球囊相通，椭圆球囊管再发出内淋巴管，穿经前庭至脑硬膜间的内淋巴囊，内淋巴由此渗出至周围血管丛。椭圆囊内有椭圆囊斑，是平衡感受器。

② 球囊　位于球囊隐窝内，囊的下部以连合管通于耳蜗管，另一细管与椭圆球囊管相合形成内淋巴管，它通过前庭水管到脑硬膜两层之间的静脉窦。球囊内有球囊斑，也是平衡感受器。

③ 膜半规管　套于骨半规管内。在壶腹壁上有半月状隆起称壶腹嵴，是平衡感受器。

④ 耳蜗管　耳蜗管在耳蜗内，一端连于球囊，另一端在蜗顶处，为盲端。耳蜗管的断面呈三角形，位于前庭阶和鼓阶之间，顶壁为前庭膜，把前庭阶和膜耳蜗管隔开；外侧壁较厚，与耳蜗的骨膜结合；底壁由骨螺旋板和基底膜与鼓阶相隔，基底膜连于骨螺旋板与耳蜗螺旋管外侧壁之间，其上有螺旋器，又称科蒂氏器，是听觉感受器。

知识点四　神经系统生理及其功能

【知识目标】

1. 了解神经元与神经纤维的特性。

2. 认识突触的结构及突触传递机理。

3. 剖析神经系统的感觉分析功能。

4. 剖析神经系统对躯体和内脏运动的调节功能。

5. 明确反射弧的组成，鉴别条件反射与非条件反射的区别及在实践中的意义。

【技能目标】

能够应用条件反射的原理在实践中，进行专业驯导，帮助犬建立良好的习惯。

微课：神经系统的功能

【职业素养目标】

1. 培养勇于探究、勤于反思的学习态度。

2. 提升利用理论知识解决实际应用问题的实践创新能力。

犬的神经系统功能既与各器官系统的功能调节相关，还与内分泌及免疫功能关系密切。

一、神经元与神经纤维

神经系统的细胞主要为神经元（神经细胞）和神经胶质。

1. 神经元的基本结构和功能

神经元即神经细胞，是神经系统基本的结构与功能单位。大多数神经元的结构与典型的脊髓运动神经元的结构相仿，由胞体和突起组成（图10-13）。胞体的结构与一般细胞大体相似，由细胞核和细胞膜、细胞质组成；突起可分为树突和轴突，一个神经元可有一个或多个树突，但一般只有一个轴突，轴突起始的部分称为始段，没有髓鞘，始段以下的轴突才获得髓鞘，成为（有髓）神经纤维；如果轴突缺乏髓鞘，则称为无髓神经纤维。

神经元具有接受、整合和传递信息的功能。树突和胞体接收从其他神经元传来的信息，并进行整合，然后通过轴突将信息传递给另一些神经元或效应器。根据神经元的功能，可将其分为

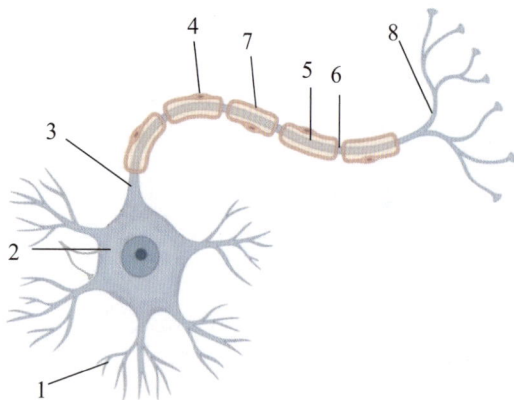

图 10-13 神经元模式图

1—树突；2—神经元胞体；3—轴突；4—施万细胞；
5—神经纤维；6—郎飞节；7—髓鞘；8—神经末梢

传入神经元（又称感觉神经元）、中间神经元（又称联络神经元）和传出神经元（又称运动神经元）3 种。如果按照对后继神经元的影响来分类，则可分为兴奋性神经元和抑制性神经元两种。

2. 神经纤维传导兴奋的一般特征

神经纤维的主要功能是传导动作电位，即传导神经冲动或兴奋。

（1）生理完整性　神经纤维只有在结构和生理机能上都完整时，才有传导冲动能力，这一特性称为神经纤维传导的生理完整性。如果神经纤维受损伤、被切断，或者被冷冻、压迫、麻醉药等因素作用时，其生理完整性也会受破坏，传导冲动能力随之消失。

（2）绝缘性　一条神经干中包含有很多数量的神经纤维，它们之间彼此绝缘，各条纤维上传导的冲动互不干扰，保证神经调节具有极高的精确性。

（3）双向传导性　人为刺激神经纤维上任何一点，所产生的冲动可沿纤维同时向两端传导。但在整体条件下，由于轴突总是将神经冲动由胞体传向末梢，表现为传导的单向性，这是由轴突的极性所决定的。

（4）不衰减性　神经纤维传导冲动时，具有不因传导距离的增大而使动作电位的幅度变小和传导速度减慢的特性，称为传导的不衰减性。它能保证调节作用的及时、迅速和准确。

（5）相对不疲劳性　试验条件下连续刺激神经数小时，神经纤维仍可保持传导冲动的能力，这说明神经纤维具有相对不疲劳性。

二、突触与突触传递

神经元之间没有原生质相连，它们之间的联系只靠彼此接触，即通过一个神经元的轴突末梢与其他神经元发生接触，并进行兴奋或抑制的传递，这些接触部位称为突触。神经冲动由一个神经元通过突触传到另一个神经元或肌肉等效应器的过程，称为突触传递。

1. 突触的分类

（1）按神经元联系部分分类　按神经元之间的联系部位，可分为 3 类。

① 轴-树型突触　前一个神经元的轴突与后一个神经元的树突相接触而形成突触。这类突触最为多见。

② 轴-体型突触　前一个神经元的轴突与后一个神经元的胞体相接而形成的突触。这类突触也较常见。

③ 轴-轴突触　前一个神经元的轴突与后一个神经元的轴突相接触而形成突触。这类突触较少见。

（2）按突触功能分类　按突触的功能可分为 2 类。

① 兴奋性突触　即突触的信息传递使突触后膜去极化，产生兴奋性的突触后电位。

② 抑制性突触　即突触的信息传递使突触后膜超极化，产生抑制性的突触后电位。

（3）按突触传递方式分类　按突触传递信息的方式也可分为 2 类。

① 化学性突触　它依靠突触前神经元末梢释放特殊化学物质作为信息传递的媒介来影响突触后神经元。

② 电突触　它依靠突触前神经元的生物电和离子交换直接传递信息来影响突触后神经元。

2. 突触的结构

用电子显微镜观察一个经典的突触包括突触前膜、突触间隙和突触后膜3部分（图10-14）。

（1）突触前膜　突触前神经元的轴突末梢首先分成许多小支，每个小支的末梢部分膨大呈球状而为突触小体，贴附在下一个神经元的胞体或树突的表面。突触小体外面有一层突触前膜包裹，比一般神经元膜稍厚，突触小体内部除含有轴浆外，还有大量线粒体和突触小泡。突触小泡内含有兴奋性介质或抑制性介质。

（2）突触间隙　它是突触前膜和后膜之间的间隙，内有黏多糖和黏蛋白。

（3）突触后膜　指与突触前膜相对的后一种神经元的树突、胞体或轴突膜。突触后膜比一般神经元膜稍厚，上有相对应的特异性受体。

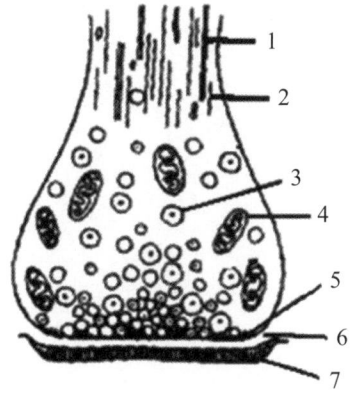

图10-14　突触结构示意图
1—微管；2—微丝；3—突触小泡；
4—线粒体；5—突触前膜；
6—突触间隙；7—突触后膜

3. 突触传递过程

当突触前神经元的兴奋传到神经末梢时，突触前膜发生去极化，前膜上电压门控 Ca^{2+} 通道开放，细胞外 Ca^{2+} 进入突触前末梢内，使一定数量的突触小泡与前膜紧贴融合，发生胞裂，小泡内的递质释放到突触间隙，扩散到达突触后膜，与后膜上特异性受体结合，引起后膜对某些离子通透性的改变，从而引起后膜的膜电位发生去极化或超极化，这种突触后膜上的电位变化称为突触后电位，包括兴奋性突触后电位和抑制性突触后电位。

（1）兴奋性突触后电位　突触前膜释放兴奋性递质（如乙酰胆碱或去甲肾上腺素等），作用于后膜上的特异性受体时，引起后膜 Na^+ 和 K^+ 化学门控通道开放。由于 Na^+ 的内流量大于 K^+ 的外流量，所以发生净的正离子内流，使突触后膜发生局部去极化，突触后神经元的兴奋性提高，故称为兴奋性突触后电位（EPSP）。

（2）抑制性突触后电位　突触前神经末梢兴奋时释放抑制性递质（如甘氨酸），与突触后膜上特异性受体结合后，可提高后膜对 Cl^- 和 K^+ 的通透性，尤其是对 Cl^- 通透的化学门控通道开放，由于 Cl^- 的内流和 K^+ 的外流，突触后膜发生局部超极化，进而降低了突触后神经元的兴奋性，故称之为抑制性突触后电位（IPSP）。

在中枢神经系统中，一个神经元常与其他多个神经末梢构成突触联系。在这些突触中，有的是兴奋性突触，有的是抑制性突触，突触后神经元的变化性质最终取决于同时产生的 EPSP 与 IPSP 的代数和，如果 EPSP 占优势并达到阈电位水平时，突触后神经元呈现兴奋状态；反之后神经元则呈现抑制状态。

4. 突触传递的特征

（1）单向传递　突触传递冲动只能由突触前神经元传向突触神经元的胞体或突起，不能逆向传递。因为只有突触前膜才能释放递质，兴奋只能由传入神经元经中间神经元，传向传出神经元，使整个神经系统活动能有规律进行。

（2）突触延搁　突触传递以递质为中介，需经历递质的释放、扩散及对突触后膜的作用等过程，需要耗费较长时间，称为突触延搁。

（3）总和作用　突触前膜传来一次冲动及其引起递质释放的量，一般不足以使突触后神经元产生动作电位。如果同一突触前神经末梢连续传来一系列冲动，或许多突触前末梢同时传来一排冲动，都可以释放较多的递质，当产生的兴奋性突触后电位逐渐积累达到阈值时，就能激发突触后神经元产生动作电位，这种现象即称兴奋总和作用。同样，在抑制性突触后膜也可以发生抑制总和。

（4）对内环境变化的敏感性　突触部位最易受内环境变化的影响。缺氧、酸碱度升降、离子浓度变化等均可改变突触传递冲动的能力。例如，急性缺氧可使神经元完全丧失兴奋性，导致传导障碍，较持久的缺氧甚可引起神经元死亡。

（5）对某些化学物质的敏感性　部分中枢性药物的作用部位在突触。有些药物能阻断或加强突触传递，如咖啡碱和茶碱可以提高突触后膜对兴奋性递质的敏感性；而士的宁则阻遏某些抑制性递质对突触后膜的作用，可导致神经元过度兴奋；各种受体激动剂或阻断剂可直接作用于突触后膜受体而发挥生理效应。

三、神经递质和受体

1. 神经递质

是指由突触前神经元合成并由其末梢释放，经突触间隙扩散，特异性地作用于突触后神经元或效应器细胞上的受体，引致信息从突触前传递到突触后的一些化学物质。根据其产生部位可分为中枢神经递质和外周神经递质。

（1）中枢神经递质　由中枢神经系统的神经元合成。主要有乙酰胆碱、生物胺类、氨基酸类和肽类。脊髓腹角运动神经元、脑干网状结构前行激动系统、大脑基底神经节等部位的一些神经元，均以乙酰胆碱作为神经递质，多数呈现兴奋作用。生物胺类包括肾上腺素、去甲肾上腺素、多巴胺等。

（2）外周神经递质　由周围神经系统的神经元合成。主要有乙酰胆碱、去甲肾上腺素和肽类。

① 乙酰胆碱　凡是释放乙酰胆碱作为递质的神经纤维，称为胆碱能纤维。主要分布在所有植物性神经的节前纤维、大多数副交感神经的节后纤维、少数交感神经的节后纤维以及躯体运动神经纤维等部位。

② 去甲肾上腺素　以去甲肾上腺素作为递质的神经纤维，称为肾上腺素能纤维。主要分布在大部分交感神经节后纤维等部位。

③ 肽类　凡释放肽类物质作为递质的神经纤维称为肽能纤维，主要分布于胃肠道、心血管、呼吸道、泌尿道等器官。特别是胃肠道的肽能神经元，能释放多种肽类递质，主要包括降钙素基因相关肽、血管活性肠肽、胃泌素、胆囊收缩素、脑啡肽、强啡肽和生长抑素等。

2. 受体

是指细胞膜或细胞内能与某些化学物质发生特异性结合并诱发生物效应的蛋白质分子。受体不仅存在于突触后膜，可与特定的递质结合产生相应的生理效应，而且也存在于突触前膜，可对递质的合成、释放等过程起调控作用。

（1）胆碱能受体　胆碱能受体有两类。一类是毒蕈碱受体，简称 M 受体，广泛存在于绝大多数副交感神经节后纤维支配的效应器细胞上，可产生一系列副交感神经兴奋的效应，包括心脏活动的抑制、支气管平滑肌、胃肠平滑肌、膀胱逼尿肌和瞳孔括约肌的收缩以及消化腺分泌的增加等，这种效应称毒蕈碱样效应，又称 M 样作用，该作用可被受体拮抗剂阿托品阻断。另一类为烟碱受体，简称 N 受体，N 受体又分为 N_1、N_2 受体两个亚型，存在于交感和副交感神经节神经元的突触后膜和神经肌肉接头处的终板膜上，发生的效应是节后神经元和骨骼肌的兴奋，这种效应称烟碱样作用，又称 N 样作用。

（2）肾上腺素能受体　这种受体可分为 α 和 β 两种类型。α 受体又可分为 $α_1$ 和 $α_2$ 受体两个亚型。β 受体分为 $β_1$ 受体、$β_2$ 受体和 $β_3$ 受体三个亚型。肾上腺素能受体的分布及效应见表 10-3。

表10-3　肾上腺素能受体的分布及效应

效应器	受体	效应
瞳孔散大肌	α	收缩（扩瞳）
睫状肌	β	舒张
心脏	β	心率加快、传导加速、收缩加强
冠状动脉	α、β（主要）	收缩、舒张（舒张为主）
骨骼肌血管	α、β（主要）	收缩、舒张（舒张为主）
皮肤血管	α	收缩
脑血管	α、β（主要）	收缩、舒张（舒张为主）
肺血管	α	收缩
腹腔内脏血管	α（主要）、β	收缩、舒张（除肝血管外收缩为主）
支气管平滑肌	β	舒张
胃平滑肌	β	舒张
小肠平滑肌	α、β	舒张
胃肠括约肌	α	收缩

四、神经系统的感觉分析功能

感觉是神经系统反映机体内、外环境变化的一种特殊功能。内、外环境各种刺激首先由感受器感受，然后将它们转换为神经冲动，经神经传导通路，传向中枢，经中枢分析综合后，最后抵达大脑皮层的特定部位，产生相应的感觉。神经系统的感觉功能主要由感觉投射系统组成。

微课：脊髓的感觉传导功能

1. 特异投射系统

丘脑的感觉接替核接受躯体各种特异性感觉传导通路（如视、听觉，皮肤、深部躯体痛觉）来的冲动，再通过纤维投射到大脑皮层的特定区域，产生特定感觉，称为特异投射系统，丘脑的联络核也属于此系统。特异性投射系统的功能是传递精确的信息到大脑皮层引起特定的感觉，并激发大脑皮层发出传出神经冲动。

2. 非特异投射系统

非特异性传入系统的传入冲动来自各种不同的感受器。它们在网状结构中经过复杂的突触联系，然后进一步弥散性投射到大脑皮层的广泛区域。所以，这一感觉投射系统失去了专一的特异性感觉传导功能。非特异性投射系统主要起着两种作用，一是激动大脑皮层的兴奋活动，使机体处于觉醒状态，所以该系统又称为脑干网状结构的上行激动系统；二是调节皮层各感觉区的兴奋性，使各种特异性感觉的敏感性提高或降低。

大脑皮层产生感觉有赖于特异性和非特异性两个系统的互相配合。只有通过非特异性投射系统的冲动，才能使大脑皮层的各感觉区保持一定的兴奋性，同时，只有通过特异性投射系统的各种感觉冲动，才能在大脑皮层产生特定的感觉。

五、大脑皮层的感觉分析功能

各种感觉传入冲动最终都必须到达大脑皮层，在大脑皮层内进行信息加工和分析，产生相应的感觉。不同感觉在大脑皮层内有不同的代表区。

1. 躯体感觉区

位于大脑皮层的顶叶，全身的浅感觉和深感觉的冲动，经丘脑都投射到此区。身体各部在躯体感觉区的投影，除头、面部外均为左右交叉和前后倒置排列，而且感觉功能越精细，所占的区域范围也越大。

2. 感觉运动区

位于中央前回，它与外周神经联系是对侧性的。

3. 内脏感觉区

该区的投射范围较为弥散，并与躯体感觉区有一定的重叠。如前腹部内脏的传入与躯干区重叠，盆腔的传入则投射于后肢代表区。此外，边缘系统的皮层部位也是内脏感觉的投射区。

4. 特殊感觉区

（1）视觉区　位于皮层的枕叶。此区接受视网膜传入的冲动，再通过特定的纤维，投射到此区的一定部位。

（2）听觉区　位于皮层的颞叶。听觉的投射是双侧的，即一侧皮层的代表区接受来自双侧耳蜗的传入投射，但与对侧的联系较强。

（3）嗅觉区与味觉区　嗅觉在大脑皮层的投射区随着进化而缩小。在高等动物只存在于边缘皮层的前底部区；味觉区在中央后回面部感觉投射区的下方。

六、神经系统对躯体运动的调节

1. 脊髓对躯体运动的调节

脊髓是躯体运动的基本反射中枢，通过脊髓可以完成一些较简单的反射活动，包括牵张反射、屈肌反射和交叉伸肌反射等。

（1）牵张反射　有完整神经支配的骨骼肌在受外力牵拉伸长时，能反射性地引起被牵拉的同一肌肉收缩，称为牵张反射。牵张反射有两种类型，即腱反射和肌紧张。

① 腱反射　是指快速牵拉肌腱时引起的牵张反射，表现为被牵拉肌肉迅速而明显的缩短。例如叩击跟腱引起腓肠肌收缩的跟腱反射，就是一种典型的腱反射。

② 肌紧张　是指缓慢、持续牵拉肌腱时引起的牵张反射，表现为受牵拉的肌肉发生微弱而持久的收缩，以阻止其被拉长。肌紧张是保持身体平衡和维持姿势最基本的反射活动，也是进行各种复杂运动的基础。动物站立时，支持体重的关节因重力作用而趋向于弯曲，从而使伸肌肌腱受到持续的牵拉，引起被牵拉的肌肉发生收缩，以对抗重力引起的关节屈曲，从而维持站立姿势。

（2）屈肌反射与交叉伸肌反射　肢体皮肤受到伤害性刺激时，常引起受刺激侧肢体的屈肌收缩，而伸肌舒张，肢体屈曲，称为屈肌反射。屈肌反射可使受损伤的肢体避开伤害性刺激，具有保护性意义。屈肌反射的强弱与刺激强度有关，当刺激增大到一定强度时，在同侧肢体屈曲反射的同时，还出现对侧肢体伸直的反射活动，称为对侧伸肌反射。

2. 脑干对肌紧张和姿势的调节

（1）脑干网状结构对肌紧张的调节　脑干网状结构是指从延髓、脑桥、中脑内侧全长直到间脑这一脑干中央部分的广大区域，有许多散在的神经元以短突起相互形成突触联系，交织成网状的部位。其中具有抑制肌紧张和肌肉运动的区域，叫抑制区。脑干网状结构还有加强肌紧张和肌肉运动的区域，称为易化区。

（2）去大脑僵直　在中脑水平切断动物的脑干，动物立即出现全身性的肌紧张亢进，四肢僵直，脊柱硬挺，头向后仰，尾部翘起，躯体呈角弓反张姿势，称之为去大脑僵直。去大脑僵直的成因主要有 2 个方面，一是来自皮层抑制区和纹状体的抑制作用被解除，使原先被抑制的牵张反射得到加强；二是不断传向脊髓的易化性作用相对加强。

3. 小脑对躯体运动的调节

小脑是躯体运动调节的重要中枢。它与脑的其他部位主要通过 3 条途径发挥对躯体运动的调节作用。

（1）维持身体平衡　主要是小脑绒球小结叶的功能。其反射途径为：前庭器官→前庭核→绒球小结叶→前庭核→脊髓运动神经元→骨骼肌，通过调节躯体各部肌肉的紧张性，来维持身体平衡。

（2）调节肌紧张　主要是小脑前叶的功能。前叶有抑制伸肌紧张的作用，反射的传入冲动主要来自肌肉和关节的本体感受器，经脊髓小脑束传到小脑皮层。

（3）协调随意运动　是新小脑的主要功能，主要是通过两条反馈环路实现的：① 大脑皮层运动区→脑桥→小脑→红核→丘脑外侧核→再返回大脑皮层运动区。② 来自肌肉、肌腱等处的本体感受器的兴奋→脊髓小脑束→小脑→红核→丘脑→大脑皮层运动区。小脑接受传入信号，整合后通过反馈环路返回皮层运动区，以随时纠正它们的活动机能，从而保证躯体运动的协调性和准确性。

4. 大脑皮层对躯体运动的调节

大脑皮层是中枢神经系统控制和调节躯体运动的最高级中枢，它对躯体运动的调节主要是通过锥体系统和锥体外系统来实现的。大脑皮层的某些区域与骨骼肌运动有密切关系，这个部位叫皮层运动区。

（1）锥体系统及其功能　锥体系统一般是指由大脑皮层发出、经内囊和延髓锥体后行到达脊髓腹角的锥体束（或称皮层脊髓束）和由大脑皮层发出、经内囊抵达脑干内各脑神经运动元的皮层脑干束。锥体系统的功能是保持运动的协调性。

（2）锥体外系及其功能　锥体外系是指锥体系以外的调节躯体运动的后传系统，主要功能是调节肌紧张、协调肌群的运动，以保持正常姿势。

七、神经系统对内脏活动的调节

1. 交感和副交感神经的特征

从中枢神经系统发出的植物性神经并不直接达到效应器官，途中必须在神经节中更换一次神经元。由脑和脊髓发出到神经节的纤维叫节前纤维，由节内神经元发出终止于效应器的纤维叫节后纤维。支配肾上腺髓质的交感神经为一例外，相当于交感节前纤维。交感神经的节前纤维较短，而节后纤维相对较长；副交感神经的节前纤维较长，而节后纤维较短。

交感神经起自脊髓胸腰段灰质侧角的中间外侧柱，分布较广泛，几乎全身所有内脏器官都受其支配。副交感神经的分布较局限，某些器官还不具有副交感神经支配，例如皮肤和肌肉的血管、汗腺、竖毛肌、肾上腺髓质、肾脏等。

2. 交感和副交感神经的功能特点

交感神经和副交感神经对各器官的调节功能见表10-4。

表 10-4　植物性神经的主要功能

器官	交感神经	副交感神经
心血管	心搏加快、加强，腹腔脏器血管、皮肤血管、唾液腺与外生殖器血管收缩，肌肉血管收缩或舒张	心搏减慢、收缩减弱，分布于软脑膜与外生殖器的血管舒张
呼吸器官	支气管平滑肌舒张	支气管平滑肌收缩，黏液腺分泌
消化器官	分泌黏稠唾液，抑制胃肠运动，促进括约肌收缩，抑制胆囊运动	分泌稀薄唾液，促进胃液、胰液分泌，促进胃肠运动，括约肌舒张，胆囊收缩

器官	交感神经	副交感神经
泌尿、生殖器官	逼尿肌舒张，括约肌收缩，子宫（有孕）收缩和子宫（无孕）舒张	逼尿肌收缩，括约肌舒张
眼	瞳孔放大，睫状肌松弛，上眼睑平滑肌收缩	瞳孔缩小，睫状肌收缩，促进泪腺的分泌
皮肤	竖毛肌收缩，汗腺分泌	—
代谢	促进糖的分解，促进肾上腺髓质分泌	促进胰岛素的分泌

（1）对同一效应器的双重支配　除少数器官外，一般组织器官都接受交感和副交感神经的双重支配。两者的作用往往是相拮抗的，如迷走神经对心脏具有抑制作用，而交感神经对心脏则具有兴奋作用；又如迷走神经能增强小肠平滑肌运动；而交感神经则抑制其活动。有时交感和副交感神经也表现为协同作用，例如交感神经、副交感神经都能引起唾液分泌，交感神经兴奋可使唾液分泌少量较稠的唾液；而副交感神经兴奋则能引起分泌大量稀薄的唾液。

（2）紧张性作用　植物性神经对效应器的支配一般表现为紧张性作用。例如切断心迷走神经，心率即加快；切断心交感神经，心率则减慢，说明两种神经对心脏的支配都具有紧张性作用。

（3）效应器所处功能状态的影响　植物性神经的外周作用与效应器本身的功能状态有关。例如胃幽门如果原来处于收缩状态，刺激迷走神经能使之舒张；如果原来处于舒张状态，则刺激迷走神经能使之收缩。

（4）对整体生理功能调节的意义　在环境急骤变化的条件下，交感神经可以动员机体许多器官的潜在功能以适应环境的急变。例如在剧烈肌肉运动、缺氧、失血或寒冷环境等情况下，机体出现心律加速、皮肤与腹腔内脏血管收缩、血液储存库排出血液、血压升高、支气管扩张、肝糖原分解加速、血糖浓度上升以及肾上腺素分泌增加等生理功能的变化。副交感神经协调活动主要在于保护机体、休整恢复、促进消化、积蓄能量以及加强排泄和生殖功能等方面。例如在相对静止状态下，副交感神经的活动相对增加，此时心脏活动抑制，瞳孔缩小，消化功能增加以促进营养物质吸收和能量补充等。

八、神经活动的基本方式及条件反射

1. 反射的概念

反射是神经系统活动的基本形式，是指在中枢神经系统的参与下，机体对内、外环境刺激的规律性应答。从最简单的眨眼反射到复杂的行为表现，都是反射活动。

微课：神经活动的基本方式及条件反射

2. 反射弧的组成

反射的结构基础和基本单位是反射弧。反射弧包括感受器、传入神经、反射中枢、传出神经和效应器五个组成部分。感受器一般是神经组织末梢的特殊结构，是一种换能装置，可将所感受的各种刺激的信息转变为神经冲动。反射中枢是中枢神经系统内调节某一特定生理功能的神经细胞群。效应器是指产生效应的器官，如骨骼肌、平滑肌、心肌和腺体等。在自然条件下，反射活动需要反射弧的结构和功能保持完整，如果反射弧中任何一个环节中断，反射活动将不能发生。

3. 反射活动

可分为非条件反射和条件反射。非条件反射是通过遗传获得的先天性反射活动，条件反射是后天获得的，是脑的高级神经活动。

（1）条件反射的形成　在动物实验中，喂犬食物时能引起犬分泌唾液，这是非条件反射，

食物是非条件刺激。而给犬以铃声刺激不会引起唾液分泌，因为铃声与食物无关，这种情况下铃声称为无关刺激。但是如果每次给犬喂食物之前先出现一次铃声，然后再给予食物，这样多次结合以后，当铃声一出现，动物就会出现唾液分泌。铃声本来是无关刺激，现在已成为进食的信号，因此称信号刺激或条件刺激。这种由条件刺激引起的反射即称为条件反射。

综上所述，条件反射的建立需要的条件包括无关刺激与非条件刺激在时间上的多次结合；无关刺激必须出现在非条件刺激之前或同时。此外，生理状态与周围的环境也与其建立有密切的关系，动物要健康、清醒、保持良好食欲状态，环境要避免嘈杂干扰等。

（2）条件反射的消退　条件反射建立以后，如果只反复应用条件刺激而不用非条件刺激强化，条件反射就会逐渐减弱，最后完全不出现，这种现象称为条件反射的消退。例如铃声与食物多次结合应用，使犬建立条件反射；然后，再反复单独应用铃声而不给予食物，即不强化，则铃声引起的唾液分泌量会逐渐减少，最后完全不能引起分泌。条件反射的消退是由于在不强化的条件下，原来引起唾液分泌的条件刺激转化为引起中枢发生抑制的刺激。

（3）条件反射的生理意义　条件反射的建立意味着机体不仅能对某一具体刺激做出反应，而且也能对预示这一刺激即将出现的信号做出反应，即在条件反射形成后，动物能在非条件刺激出现之前，从周围环境中找出有信号意义的刺激，并对它做出适当反应。例如依靠食物的条件反射，宠物不再是消极地等待食物进入口腔，而是可以根据食物的形状或气味主动地去寻找食物，同时，在食物进入口腔前，消化腺的分泌已为消化食物做好准备；或在伤害性刺激未作用于机体之前就主动躲避等。可见，条件反射能扩大动物对外界刺激做出反应的范围，提高机体行为的预见性，使动物能更好地适应复杂变化着的生存环境。运用条件反射形成的原理，在生产实践中可以利用各种方法使动物形成如日常行为、固定饲养、定点排粪排尿等各种各样的条件反射，可以提高动物的生产能力和工作效率。

总之，机体对内、外环境的反射性适应是通过非条件反射和条件反射的复杂反射活动来实现的。非条件反射适应恒定的环境，而条件反射则随环境的变化，不断地消退不适于生存的旧条件反射，而建立新的条件反射。从进化的观点出发，动物越是高等，形成条件反射的能力越强，对环境的适应能力也越强。

目标检测

1. 利用思维导图总结神经系统及脊髓内部构造组成。
2. 总结脑脊膜及其构成的腔的从外至内的结构。
3. 利用思维导图总结外周神经系统组成。
4. 利用思维导图总结脊神经的分布种类及数目。
5. 填充 12 对脑神经口诀。
一__二__三___，四__五__六___，七__八__九___，十__一__舌___。
6. 总结植物性神经的种类及分布思维导图。
7. 列表对比总结神经纤维和突触传递兴奋的特点。
8. 总结神经系统的感觉分析功能，神经系统对躯体和内脏运动的调节功能。
9. 画图分析突触的类型及结构；绘制突触传递机理概念图。
10. 列表总结神经系统的感觉分析功能和对躯体和内脏运动的调节功能。
11. 简述条件反射的建立及实践意义。
12. 完成《宠物解剖生理填充图谱》中模块十内容。

在线答题

11

模块十一

内分泌系统

知识点一　内分泌系统的组成

【知识目标】
    1. 描述下丘脑和垂体的位置及结构。
    2. 指出甲状腺和甲状旁腺的位置和结构及肾上腺和胰岛的位置和结构。

【技能目标】
    1. 能找到内分泌器官的体表投影位置。
    2. 能画出下丘脑和垂体的解剖结构图。

【职业素养目标】
    培养空间想象能力和观察能力，提升认知和记忆能力。

　　内分泌系统是内分泌腺和分散存在于某些组织器官中的内分泌细胞共同组成的一个信息传递系统，是机体重要的调控系统之一。内分泌腺是指由功能相同的腺上皮细胞聚集在一起形成没有导管的腺体（又称无管腺），其分泌物由腺细胞直接分泌入体液，再传递给特定的器官、组织或细胞，来活化或抑制其生理反应，是以体液为媒介在体内传播信息的。

一、内分泌器官的形态结构

　　内分泌系统由独立的内分泌腺和内分泌细胞组成，主要的内分泌腺包括甲状腺、甲状旁腺、肾上腺、垂体、胰岛和性腺等。内分泌腺的结构特点是没有导管，也称无管腺；内分泌腺具有丰富的淋巴管及血管，腺细胞排列成索状、网状、泡状或团块状；内分泌腺的分泌物为化学物质。

1. 垂体

　　垂体略呈扁圆形，位于颅底蝶骨的垂体窝中，借漏斗连于丘脑下部。垂体可分为腺垂体和神经垂体两大部分。腺垂体又分为远侧部、结节部和中间部；神经垂体又分为神经部和漏斗部。通常将远侧部和结节部称为垂体前叶，中间部和神经部称为垂体后叶（图11-1）。垂体是体内最重要的内分泌腺，结构复杂，所能分泌的激素种类也比较多，作用更是广泛，并且与其他内分泌腺有着密切的生理联系。

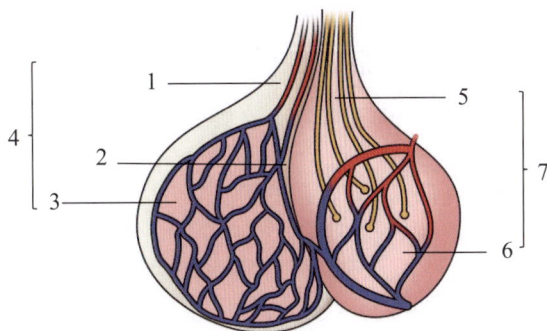

图 11-1　垂体结构图
1—结节部；2—中间部；3—远侧部；4—腺垂体；
5—漏斗部；6—神经部；7—神经垂体

2. 甲状腺和甲状旁腺

　　（1）甲状腺　位于喉的后部，气管前端两侧，呈红褐色或黄褐色，由左、右两个侧叶和中间的峡部构成。大型犬峡部宽度可达1cm，中小型犬常无峡部。甲状腺表面有一层薄的致密结缔组织被膜，被膜伸入腺体内将实质分成许多小叶，在小叶中含有大小不一的圆形腺泡，腺泡周围由基膜和少量结缔组织围绕，并有丰富的毛细血管和淋巴管。甲状腺内还有内分泌细胞，称滤泡旁细胞，常单个或成群分布于腺泡之间，能产生降钙素。

　　（2）甲状旁腺　犬的甲状旁腺位于甲状腺的前端或包理于甲状腺内。

3. 肾上腺

　　肾上腺，一对，位于肾的前内侧，外包被膜，其实质可分为外层的皮质和内层的髓质两部分。皮质呈黄色，可分泌多种激素，参与调节机体的水盐代谢和糖代谢等；髓质呈灰色或肉色，分泌肾上腺素和去甲肾上腺素，其机能相当于交感神经的作用，能使心跳加快，心肌收缩力加强，血压升高。

（1）皮质　由外向内分为以下 3 部分。

① 球状带　此区细胞排列不规则，分泌类固醇类激素，参与调节体内的水盐代谢，故称盐皮质激素。

② 束状带　细胞呈条索状排列，分泌皮质醇，参与体内的糖代谢的调节，故称为糖皮质激素。

③ 网状带　细胞索互相吻合成网，分泌雄性激素和雌性激素。

（2）髓质　由不规则的细胞索和窦状隙组成，直接受交感神经节前纤维支配，分泌肾上腺素与去甲肾上腺素，不同种动物的髓质分泌的这两种激素的比例也不同，同一种成年动物分泌的肾上腺素常常多于去甲肾上腺素。

4. 胰岛

胰腺位于十二指肠的"U"形曲内，由胰腺的腺泡组成，主要分泌胰酶进入十二指肠参与动物体小肠内的消化过程。散在于胰腺腺泡（外分泌腺）之间的一些大小不等、形状不定的胰腺组织中的细胞群，形成内分泌的小岛，称为胰岛，主要分泌胰岛素和胰高血糖素，直接进入血液。

微课：胰腺的结构

5. 性腺

性腺是雄性的睾丸和雌性的卵巢的统称。睾丸和卵巢有分泌性激素的内分泌细胞，其具体结构见第九章生殖系统的结构。

6. 松果体

松果体又称脑上腺，是红褐色卵圆形小体，位于四叠体与丘脑之间，以柄连于丘脑上部。主要由松果体细胞和神经胶质细胞构成，外面包有脑软膜，随年龄的增长松果体内的结缔组织增多，成年后不断有钙盐沉着，形成大小不等的颗粒，称为脑砂。

二、下丘脑的结构

下丘脑虽不属于内分泌腺，但与内分泌腺有着密切的联系。下丘脑位于丘脑腹侧，构成第三脑室侧壁，其内包含多个灰质核团，如视上核、室旁核、视交叉、乳头体、垂体、漏斗等。下丘脑面积虽小，但接受很多神经冲动，故为内分泌系统和神经系统的中心。一方面，下丘脑内视上核、室旁核等的轴突投射到神经垂体，其分泌物也在神经垂体内储存；另一方面，下丘脑分泌的多种神经肽通过垂体门脉系统到达腺垂体，对腺垂体的分泌活动进行调节，从而组成下丘脑 - 垂体 - 性腺轴、下丘脑 - 垂体 - 肾上腺轴等，影响整个内分泌系统。

知识点二　内分泌系统的功能

【知识目标】

1. 归纳激素的分类及功能。
2. 说明下丘脑分泌的激素及功能。
3. 列举各内分泌器官分泌的激素及功能。

【技能目标】

能够识别各激素的功能及其靶器官。

【职业素养目标】

1. 培养勤于反思、乐学善学的学习习惯。
2. 培养深度探究微观结构及功能的科学态度。

微课：激素的作用机制

内分泌是动物完成体液调节的主体。内分泌与各器官系统的功能调节关系十分密切，是宠物养护与疾病防治，尤其是与营养代谢及繁殖等相关的技术的基础。

一、激素的分类与功能

1. 激素的定义

内分泌腺体或散在的内分泌细胞分泌的高效能生物活性物质，称为激素。激素经过细胞分泌后通过血液循环运输到全身各部位，作用于受体，促进或抑制生理反应，来调节细胞和组织的生理活动。通常把激素作用的细胞、组织或器官称为靶细胞、靶组织或靶器官。

2. 激素的分类

激素的种类繁多，来源复杂，按其化学本质可分为以下几类。

（1）含氮类激素　包括胺类激素、蛋白质激素和肽类激素。胺类激素有甲状腺激素和儿茶酚胺等；蛋白质激素和肽类激素种类有促性腺激素释放激素、促卵泡素等。

（2）类固醇激素　主要有雄激素、雌激素、孕激素、糖皮质激素和盐皮质激素等。

（3）脂肪酸衍生物激素　只有前列腺素。

3. 激素的作用原理和特点

（1）激素的作用原理　含氮类激素、肽类和蛋白质激素分子较大，且不能溶解于脂类，因此无法直接通过靶细胞质膜进入细胞。当激素达到靶细胞时，首先与细胞膜上的受体结合，形成激素受体复合物，并通过 G 蛋白激活细胞内腺苷酸环化酶，催化 ATP 生成环—磷酸腺苷而发挥调节作用（图 11-2）。

类固醇激素分子较小且易溶于脂类，当其到达靶细胞时，可穿过细胞膜进入细胞内，与胞浆中的特异受体结合成激素 - 胞浆受体复合物，发生构型变化后进入细胞核，与细胞核内的核受体结合成有活性的激素受体复合物（活性复合物）。活性复合物附着于 DNA 上，启动 DNA 的转录过程，从而促进 mRNA 的形成。mRNA 转入细胞质后，与核糖体结合，诱导新蛋白质的生成。新生成的蛋白质或酶参与生理活动过程，辅助激素作用（图 11-3）。

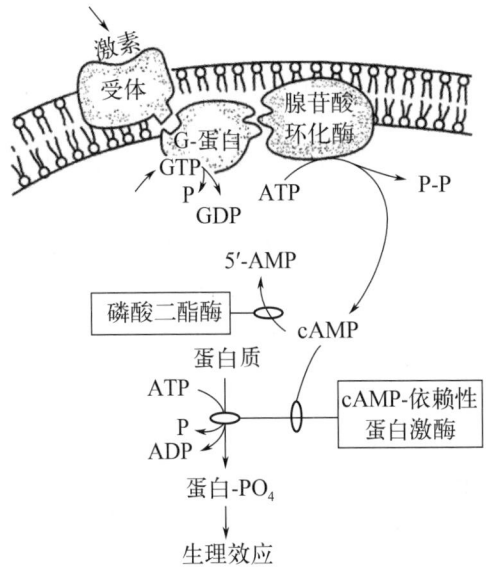

图 11-2　含氮类激素的作用机制模式图

（2）激素的作用特点

① 激素不参加具体的代谢过程，只对特定的代谢和生理过程起调节作用，使靶器官、靶组织或靶细胞的功能加强或减弱，改变物质代谢反应的强度和速度，从而使机体的活动更能适应于内外环境的变化。

② 激素在体内含量均极微，但调节作用极强。

③ 各种激素的作用都有一定的特异性，不同的组织细胞对不同的激素反应不同。

④ 激素分泌的速度和发挥作用的快慢均不一致，如肾上腺素在数秒就能发生效应；胰岛素较慢，需要数小时；甲状腺素则更慢，需要几天。

⑤ 激素在体内可通过水解、氧化、还原或结合等代谢而失去活性或被排出体外。

⑥ 各种激素之间是相互联系、相互影响的，有的激素之间存在协同作用，有的激素之间互相拮抗。

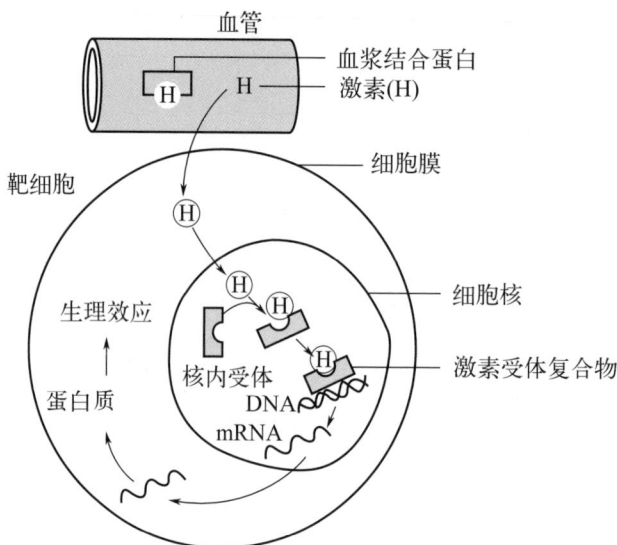

图 11-3　类固醇激素的作用机制模式图

4. 激素的一般功能

激素是一种高效能的生物活性物质，其主要的生理作用如下。

（1）调节代谢　调节蛋白质、糖和脂肪等物质的代谢与水盐代谢，维持代谢的平衡，为生理活动提供能量，促进细胞的分裂与分化。

（2）调节生长发育　促进各组织、器官的正常生长、发育及成熟，影响衰老过程；影响神经系统的发育及其活动；促进生殖器官的发育与成熟，调节生殖过程。

5. 激素分泌的调节

激素分泌受神经和体液因素的双重调节。

（1）神经调节　内、外环境发生变化的信号传入中枢神经系统，经整合后可直接或间接地调节激素的分泌。

（2）体液调节　主要分为激素的反馈调节和代谢物的反馈调节。反馈调节是内分泌系统的重要调节方式，激素通过反馈机制可以对促其分泌的促激素或分泌激素的细胞进行调节。内分泌系统的反馈调节主要是负反馈调节。

二、内分泌器官的功能

1. 垂体分泌的激素及其功能

垂体可分为腺垂体和神经垂体两部分，二者功能有所不同。

（1）腺垂体分泌的激素及其功能　腺垂体含多种内分泌细胞，主要分泌促肾上腺皮质激素、促甲状腺激素、促性腺激素、生长激素、催乳素和促黑激素，其靶组织和生理功能见表 11-1。

微课：垂体
内分泌功能

表 11-1　腺垂体分泌的激素及其主要生理功能

激素	靶组织	生理功能
促肾上腺皮质激素	肾上腺皮质	增加肾上腺皮质类固醇类激素的分泌
促甲状腺激素	甲状腺	增加甲状腺激素的合成及分泌
促性腺激素	卵巢、睾丸	增加性腺类固醇类激素的合成与分泌；促进配子的生成性腺的发育和成熟；促进排精排卵

激素	靶组织	生理功能
生长激素	所有组织	促进组织生长、RNA的合成、蛋白质的合成、葡萄糖、氨基酸的运输；促进脂肪和抗体的形成
催乳素	乳腺、性腺	促进乳腺的发育；发动和维持泌乳；促进排卵
促黑激素	黑素细胞	促进黑素细胞合成并在体散布

① 促肾上腺皮质激素（ACTH） 是含有 39 个氨基酸的多肽，主要的生理作用是促进肾上腺皮质的发育及糖皮质激素的释放。

② 促甲状腺激素（TSH） 由促甲状腺激素分泌细胞分泌的一种糖蛋白，主要的生理作用是促进甲状腺细胞的增生和活动及促进甲状腺激素的合成和释放。

③ 促性腺激素 是一种糖蛋白，可分为卵泡刺激素（FSH）和黄体生成素（LH）。

a. 卵泡刺激素：促进卵泡的生长、发育和成熟，在黄体生成素的协同下，促进卵泡细胞的增殖和发育。在临床中卵泡刺激素常用于诱导母犬发情排卵、超数排卵及治疗卵巢疾病等。

b. 黄体生成素：促进卵泡分泌雌性激素，大量的黄体生成素与卵泡刺激素配合可促进卵泡成熟，并激发排卵，排卵后的卵泡在黄体生成素作用下转变成黄体。对于雄性动物，黄体生成素又叫作间质细胞刺激素，能促进睾丸间质细胞增殖和合成激素。

④ 生长激素（GH） 主要的生理作用是促进物质代谢与生长发育，对机体各个器官与各种组织均有影响，尤其对骨骼、肌肉及内脏器官的作用最为显著。生长素的作用表现在以下两个方面。

a. 促进生长：生长激素的促生长作用是由于它能促进骨、软骨、肌肉及其他组织细胞分裂增殖，蛋白质合成增加。促进钙、磷等在软骨沉积，加速了软骨的基质合成长软骨细胞的分裂，使骺部的软骨生长，再钙化成骨，而达到促生长的作用。

b. 调节代谢：生长激素可促进氨基酸进入细胞，促进蛋白质合成，维持机体呈正氮平衡；促进脂肪分解，减少葡萄糖消耗，提高血糖水平；促进细胞内钠、钾、镁和磷等无机物的摄取和利用；促进小肠对钙的吸收及增加近端小管对磷的重吸收。此外，生长激素可促进胸腺基质细胞分泌胸腺素，参与机体免疫功能的调节。

⑤ 催乳素（PRL） 是腺垂体催乳素细胞分泌的一种糖蛋白，大约由 200 个氨基酸组成。在哺乳动物，催乳素的主要生理作用是在其他激素参与下，发动和维持泌乳（故名催乳素）。另外催乳素还有促进性腺发育、调节水盐代谢等作用。

a. 对乳腺和性腺的作用：在雌性哺乳类动物中催乳素的作用主要是促进乳腺充分发育，使其具备泌乳能力，于分娩后发动和维持泌乳；此外，还有促进性腺发育的作用，催乳素和黄体生成素配合能促进黄体的形成和维持黄体分泌孕酮；在卵泡发育过程中，催乳素可刺激黄体生成素受体生成，黄体生成素与其受体结合可促进排卵、黄体生成及分泌孕激素、雌激素。在雄性哺乳类动物中，催乳素能促进前列腺及精囊的生长、增强黄体生成素对间质细胞的作用，使睾酮的合成增加。

b. 对渗透压的调节：能维持水盐和渗透压平衡，有保 Na^+ 作用，可防止 Na^+ 的丢失。

⑥ 促黑（素细胞）激素（MSH） 主要作用于黑色素细胞，可使黑色素扩散，引起动物皮肤变深或变浅以适应周围环境。此外，还有促使黑色素合成和促进黑色素细胞增殖的作用。

（2）神经垂体分泌的激素与功能 神经垂体没有腺细胞，不产生激素。所谓的神经垂体激素是指下丘脑视上核和室旁核等合成的抗利尿激素（ADH）和催产素。

① 抗利尿激素 是机体调节水平衡的重要激素之一。在生理状态下，抗利尿激素的主要生理作用是抗利尿作用及调节血浆渗透压、血容量和血压。它可以促使肾远曲小管和集合管对水的

重吸收，减少尿量。一般认为，正常生理情况下几乎无升压作用，只有在机体失血等情况下才起缩血管和升压作用。

② 催产素（子宫收缩素）催产素的生理作用如下。

a. 催产效应：促进哺乳类动物的输卵管和子宫在交配时的收缩和精子及卵子在生殖道的运行；分娩时促进子宫收缩，促进胎儿和胎衣的排出，并对子宫的复位有重要作用。

b. 排乳效应：促使乳腺腺泡周围的肌上皮细胞和导管平滑肌收缩和在哺乳期促进乳汁排出。

2. 甲状腺和甲状旁腺分泌的激素及其功能

甲状腺分泌的甲状腺激素和甲状旁腺分泌的甲状旁腺激素对机体均有重要作用。

（1）甲状腺激素的功能

甲状腺激素对维持机体的正常代谢、生长和发育有重要影响，具体作用如下。

① 调节新陈代谢 甲状腺素能使组织的氧化和代谢增加，产热量增加；促进小肠对葡萄糖和半乳糖的吸收作用，使血糖升高，但大剂量则会促进糖的分解代谢；小剂量甲状腺激素能促进蛋白质合成，但大剂量则会促进蛋白质分解，并能使血浆、肝和肌肉中的游离氨基酸增加，促进脂肪分解和脂肪酸氧化；甲状腺激素含量过多或过少，都会影响维生素代谢从而引起维生素缺乏症。

② 促进生长发育 甲状腺激素是影响机体正常的生长、发育和成熟的重要因素，可促进细胞分化和组织器官发育。幼龄动物缺乏甲状腺激素会出现脑发育不全、生长缓慢、性腺发育停止及不出现副性征等生长发育障碍。

③ 提高神经系统兴奋性 甲状腺激素对神经系统的影响主要表现为兴奋作用。如果在胚胎期和幼年时期缺乏甲状腺激素，则会导致大脑生长迟缓。实验证明，切除幼龄动物的甲状腺，可导致其生长停滞，体躯矮小，反应迟钝，形成呆小症。

④ 促进生殖器官发育 如果幼龄动物缺乏甲状腺激素，则其性腺会停止发育；如果成年动物缺乏甲状腺激素，则会影响雌犬发情和妊娠及雄犬精子的发育。

⑤ 促进泌乳作用 若甲状腺分泌减少，则会使雌犬泌乳量下降。

（2）甲状旁腺激素的功能 甲状旁腺分泌的甲状旁腺激素是调节血钙、血磷水平的最重要的激素，它与降钙素和维生素 D 共同调节钙、磷代谢。

甲状旁腺激素能促使骨质溶解，将磷酸钙释放到细胞外液，使血钙升高；促进远曲小管重吸收钙，使血钙升高，尿钙减少；抑制近曲小管重吸收磷，使血磷减少，尿磷增加；间接促进小肠对钙的吸收。

降钙素能抑制骨质溶解，减少细胞膜对 Ca^{2+} 的通透性，促进骨中钙盐沉积，增强成骨过程，使血钙、血磷下降；抑制肾小管对钙、磷、钠重吸收，使尿钙、尿磷升高。

3. 肾上腺分泌的激素及其功能

肾上腺可分为皮质和髓质两部分。肾上腺皮质分泌肾上腺皮质激素，肾上腺髓质分泌肾上腺髓质激素。

（1）肾上腺皮质激素 可分为三类，即盐皮质激素、糖皮质激素和性激素。它们都是类固醇的衍生物，统称为类固醇激素或甾体激素。其中盐皮质激素由球状带分泌，主要有醛固酮、脱氧皮质酮等；糖皮质激素由束状带和网状带分泌，主要有皮质醇和皮质酮；性激素主要有脱氢表雄酮和雄烯二酮。

① 盐皮质激素的作用 盐皮质激素中最主要的是醛固酮和脱氧皮质酮，主要作用是促进肾小管上皮细胞合成醛固酮诱导蛋白，从而促进肾远曲小管和集合管对 Na^+ 的主动重吸收，并抑制其对 K^+ 和 H^+ 的重吸收，还可刺激大

动画：
① 甲状腺内分泌功能
② 甲状旁腺内分泌功能

微课：肾上腺内分泌功能

肠重吸收 Na^+，降低汗腺和唾液腺对 Na^+ 的分泌。随着 Na^+ 被保留，机体可保留较多的水分，即具有保钠排钾、保水的作用。若醛固酮分泌过多，则使钠和水滞留，会引起血钠、血压升高，而血钾降低。

② 糖皮质激素的作用　糖皮质激素是调节体内糖代谢的重要激素之一，有显著的升血糖作用；促进蛋白分解及抑制其合成的作用，糖皮质激素分泌过多时，可引起肌肉消瘦、皮肤变薄、骨质疏松等体征；促进脂肪分解和脂肪酸在肝内的氧化，抑制外周组织对葡萄糖的利用，利于糖原异生；增加肾小球血流量，使肾小球滤过率增加，促进水的排出，糖皮质激素分泌不足时，机体排水功能低下，严重时可导致水中毒、全身肿胀，补充糖皮质激素后可使症状得到缓解；提高心肌、血管平滑肌对儿茶酚胺的敏感性（允许作用）；降低毛细血管的通透性，减少血浆滤出，有利于维持血容量；增强骨髓造血机能，使血中红细胞、血小板增多。

此外，糖皮质激素在应激反应中也有重要的作用。应激是指当机体受到强烈刺激时，血中促肾上腺皮质激素增加，糖皮质激素分泌相应增加，并产生一系列全身性反应。能引起促肾上腺皮质激素和糖皮质激素分泌增加的刺激，称为应激刺激，如缺氧、创伤、手术、饥饿、疼痛、寒冷及精神紧张和惊恐不安等。在应激反应中，血中促肾上腺皮质激素和糖皮质激素的增加对提高机体抗伤害能力有重要意义。在临床上可使用糖皮质激素及其类似物用于抗炎、抗过敏、抗中毒和抗休克等。

（2）肾上腺髓质激素　肾上腺髓质虽然和皮质相邻，但实质上它们是两个完全不同的内分泌腺体。肾上腺髓质分泌的激素主要有肾上腺素（E）和去甲肾上腺素（NE）两种。肾上腺髓质激素的生理作用主要是提高中枢神经系统兴奋性，使机体处于机警状态，保持反应灵敏；促使呼吸加强、加快，肺通气量增加；促使心跳加快，心缩力增强，心输出量增加，血压升高，血液循环加快，保证应急反应时重要器官有充足的血液供应。促进肝糖原和脂类分解，增加血糖和血浆脂肪酸水平，增强葡萄糖和脂肪酸氧化过程，增加组织的耗氧量，提高基础代谢率，以适应应急状态下对能量的需要。

此外，肾上腺髓质激素还参与应急反应，即在紧急情况下，通过交感-肾上腺髓质系统发生的适应性反应。

4. 胰岛分泌的激素及其功能

根据胰岛内分泌细胞的特点和所分泌激素的不同，可将其分为 5 种，即 A 细胞（又称 α 细胞）约占总数的 20%，分泌胰岛高血糖素；B 细胞（又称 β 细胞）约占总数的 70%，分泌胰岛素；D 细胞约占总数的 5%，分泌生长抑制素；F 细胞（又称 PP 细胞）约占 1%，分泌胰多肽；D_1 数量更少，分泌物质不明。

微课：胰腺的内分泌功能

（1）胰岛素的生理功能　主要是促进物质合成代谢，调节血糖浓度。通过影响糖、蛋白质、脂肪的中间代谢途径以增加血液中葡萄糖的去路、减少血糖来源，降低血糖。

① 对糖代谢调节　胰岛素能增强肝外组织，特别是骨骼肌和脂肪组织对葡萄糖的摄取和利用，加速肝糖原和肌糖原的合成与储存，抑制肝内糖原的异生，使血糖降低。当胰岛素缺乏时，血糖升高，若超过肾糖阈，则可引起糖尿。

② 对脂肪代谢的调节　促使脂肪细胞膜对葡萄糖的转运和脂肪酸的合成及储存，抑制脂肪酶的活性，减少脂肪分解，使血中游离脂肪酸减少，酮体生成减少。当胰岛素缺乏时，可出现脂肪代谢紊乱，脂肪分解增强，血脂增高，脂肪酸在肝内氧化生成大量酮体，可引起酮血症。

③ 对蛋白质代谢的作用　胰岛素能促进蛋白质的合成和储存，抑制组织蛋白的分解。胰岛素是蛋白质合成过程中所必需的激素之一。

（2）胰高血糖素的生理功能　与胰岛素相反，胰高血糖素是一种促使分解代谢的激素。

① 对糖代谢的作用　能激活肝细胞内的磷酸化酶，加速肝糖原分解，促进肝内糖原异生，

使血糖升高。

② 对脂肪代谢的作用　能激活脂肪酶促使脂肪分解，增加血中游离脂肪酸的浓度，促进脂肪酸氧化，使酮体生成增多。

③ 对蛋白质的代谢作用　能促进组织蛋白质的分解和抑制蛋白质的合成，同时还能促进肝脏合成尿素。

④ 对心脏的作用　胰高血糖素还具有强心和增加心率等作用，大剂量的胰高血糖素，能提高心肌磷酸酶的活性，从而使肌糖原分解，为心肌提供能量。同时，还能促进胰岛素、甲状腺旁腺素、降钙素和肾上腺皮质激素的分泌。

（3）生长抑素和胰多肽的生理功能　由胰岛 D 细胞分泌的生长抑素的主要作用是抑制其他三种细胞的分泌活动，参与胰岛素分泌的调节。

由胰岛 F 细胞分泌的胰多肽的主要对胃肠消化功能起抑制作用，能使胰液基础分泌减少，并抑制胃肠运动和减弱胆囊收缩，还可促进肝糖原分解，但使血糖升高的作用并不明显。

5. 性腺分泌的激素及其功能

性腺的作用是分泌性激素，性激素主要指由睾丸和卵巢分泌的激素。

（1）睾丸分泌的激素　睾丸的内分泌细胞为睾丸间质细胞分泌的激素为雄激素（主要是睾酮）。

雄激素的主要功能是促进雄性生殖器官（如前列腺、输精管、睾丸、阴茎和阴囊等）的生长发育，并维持其成熟状态；刺激雄犬产生性欲和性行为；促进精子的发育成熟，并延长精子在附睾内的储存时间；促进雄犬特征的出现并维持其正常状态；促进蛋白质的合成，使肌肉和骨骼发达，并使体内储存脂肪减少；促进雄犬皮脂腺的分泌等。

（2）卵巢分泌的激素　卵巢的内分泌细胞为卵泡内膜细胞和黄体细胞，所分泌的激素分别为雌激素和孕激素（主要是孕酮）和松弛素。

a. 雌激素：主要指由卵巢内卵泡细胞的内膜细胞分泌的激素，其中活性最强的是雌二醇。其主要生理功能是促进雌性器官（如卵巢、输卵管、子宫等）的发育和副性征的出现；促进子宫内膜增殖变厚、腺体和血管增生，并提高子宫肌肉对催产素的敏感性；促进阴道上皮的增生和角化，增强抵抗力，并能刺激输卵管的运动；促进乳腺导管系统的生长及刺激雌犬发生性欲和性兴奋，促使其发情等。

b. 孕激素：由排卵后的卵泡形成的妊娠黄体细胞所分泌，又称孕酮。其主要生理功能是在雌激素作用的基础上，进一步促进排卵后子宫内膜的增厚（血管和腺体增生），为受精卵在子宫附植和发育做准备，并在妊娠开始后使子宫内膜增厚形成蜕膜；抑制子宫平滑肌的自然活动和对催产素的反应，以减少子宫收缩，为胚胎创造安静环境，具有"安宫保胎"作用；进一步刺激乳腺腺泡的生长，使乳腺发育完全；促进阴道分泌黏液及刺激雌犬产生母性行为等。

c. 松弛素：由妊娠末期的黄体分泌，分娩时大量出现，分娩后随即消失。其主要生理功能是松弛荐髂关节、骨缝，加宽产道；扩张子宫颈，放松软产道及促进乳腺生长等。

6. 松果体分泌的激素及其功能

松果体主要分泌褪黑激素，有抑制促性腺激素的释放和防止性早熟等作用，与动物生殖活动的季节性和昼夜节律性调节有关。

三、下丘脑的功能

1. 下丘脑分泌的激素及其与垂体的功能关系

下丘脑分泌的许多激素可调节垂体激素的分泌，进而调节体内各内分泌腺的激素分泌，从而调节机体的功能。

2. 下丘脑分泌的激素及其生理作用

下丘脑所分泌的下丘脑调节肽中结构已阐明的，称为激素，而结构不明确的则称为因子。这些调节肽能促进或抑制腺垂体激素的合成与分泌，其中起促进作用的下丘脑合成肽称为释放激素（因子），起抑制作用的称为释放抑制激素（因子），主要有以下几种。

（1）促甲状腺激素释放激素（TRH）　由 3 种氨基酸组成，主要的生理作用是促进腺垂体释放促甲状腺激素（TSH），使血液中的甲状腺激素的浓度升高。此外，还能促进腺垂体分泌催乳素和生长激素。

（2）促性腺激素释放激素（GnRH）　由 10 种氨基酸组成，主要的生理作用是促进腺垂体释放卵泡刺激素和黄体生成素。

（3）生长素释放激素（GHRH）　是多肽类的激素，主要的生理作用是促进腺垂体生长激素分泌细胞合成和分泌生长激素。

（4）生长素释放抑制激素（SS 或 GHRIH）　由 14 或 28 个氨基酸组成。生理作用极广泛，除了可以抑制因运动、进食、应激、低血糖等因素引起的生长激素（GH）分泌活动，抑制黄体生成素、卵泡刺激素、促甲状腺激素、催乳素（PRH）、促肾上腺皮质激素（ACTH）、胰岛素、甲状旁腺素降钙素等多种激素分泌外，对神经活动也有抑制作用。

（5）促肾上腺皮质激素释放激素（CRH）　由 41 种氨基酸组成，主要的生理作用是促进腺垂体合成和释放促肾上腺皮质激素。

（6）催乳素释放因子（PRF）和催乳素释放抑制因子（PIF）　分别能促进和抑制腺垂体分泌催乳素。

（7）促黑（素细胞）激素释放因子（MRF）和促黑（素细胞）激素抑制因子（MIF）　一般为小分子的肽类物质，分别能促进和抑制腺垂体分泌促黑（素细胞）激素的释放。

知识点三　宠物的体温

【知识目标】
　　1. 熟知犬猫等宠物的正常体温。
　　2. 理解机体产热、散热方式及体温调节规律。

【技能目标】
　　1. 会测量宠物体温。
　　2. 能够判别宠物体温是否正常。

【职业素养目标】
　　1. 锻炼动手能力。
　　2. 培养劳动意识与生物安全意识。
　　3. 培养仔细观察能力。

体温就是动物机体的温度，是机体新陈代谢的结果，是维持动物正常生命活动的主要条件。动物体各部的温度并不相同，体表的温度一般比体内温度低些，并且因体内各器官代谢性水平不同而有所差异。在实践中，一般以直肠温度作为犬体深部的体温指标。

在正常的情况下，动物机体的温度是相对恒定的。体温的相对恒定是维持机体内环境稳定，保证机体新陈代谢和各项功能活动正常进行的一个必要条件。在新陈代谢大部分过程中都要有酶的参与，而酶活性最佳的温度是 37～40℃。体温过高或过低都会影响酶的活性，致使机体各种细胞、组织和器官的功能出现紊乱，严重时还会危及生命。因此，在宠物临床诊疗上，体温往往作为宠物健康状况的重要标志。

一、机体的产热和散热

1. 产热

动物机体的热量来自体内各组织器官所进行的氧化分解反应，由于各器官的代谢水平不同，产生的热量也不尽相同。在安静状态下，主要产热器官是肝脏、肌肉和脑。在运动时，产热的主要器官是骨骼肌，其产热量可达机体总热量的90%。此外，一些热的食物、外界环境温度高等也可以成为体温的来源之一。

2. 散热

（1）散热途径　主要是通过体表皮肤散热，经这一途径散发的热占全部散热量的75%~85%。另外机体还可通过呼吸器官、消化器官和排尿等途径散热等。例如，给吸入温度较低的气体、饮水和食物加温，以及随粪、尿排泄等可散失一部分热。

（2）散热方式　皮肤散热的方式主要有以下几种。

① 辐射　体热以热射线（红外线）的形式向外界散发的方式，称为辐射散热。在常温和安静状态下辐射散热是机体最主要的散热方式，约占机体总散热量的60%。辐射散热量的多少主要与皮肤和周围环境之间的温度差、有效辐射面积等因素有关。如皮肤温度高于周围环境温度，且温度差越大，则辐射散热量就越多；而周围环境温度高于体表温度时，机体不仅不散热反而会吸收周围环境的热量。动物舒展肢体可增加有效辐射面积，散热量增加，而身体蜷曲时，有效辐射面积减少而使散热减少。

② 对流　机体通过与周围流动的气体进行热量交换的一种散热方式，称为对流散热，是传导散热的一种特殊形式。机体周围有一薄层温度较低的空气层与皮肤接触，体热可使其加温并借冷热气体的流动而不断地散发到空间。对流散热与风速有关，风速越大，散热越多。

③ 传导　机体的热量直接传递给与其接触的温度较低的物体的一种散热方式，称为传导散热。传导散热量的多少与接触物体的导热性能、接触面积、体表与环境温度差等因素有关。水的导热性能比空气好，湿冷的物体传导散热快。

④ 蒸发　蒸发散热是指机体通过体表和呼吸道水分蒸发来散发体热的一种散热方式。当环境温度等于或高于体表温度时，机体已不能通过辐射、传导和对流等方式散热，蒸发散热便成为唯一有效的散热方式。

3. 正常体温

机体的体温因个体、品种、年龄、性别及环境温度、活动状况等因素的影响而异。一般幼龄动物的体温比成年动物的高些；雄性动物比雌性动物的高，但雌性动物在发情、妊娠等时期的体温又比平常要高一些；白天体温比夜间高，早晨最低。健康犬的体温见表11-2。体温的恒定是保证机体正常生命活动的一个重要条件。

表11-2　健康犬的体温（直肠内测定）

体型	幼犬/℃	成犬/℃
小型犬	38.5~39.0	38.0~39.0
中型犬	38.5~39.0	38.0~38.5
大型犬	38.2~39.0	37.5~39.0

二、体温的调节

机体新陈代谢过程中所释放的能量，除一小部分转变为对外的活动外，其余的绝大部分都是以热的形式向外界发散的。在产热和散热的过程中，机体得以经常地保持体温的恒定。新陈代谢一旦停止，体温也就不复存在了。犬类都具有很强的体温调节机制，体温经常维持在一定的范围内，为恒温动物。犬患病时，中枢神经系统常受到明显影响，从而使体温调节机制发生紊乱，体温会发生升高或降低。因而，犬类体温的变化，往往是宠物养护和动物医生进行临床检查的一个重要的参考指标。

体温的相对恒定，主要是通过机体内部的神经调节和体液调节来控制的。

1. 体温调节中枢

下丘脑是体温调节的基本中枢。下丘脑中存在着热敏感神经元和少数冷敏感神经元，体温调节中枢主要是由这两种神经元组成，当前者受到刺激兴奋时，可使机体的散热量增加，而后者兴奋时，可使机体的产热反应加强。

2. 激素对体温的调节作用

参与体温调节的主要激素是甲状腺素和肾上腺素。动物在寒冷的环境中，机体主要是通过随意或不随意的颤抖来增强产热。此外，体内肾上腺素分泌增加，产热量也会增加。如果动物长时间处于寒冷环境中，则会通过增加分泌甲状腺素来提高基础代谢率，使体温升高；反之，如果动物长时间处于高温环境中，则会通过降低甲状腺功能，使基础代谢下降来减少产热。

目标检测

1. 列表总结机体内分泌腺及其分泌的激素和激素的作用。
2. 列举激素的类型及典型激素。
3. 说出犬的正常体温范围及机体散热方式有哪些。
4. 描述动物在寒冷时受哪些方面调节以维持正常体温，以及具体如何调节。
5. 完成《宠物解剖生理填充图谱》中模块十一内容。

在线答题

12

模块十二

其他宠物的
解剖生理

知识点一 猫的解剖生理特征

【知识目标】
1. 说明猫骨骼和肌肉的形态特征。
2. 说明猫内脏的形态结构和功能特征。
3. 识别猫循环、神经和内分泌系统的形态结构和功能特征。

【技能目标】
1. 能找到猫的内脏体表投影位置。
2. 能认识猫各个器官的解剖结构。

【职业素养目标】
1. 学会使用对比的方法，对照犬猫知识，使知识点更有利于记忆。
2. 锻炼宏观辨识与微观探析的能力。

猫的解剖生理特征与犬相似。猫舌面上布满无数丝状乳头，被覆有较厚的角质层，呈倒钩状，便于舔食骨头上的肉，该结构是猫科动物所特有的。猫的平衡感觉和反射功能发达，角膜反应敏锐。猫全身有被毛，成年猫在每年的春夏和秋冬交替的季节各换毛一次。本部分与犬对比阐述猫的结构及生理特征。

一、猫的运动被皮系统解剖结构特征

猫的骨骼和犬相似，但也有些细微的差别，包括阴茎骨在内共有230～247枚（其中籽骨除外）骨构成（图12-1）。猫具有明显的、相对较大的颅腔和额窦腔。猫的面部缩短，引起腭变短，头骨近似圆形，无鼻额阶。齿系减少，呈扇形。眼眶有基本完整的骨质边缘，多面向前侧，使猫具有高度发达的双目视觉。外侧矢状嵴较短，位于颅骨底部，中耳腔的鼓泡明显变大。

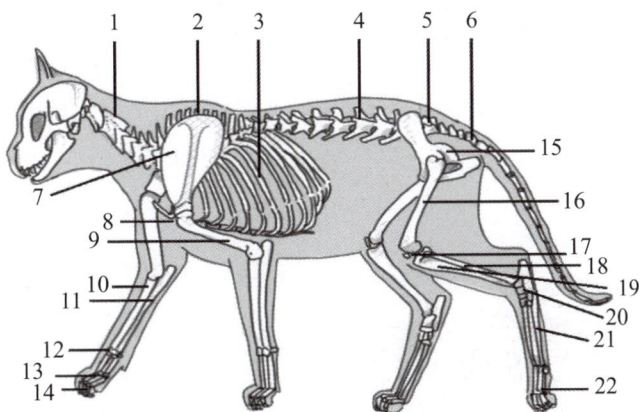

图12-1 猫的全身骨骼图

1—颈椎；2—胸椎；3—肋；4—腰椎骨；5—荐骨；6—尾椎；7—肩胛骨；8—锁骨；9—臂骨；
10—桡骨；11—尺骨；12—腕骨；13—掌骨；14—指骨；15—髋骨；16—股骨；17—膝盖骨；
18—腓骨；19—胫骨；20—跗骨；21—跖骨；22—趾骨

1. 骨
猫全身骨骼分为头骨、躯干骨和四肢骨。
（1）头骨分为颅骨和面骨
① 颅骨 由成对的顶骨、额骨、颞骨和不成对的枕骨、顶间骨、蝶骨及筛骨组成，共10

块。它们围成颅腔，保护脑。

② 面骨　由成对的上颌骨、下颌骨、颌前骨、腭骨、鼻骨、鼻甲骨、舌骨、翼骨、泪骨、颧骨和 1 块犁骨组成，共 11 种。它们共同构成口腔和鼻腔。

（2）躯干骨　躯干骨由脊柱骨、肋和胸骨组成。

① 脊柱　包括颈椎、胸椎、腰椎、荐椎和尾椎，共 52～53 枚。颈椎中寰椎翼宽大；枢椎较长，椎体前端形成齿突；腰椎的椎体较大；荐椎愈合为荐骨，构成盆腔的背侧壁，尾椎向后逐渐变小而失去椎骨的特征结构。

② 肋　共 13 对，由肋骨和肋软骨构成，前 9 对为真肋，后 3 对为假肋，最后 1 对为浮肋。

③ 胸骨　由 9 块（少数为 8 块）骨片构成，分为胸骨柄、胸骨体、剑突三部分。最前 1 枚胸骨片为胸骨柄；中间 7 枚骨片组成胸骨体；最后 1 枚骨片末端连有一薄片状软骨，称为剑突。

（3）四肢骨分为前肢骨和后肢骨。

① 前肢骨　包括肩胛骨（相对纤细）、锁骨（猫的锁骨已退化成一条弧形的骨棒，埋藏在肩部前方的肌肉内）、肱骨、桡骨、尺骨、腕骨、掌骨、指骨及籽骨。腕骨 7 枚，排成两列。5 指中第一指有两枚指节骨，其余各指有三枚指节骨。

② 后肢骨　猫的后肢较长，包括髋骨（由髂骨、坐骨和耻骨愈合而成）股骨、胫骨、腓骨、膝盖骨、跗骨、跖骨、趾骨和籽骨。其中跗骨 7 枚，跖骨 5 枚，趾骨 5 枚。

2. 肌肉

猫全身肌肉约 500 块，其分布及发达程度，与其身体结构及各部位的功能活动相适应。各肌肉收缩力都很强，尤其是后肢和颈部肌肉。猫的皮肌发达，分布广泛，几乎覆盖全身。

（1）前臂和胸部的肌肉特征　胸前壁肌构成胸肌群最浅的扁平肌，较小，起于胸骨柄的外侧面，止于肱骨远端。胸大肌分为浅层与深层，起于胸骨腹侧中线，止于臂二头肌和臂肌之间。胸小肌是一大块扁平的扇状肌，比胸大肌略厚，起于胸骨体最前面的侧半部或剑突，止于肱骨的正中央或胸大肌终点的下面，与胸大肌一起插入肱肌与肱二头肌之间。剑肱肌是一块窄长而薄的肌肉，可以认为是胸小肌的一部分，起于胸骨剑突的中缝或腹直肌中线的角上，以长腱止于肱骨，在胸小肌终点的内侧面，被胸大肌的终点覆盖（图 12-2）。

（2）胸壁肌的特征　肋横肌是一小块薄的扁平肌，贴于胸前部的侧面，覆盖腹直肌的前端，极易与腹直肌前端的薄腱相混，起于第 3～6 肋骨之间胸骨侧面的腱上，止于第 1 肋骨及其肋软骨的外侧部。肋提肌是一系列的小块肌肉，其延续部分与肋间外肌相接，起于胸椎横突，止于紧接起点后部的肋骨角。胸横肌相当于腹横肌的胸部，由 5 个或 6 个扁平的肌纤维束组成，位于胸壁的内表面，起于胸骨背面的外侧缘，对着第 3～8 肋骨的肋软骨附着点，止于肋软骨。膈的中央由腱所组成，此腱薄而不规则，呈新月状称半月腱（中央腱），腱腹面有一大孔，即后腔静脉裂孔，从中央腱到体壁为放射状的肌纤维，称肌部，膈脚分为左、右两个，右膈脚较大。

3. 被皮系统

被毛和皮肤不仅构成了猫漂亮的外表，也是机体的一道防御屏障，保护机体免受外部损伤。猫的皮肤

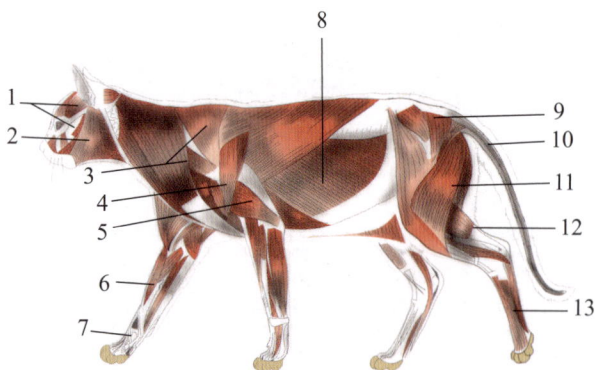

图 12-2　猫的全身浅层肌肉

1—面肌；2—咀嚼肌和下颌肌；3—肩带肌；4—肩关节肌；
5—肘关节肌；6—腕关节肌和指长肌；7—指短肌；8—腹部肌；9—臀肌；
10—尾肌；11—股二头肌；12—跗关节和趾关节肌；13—趾短肌

松弛而强韧，被毛分为较粗的针毛和细而密的绒毛，华丽而保暖。触须发达，两侧共有 16～20 根，伸展总宽度恰与身体宽度接近，用以感知事物，干扰猎物的视觉等。触须和睫毛在黑暗条件下，可通过空气压力的轻微变化来感知风向和难以看见的物体。猫的皮脂腺发达，其分泌物能使被毛变得光亮，毛囊内含胆固醇，随皮脂腺分泌到被毛，在日光作用下转化为维生素 D，舔舐被毛可获得维生素 D。猫的汗腺不发达，只分布于鼻尖和脚垫，主要通过皮肤和呼吸进行散热。猫的前肢有 5 个爪，后肢有 4 个爪，呈长钩状，很锋利，能随意伸缩，平时缩在趾球套中，攻击或攀援时立即伸出，经常用爪抓挠木板等物，将爪磨得更加锋利，四肢足部枕发达，缓冲消音效果好，且能感知小型动物行走所产生的地面振动。

二、猫的内脏解剖生理特征

1. 消化系统

猫的消化系统的组成与犬基本相同，也是由消化管和消化腺两大部分组成。但其舌的形态是猫科动物所特有的；胃是单室胃；肠管短、管壁厚。猫的消化过程与犬类似，具有肉食动物的消化特征。

（1）口

① 牙齿　猫的牙齿特征与犬类似，但齿式与犬不同，成年猫有 30 枚牙齿，其中切齿 12 个，犬齿 4 个，前臼齿 10 个，后臼齿 4 个。根据上、下颌齿弓各种齿的数目，写成下列齿式，即：

$$2\left(\frac{\text{切齿 (I) 犬齿 (C) 前臼齿 (P) 后臼齿 (M)}}{\text{切齿 (I) 犬齿 (C) 前臼齿 (P) 后臼齿 (M)}}\right)$$

$$\text{猫的恒齿式：} 2\left(\frac{3\quad 1\quad 3\quad 1}{3\quad 1\quad 2\quad 1}\right) = 30$$

$$\text{猫的乳齿式：} 2\left(\frac{3\quad 1\quad 3\quad 0}{3\quad 1\quad 2\quad 0}\right) = 26$$

乳齿在出生后的两周内开始长出，到 30 日龄，除第一上前臼齿外的其他乳齿均长出，到 45 日龄第一上前臼齿也长出。恒齿的门齿在 3 月龄或 4 个半月龄时长出，生长的过程是从中间到两侧依次长出。随后更换的恒齿是第一前臼齿和犬齿。上臼齿长好后，其他的臼齿长出 5～6 月龄牙齿全部长出。

② 唾液腺　猫的唾液腺特别发达，主要有 5 对，有腮腺、颌下腺、舌下腺、臼齿腺和眶下腺。猫的腮腺呈扁平状，在外耳道腹侧，部分覆盖咬肌。腮腺管是由腺体前边近腹侧许多小管汇合而成的，向前被咬肌的筋膜掩盖，在咬肌前方转向内紧贴口腔黏膜下方，在口腔内呈现一条白色的嵴，开口在颊上，正对着最后一个前臼齿的牙尖。

③ 口腔壁　猫的上唇中央形成裂沟，口腔的范围是从唇延伸到咽喉，可分为口腔前庭和固有腔。猫的颊相当薄，内表面光滑，为颊黏膜。中间为颊肌，外覆以皮肤。颊黏膜表面有耳下腺、白齿腺和眶下腺导管的开口固有口腔的顶部是由硬腭与软腭构成，硬腭形成口腔顶部的前部，其后部为软腭。硬腭由上颌骨的腭突、颌前骨的腭突和腭骨所支撑，软腭两侧有短而厚的黏膜褶，分别称为舌腭弓和咽腭弓。两弓之间为扁桃体囊。扁桃体位于扁桃体囊内，是红色、分叶状的腺体，长约 1cm，宽约为长度的三分之一。

④ 口腔底部　主要被舌占据，舌从门齿向后延伸至咽峡，几乎占满整个口腔。舌的表面有黏膜，是活动灵活的肌肉器官，呈长形，上面扁平，中间最宽，前端细长。舌腹面中部有一褶，称为舌系带。舌系带光滑、柔软，将舌固着在口腔底部腹面及外侧缘；背面黏膜粗糙，中央有一浅的纵沟，形成各类乳头。

（2）咽　在口腔的后端，为消化及呼吸的共同通道。猫的咽较长，后缘到达第三颈椎。

（3）食管　是一条直管，扩张时直径约1cm。位于气管的背侧，经心脏的基部，在距离背部体壁约2cm处，穿过膈与胃相连。

（4）胃　为单室有腺胃，是消化管最宽大的部分，呈梨形囊状，位于腹腔的前部，大部分在体中线的左侧。

（5）小肠　可分为十二指肠、空肠及回肠三部分，盘卷在腹腔内，占腹腔空间的大部分。小肠的长度约为猫身体长度的三倍，由肠系膜将其悬挂于腰下部。

（6）大肠　大肠的长度约为体长的一半，可分为盲肠、结肠及直肠三部分。盲肠紧接回肠后面小，呈锥形盲囊状，其连接处有回盲瓣。结肠长度约23cm，直径约为回肠的3倍，按其走向可分为升结肠、横结肠与降结肠。猫结肠前端的盲囊是盲肠，盲肠有一个锥形的突出，是阑尾的遗迹，在盲肠里边底部有一堆孤立的淋巴结，组成集合淋巴结。直肠是大肠的最后部分，长度约5cm，位于靠近盆壁背部的中线处，在这里被短的直肠系膜所悬挂，向外开口于肛门。肛门两侧有两个大的分泌囊，称为肛门腺。肛门腺的直径约1cm，在肛门尾部边缘1～2mm处开口于肛门。

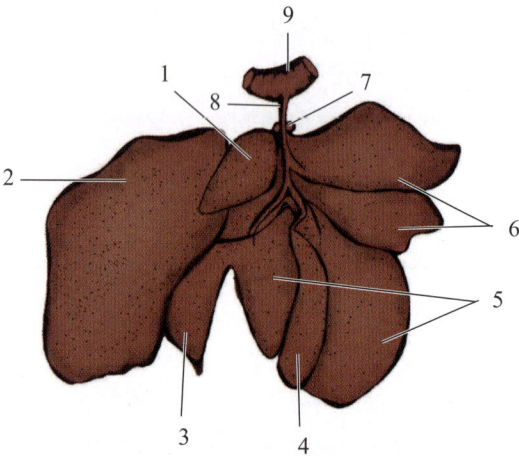

图12-3　猫的肝脏脏面图

1—尾叶；2—左外叶；3—左内叶；4—胆囊；5—右内叶；6—右外叶；7—门静脉；8—胆总管；9—十二指肠

（7）肝脏　猫的肝脏是体内最大的腺体，位于腹腔前部，紧贴膈的后方，伸展至胃的腹面，遮盖整个胃的壁面（除幽门部外）。肝脏被背腹悬韧带区分为左右两叶，每一叶再分为若干小叶。左叶分为左内叶和左外叶；右叶分为右内叶右外叶和尾叶。整个肝脏被腹系膜覆盖，包围肝脏的腹系膜称为纤维囊。

从肝脏伸出的导管称为肝管，其中一个肝管是由来自肝脏左半部和胆囊叶左半部较小的导管连接而组成的，另一个肝管则是由从胆囊叶的右半部、右外叶的后部和前部以及尾叶伸出的较小的导管连接而形成的。这些肝管和胆管又连接而成胆总管，与胆囊相连。胆囊呈梨形，位于肝脏右中叶背面的裂隙内（图12-3），向着腹面的一端宽面游离，腹膜覆盖游离端并延伸至肝脏，形成一个或两个韧带状的褶；另一端较窄，与胆管相连。

（8）胰脏　位于十二指肠弯曲部分，是一个扁平、致密的小叶状腺体。边缘不规则，它的中部弯曲，几乎成直角，长约12cm，宽1～2cm。

2. 呼吸系统

呼吸系统包括鼻、咽、喉、气管、支气管和肺。

（1）鼻　包括外鼻、鼻腔和鼻旁窦。鼻腔由鼻中隔分为左、右两部分。两个鼻腔几乎被筛骨鼻甲、背鼻甲和腹鼻甲所填满，背鼻甲为从鼻骨的腹面突入背面的部分；腹鼻甲为从上颌骨的内侧面突入腹面的部分。鼻腔可分为上鼻道、中鼻道和下鼻道3部分。猫的中鼻道仅仅是上鼻道与下鼻道之间一条狭窄的缝隙。

（2）喉　构成喉的软骨与犬相同，猫喉腔可分为三部分：前部的腔为喉的前庭为喉腔的第一部分，它的尾缘为假声带。假声带是从会厌靠基部处伸展到勺状软骨尖端的黏膜皱襞，猫可通过假声带的震动而发出咕噜咕噜的声音。假声带向后又有两条黏膜皱襞从勺状软骨的顶尖延伸到甲状软骨，此为真声带。假声带与真声带之间的空腔为喉腔的第二部分，为声门，肌肉的活动可使其变窄和变宽。喉腔的第三部分为声带与气管第 1 软骨环之间的空腔。

（3）气管与支气管　猫的气管有 38～43 个软骨环，软骨环的缺口向背部，对着食管，在缺口处被平滑肌及结缔组织所填充，故气管的直径能增大和缩小。气管从喉伸至第 6 肋骨处分叉，成为左右两根主支气管，分叉之前，还分出一较小的右前叶支气管，进入右肺前叶；两主支气管经肺门进入肺后，首先分出三支肺叶支气管供应一个肺叶；而后再分为肺段支气管、缩支气管、终末细支气管等。

（4）肺　猫的右肺比左肺略大。右肺分为 4 叶，即 3 个小的近端叶和一个大而扁平的远端叶（尾叶），3 个近端叶只是部分分开，其中最前面的一个近端叶伸到食管下端的背部而进入纵隔，故可称为纵隔叶；左肺分为 3 叶，其中靠头部的两个叶基部相连，故可认为左肺有一个单独的叶和两个不完全分开的叶。猫的肺体积较小，不宜长时间剧烈运动（图 12-4）。

3. 泌尿系统

（1）肾　猫的肾为表面光滑的单乳头肾，呈蚕豆状。猫两肾位于腹腔背壁脊柱的两侧，右肾位于第 2 腰椎与第 3 腰椎之间，左肾位于第 3 腰椎与第 4 腰椎之间，故右肾比左肾略靠上 1～2cm。猫肾只有在腹面被腹膜覆盖，即腹膜不包围肾的背面，称为腹膜后位。腹膜在肾边缘处绕过肾脏而达体壁。肾脏边缘常有脂肪堆积，以肾的头端脂肪最多。在腹膜内，肾由一层被膜完全包围着，此被膜称纤维膜（亦称肾包膜），该膜与输尿管及肾盂的纤维层相延续，被膜内可见有丰富的被膜静脉，被膜静脉是猫肾的独有特征。

（2）输尿管　输尿管的起始端即肾盂。尿液从肾总乳头的顶端进入肾盂，肾盂在肾门处变细与输尿管相移行。输尿管在接近末端处，向背面穿过输精管，再转向前腹面，在膀胱颈部附近，斜行穿入膀胱的背壁。在膀胱的内侧，两输尿管的开口相距约 5cm，每个开口周围环绕着一个白色、环状的隆起。

（3）膀胱　呈梨形（图 12-5），位于腹腔后方，直肠的腹面，与耻骨联合相距很近。膀胱由 3 条腹膜褶连接，腹面的 1 条是从膀胱的腹壁穿到腹白线的下面，称为圆韧带；侧面 1 对称侧韧带，它们各自从膀胱两侧穿过直肠两侧而到达背体壁。

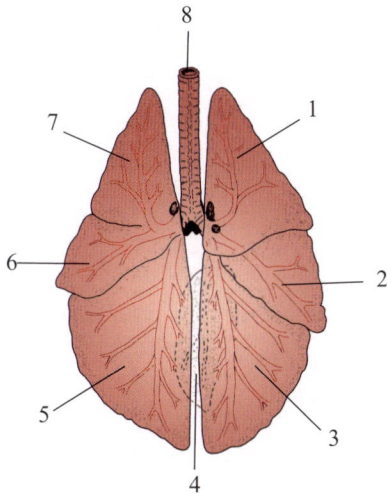

图 12-4　猫的肺脏
1—右肺前叶；2—右肺中叶；3—右肺后叶；4—副叶；
5—左肺后叶；6—左肺前叶后部；
7—左肺前叶前部；8—气管

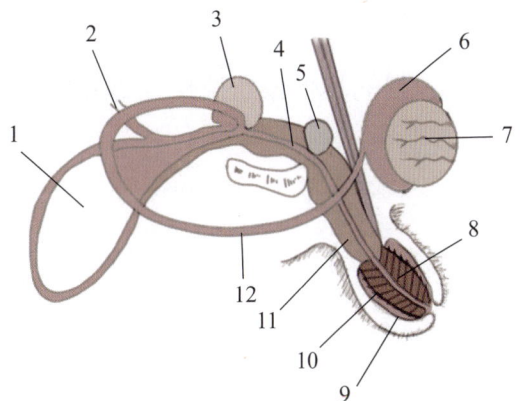

图 12-5　公猫生殖系统
1—膀胱；2—输尿管；3—前列腺；4—尿生殖道；
5—尿道球腺；6—附睾；7—睾丸；8—尿道海绵体；
9—包皮；10—阴茎；11—阴茎海绵体；12—输精管

4.生殖系统

（1）雄性生殖器官　包括睾丸、附睾、输精管、前列腺、尿道球腺、尿道、阴茎、阴囊和包皮等（图12-5）。猫无精囊腺。

前列腺是一个双叶状的结构，它位于尿道起始部背面，并与输精管相通它通过几个小孔将分泌物注入尿生殖道。尿道球腺如豌豆大，位于尿生殖道盆部后方两侧，开口于尿生殖道。尿道位于腹沟，精子和尿液均从此处通过。

阴茎主要包括两个阴茎海绵体，其中含有丰富的血窦，阴茎有背腹沟，两个海绵体在此处相连接，阴茎远端有阴茎骨。猫的龟头朝向身体后方，在勃起时会朝向身体前方，龟头表面有许多小刺状的突起。

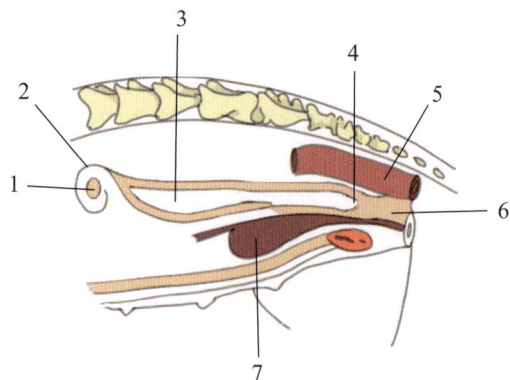

图12-6　母猫的生殖系统
1—卵巢；2—输卵管；3—子宫角；4—子宫颈；
5—直肠；6—阴道；7—膀胱

（2）雌性生殖器官　包括卵巢、输卵管、子宫、阴道和外阴（图12-6）。猫的卵巢位于腹腔内，其表面可见许多突出的白色小囊。输卵管的顶部呈喇叭状，称为漏斗部，位于卵巢前端外侧面，紧贴着卵巢。输卵管从喇叭口向前转，然后转向内侧面，再转向后，呈盘曲状，其后端与子宫角相连。输卵管曲前三分之二直径较大，称为壶腹部；后三分之一则较小，称为峡部。猫的子宫属双角子宫，呈"Y"字形，中部为子宫体。从子宫向两侧延伸至输卵管的部分即为子宫角。子宫体位于盆腔前口直肠的腹面，长约4cm，向后延续为子宫颈，以子宫颈管外口与阴道相通。阴道向后延伸形成尿殖窦，长约1cm。尿殖窦再向后为阴门。

（3）猫的生殖生理特点　雌性猫的性成熟年龄在5～8月龄，雄性猫的性成熟期在7～9月龄。在10～12月龄达到体成熟，是适宜繁殖的年龄。雌性猫的性周期平均为14d（14～18d），猫属于"季节性多次发情"动物，每次发情持续时间为4d（3～10d），猫的排卵属于诱发性排卵，只有经过交配的刺激，才能进行排卵。妊娠期为63d（60～88d），每胎3～6只，哺乳期为60d。猫的乳房有5对乳头，前2对位于胸部，后3对位于腹部。

三、猫的其他系统解剖生理特征

1.心血管系统

猫的心血管系统由心脏、动脉、静脉和血液组成。

（1）心脏　猫的心脏有4个腔，呈梨形，为一中空的肌质器官，位于胸腔纵隔内，在第4或第5到第8肋骨之间，其心尖部稍向左偏，并接触膈。整个心脏为心包所环绕，内部构造与犬相似。

（2）动脉　从心脏发出的大动脉有肺动脉和主动脉。

① 肺动脉　由右心室发出的肺动脉干，从动脉圆锥的头端稍向左弯。肺动脉从动脉圆锥向下分为左右两支肺动脉，在分支之前，肺动脉的背部表面以短的动脉韧带连接主动脉，是动脉导管退化的结构（此结构在成年猫几乎消失），肺动脉的左支横过胸主动脉腹侧至左肺，右支通过主动脉弓的下方到右肺。

② 主动脉　体循环动脉的主干。由左心室发出的主动脉，呈弓状延伸至胸椎偏左侧，然后沿胸椎的左侧向尾端行走至膈，此段称为胸主动脉；穿过膈的主动脉裂孔进入腹腔，称为腹主动

脉。其分支情况与犬的大体相似。

（3）静脉　猫的静脉分为体静脉和肺静脉。体静脉主要有心静脉、前腔静脉及其分支和后腔静脉及其分支三大部分，进入右心房。肺静脉由肺内毛细血管网汇合而成，最后汇合成3组，进入左心房。猫的前腔静脉是一个大静脉，从头部、前肢和躯干前部来的血液返回到此静脉，它从脊柱右侧第1肋骨的水平处延伸至右心房，其尾端位于主动脉弓的背面。

2. 淋巴系统

猫的淋巴系统是一个单程向心的管道系统，其淋巴液仅流向心脏一个方向。淋巴系统由淋巴管、淋巴组织和器官所组成。

（1）淋巴管　是贯穿全身的细长的管道，由结缔组织内的毛细淋巴管逐渐汇合形成，再逐步汇合成淋巴导管。淋巴管内具有瓣膜，管内淋巴液最后汇入静脉系统。

（2）淋巴组织和器官

① 胸腺　位于纵隔内，两肺之间，横卧在前胸腔心脏腹面，呈细长扁平而不规则状，淡红色或灰白色。幼猫胸腺发达，成年猫则部分或完全退化，故其大小差异很大。

② 脾　位于胃的左后侧，呈深红色，扁平细长而弯曲状，悬挂在大网膜的降支内。

③ 淋巴结　猫的淋巴结数目很多，分布广，颈部、腹股沟和腹腔内均有很多淋巴结。

3. 内分泌系统

（1）甲状腺与甲状旁腺　猫的甲状腺位于颈部前部，喉部下方，其主要功能是分泌甲状腺激素。甲状旁腺很小，通常是2对小腺体，颜色较甲状腺浅，呈黄色，近似球形，位于甲状腺前上方。

（2）肾上腺　位于肾脏前端内侧，靠近腹腔动脉基部及腹腔神经节，但经常不与肾脏相接。呈卵圆形，黄色或淡红色，常被脂肪包埋。

（3）脑垂体　是一个结节状的突出物，在视交叉的后方，位于颅底蝶骨的蝶鞍内，其背部以漏斗与丘脑下部相连。脑垂体能分泌多种激素，对机体的生长发育及新陈代谢起着重要的调节作用。

（4）松果体　是一个小的圆锥体，位于四叠体前上方，是构成第三脑室顶部的一部分。

4. 神经系统

（1）中枢神经系统

① 脊髓　位于椎管内，略扁，呈圆柱状。其前端在枕骨大孔处与延髓相接，向后延伸至荐部。脊髓粗细不一，颈胸部和腰荐部形成颈膨大和腰膨大。第7腰椎以后，到荐椎处，直径逐渐变细，末端细长，称为终丝，终丝可追溯到尾部。脊髓表面有许多纵沟和裂，其中最显著的是腹正中裂和背正中沟。

② 脑　猫的大脑和小脑较发达，其头盖骨和脑具有一定的形态特征，对去脑实验和其他外科手术耐受力也强。平衡感觉，反射功能发达，瞬膜反应敏锐。猫的嗅球呈卵圆形，嗅束发达。

a. 脑干：由延髓、脑桥和中脑构成。延髓呈扁平的锥形，前宽后窄，背面前部被小脑覆盖，脊髓与延髓的分界点在第1对颈神经根部的起点，但在外形上，两者的分界没有明显的标志，脑桥位于小脑的腹面，延髓和中脑之间，脑桥的最大特征是底部有大量的横行纤维；中脑包括四叠体、大脑脚和中脑导水管。

b. 小脑：小脑是由原始后脑的前部扩大面形成的。小脑在生长过程中表面形成许多皱褶，因而表面很不规则，且不同的标本皱褶形式各异。猫脑的背面观，可见小脑遮盖了中脑和脑桥，向后则覆盖延髓的较大部分。

c. 间脑：间脑的主要部分为丘脑，此外还包括视束、视交叉、漏斗、脑垂体、松果体、乳头体、第三脑室及其脉络丛。丘脑呈卵圆形，被大脑半球后面突出部分所覆盖，内侧边缘靠近中线处，其外侧端隆起形成一个尖的圆形突出物，称为外侧膝状体，与视觉有关；在它的正腹面还有一个很显著的圆形隆起即内侧膝状体，与听觉有关。

d. 大脑：由两个大脑半球和连接左右两个大脑半球的胼胝体组成。大脑半球外部的颞叶与额叶之间有一条短而深的裂隙，称为大脑外侧裂（薛氏裂）。

（2）外周神经系统

① 脑神经　12 对，结构和分布与犬的大体相似。

② 脊神经　猫的脊神经有 38 或 39 对。其中颈神经 8 对，胸神经 13 对腰神经 7 对，荐神经 3 对，尾神经 7 或 8 对。从颈膨大和腰膨大发出的脊神较其他的脊神经粗大，每个脊神经离开椎间孔后立即分为背支和腹支，背支较小，分布到背部的肌肉和皮肤；腹支较大，并由一个短的交通支与交感神经相连，分布到脊柱腹侧（包括四肢）的肌肉和皮肤，分布于四肢的腹支较其他分支大些，腹支彼此连结而形成神经丛。

③ 植物性神经

a. 交感神经：主要由脊柱腹面两侧一连串的神经节及节间支所组成，神经节通过神经纤维连接成交感干，交感干发出分支到腹部与胸部的内脏、淋巴管和血管等形成复杂的神经丛。

b. 副交感神：副交感神经是植物性神经系统的第一部分，其节后神经在邻近其所支配器官的神经节内，节后纤维很短，这一点与交感神经有显著区别。颅部副交感神经的节前神经纤维伴随于第Ⅲ、第Ⅶ、第Ⅸ和第Ⅹ对脑神经内，荐部的副交感神经形成盆神经。副交感神经的功能是扩张血管，促进唾液腺和胃液的分泌及促进胃和肠蠕动等。一般来说，副交感神经与交感神经的作用相拮抗。

知识点二　观赏鸟的解剖生理特征

【知识目标】
1. 说明观赏鸟运动系统的组成和结构特点。
2. 描述鸟内脏的形态结构和功能特征。
3. 区别循环系统、神经系统和感觉器官的特点。

【技能目标】
1. 能够找到鸟类脏器的体表投影位置。
2. 能认识鸟类各个器官的解剖结构。
3. 能灵活运用列表方式归纳观赏鸟与犬在各个系统中的不同点。

微课：鸟类各系统组成

【职业素养目标】
1. 提升分析概括能力，培养综合思维。
2. 培养爱岗敬业、正面合作及始终如一的职业价值观念。

观赏鸟是鸟类中供人观看欣赏的一部分，笼养观赏鸟类有 100 多种，主要是雀形目的鸟，供人饲育观赏。观赏鸟的活动与消化能力都较其他动物强，故热量的消耗也大。观赏鸟为适应飞翔，体内不能储存很多的饲料来慢慢消化，所以其进食与其他动物有所不同。本部分以鸽为例介绍观赏鸟的形态结构和生命活动特征。

一、观赏鸟的外形及运动被皮系统解剖结构特征

1. 外形

观赏鸟从体表大体可分为头、颈、体躯、翼、脚和尾羽等部分（图12-7）。体躯可分为胸部、

腹部、背部和腰部。头部有喙、嘴角、眼环、眼睑、额、枕、鼻孔、鼻瘤、耳羽、颌等。喙的尖端称嘴峰，头颈之间腹侧是喉，尾根背侧有尾脂腺，腹部有泄殖腔。后肢可分趾的末端是爪。

2. 骨骼

观赏鸟骨骼的强度大而重量轻。强度大是由于骨密质非常致密，含无机质钙盐较多，有的骨块合成一个整体，如颅骨、腰荐骨和盆带骨等。重量轻是由于鸟的气囊扩展到许多骨的髓腔里，取代骨髓，称为含气骨。但幼鸟的所有骨都含红骨髓。鸟的骨在生长发育过程中不形成骨骺，骨的加长主要靠端部软骨的增长和骨化。鸟类全身骨骼依其所在部位可分为躯干骨、头骨、前肢骨和后肢骨（如图 12-8）。

图 12-7 鸽体表部位名称

1—喙；2—鼻孔；3—鼻瘤；4—额；5—头顶；6—枕；
7—眼环；8—肩间；9—腰；10—翅羽；11—尾羽；
12—腹；13—小腿；14—跗关节；15—后趾；16—外趾；
17—中趾；18—内趾；19—跖部；20—鳞羽；
21—肩羽；22—胸

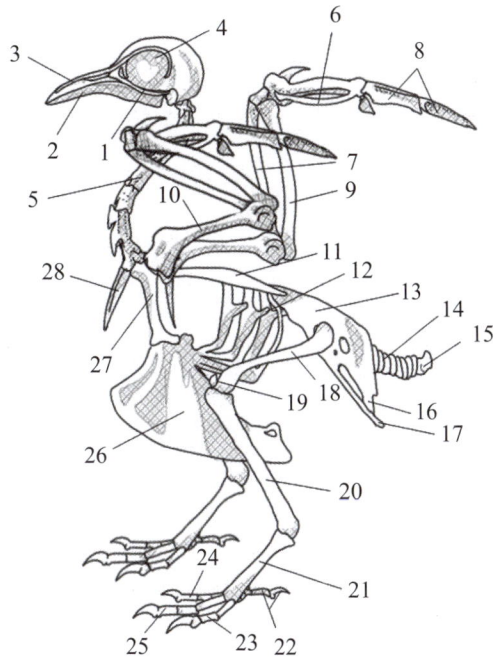

图 12-8 鸽的骨骼

1—颧骨；2—下颌骨；3—颌前骨；4—眼眶；5—颈椎；
6—掌骨；7—桡骨；8—指骨；9—尺骨；10—肱骨；
11—肩胛骨；12—椎肋骨钩突；13—髂骨；14—尾椎；
15—尾综骨；16—坐骨；17—趾骨；18—股骨；
19—膝盖骨；20—胫骨；21—跖骨；22—第1趾骨；
23—第4趾骨；24—第2趾骨；25—第3趾骨；
26—胸骨；27—乌喙骨；28—锁骨

（1）躯干骨　包括椎骨、肋和胸骨。

① 椎骨　分为颈椎、胸椎、腰荐椎和尾椎。

颈椎数目较多。胸椎愈合成一整体。全部腰椎、荐椎及部分尾椎在发育过程中愈合成一整块，称腰荐骨或综荐骨。综荐骨两侧与髂骨紧密相连而形成不活动关节。第1尾椎与荐骨愈合，第2～3尾椎游离；最后一块呈三棱形的综尾骨，是胚胎期由几个尾椎愈合而成，为尾羽和尾脂腺的支架。

② 肋　肋的对数与胸椎数目一致，第1～2对肋为浮肋，不与胸骨连接，其余每一肋又分为椎肋骨和胸肋骨两段，互相连接，二者间大致形成直角。椎肋骨与胸肋骨相接。除最前一对和最

后 2 对（鸽）肋骨外，每对肋体中部均发出一支斜向上方的钩突，覆盖后一肋骨的外面，这是鸟类的特征，对胸廓有加固作用。

③ 胸骨　胸骨非常发达，供肌肉附着，构成体腔底壁大部分的支架，腹侧面沿中线有一片纵行的胸骨嵴，又叫龙骨。

（2）头骨　观赏鸟头骨以一对大而明显的眼眶分为颅骨和面骨。其颅骨在早期已愈合为一个整体，面骨较轻，无齿。

（3）前肢骨　肩带骨包括肩胛骨、乌喙骨和锁骨。游离部为翼骨，由肱骨、前臂骨（桡骨、尺骨）和前脚骨（腕骨、掌骨和指骨）组成。平时折叠成"Z"字形贴于胸廓部。

（4）后肢骨

① 盆带骨　包括髂骨、坐骨和耻骨，三骨愈合成髋骨。其结构特点保证了站立的稳固性和运动的灵活性。发达的盆带骨与脊柱牢固连接；髋骨在骨盆腹侧相距较远而使鸟类具有开放性的骨盆。

② 游离部　包括股骨、膝盖骨、小腿骨（胫骨、腓骨）、跗骨和趾骨（4 趾）。

3. 肌肉

鸟类的肌肉系统包括横纹肌（骨骼肌）、平滑肌（内脏肌）和心脏肌。背部肌肉退化，颈部、胸部和腿部肌肉发达。胸肌分为胸大肌和胸小肌，胸肌发达，与飞翔有关，胸大肌收缩时使翼下降，胸小肌收缩时使翼上升。后肢的股部和胫部上方的肌肉很发达，这与行走和支持身体有关；栖肌、贯趾屈肌和腓骨中肌在重力的作用下拉紧，能使足趾自动握紧树枝。气管下方还有特殊的鸣管肌，可调节鸣管的形状和紧张程度，使鸟类发出多变的鸣声。

4. 被皮

观赏鸟的被皮由皮肤和皮肤衍生物组成，主要作用是保护体内的器官和组织，排泄废物及调节体温等。

（1）皮肤　观赏鸟的皮肤和其他脊椎动物一样由表皮和真皮构成，但鸟类皮肤的特点是薄、松，而且缺乏腺体。多数观赏鸟唯一的皮肤腺为尾脂腺，位于尾综骨的背侧，它能分泌油脂等以保护羽毛，并可放水，水鸟的尾脂腺特别发达。皮肤大部分有羽毛着生，称为羽区；无羽毛的部位，称为裸区。

（2）皮肤衍生物　观赏鸟的皮肤衍生物主要包括羽毛、喙、鳞片、爪、尾脂腺和头部的冠、肉髯、耳叶等。羽毛根据形态不同，可分为三类，即正羽、绒羽和纤羽。正羽也称为翔羽，覆盖在鸟类的体表，由羽轴和羽片构成；绒羽生在正羽的下面，羽轴短小，其顶端生出松软丝状的羽枝，保温性能好，水鸟尤为发达；纤羽夹杂在其他羽毛之间，长短不一，形如毛发，拔掉其他毛后才可以发现。鸟羽绚丽多彩的颜色，是由化学性的沉积和物理性的折光所产生的，羽毛颜色因性别、年龄、季节的不同而异，一般雄性、性成熟期和夏季的羽毛颜色较鲜艳。鳞片是分布在跗、趾部的高度角质化皮肤，它的形状在不同种类中有些变化，可作为分类特征之一。爪位于观赏鸟的每一个趾端，仅少数种类的翼还保留，一般呈弓形，由坚硬的背板和软角质的腹板形成。

二、观赏鸟的内脏解剖生理特征

1. 消化系统

观赏鸟的消化系统包括消化管和消化腺（图 12-9）。

（1）消化管　由喙、口咽、食管、嗉囊、胃、肠、泄殖腔组成。

① 喙　是消化道的最前端，是上、下颌周围表皮角质层增厚，角蛋白钙化而成，是鸟类的特征之一。喙的形状、结构随食性和生活方式的不同而有差异。鸟无牙齿，食物靠吞进消化道内储存和碎解。

② 口咽　口腔底部有一活动的舌，舌尖角质化，一般呈箭头形。咽不明显，位于口腔后部，有耳咽管、喉门和食管的开口。

③ 食管　较长，具有很大延展性，在胸腔前口处有膨大的嗉囊，是临时储存和软化食物之处。

④ 胃　分为两部分，腺胃和肌胃。腺胃的胃壁较薄，富有消化腺，分泌的消化液含有蛋白酶和盐酸；肌胃又称砂囊，有肌肉质的厚壁，内壁衬有一层黄色的角质层。肌胃内可借助砂砾研磨食物进行机械消化。肉食性观赏鸟的肌胃不发达。

⑤ 肠　小肠较长，在与大肠交界处有一对盲肠，杂食性鸟类很发达，具有吸收水分、分解纤维及合成和吸收维生素等功能。结、直肠很短，不储存粪便，有利于减轻飞行重量，还具有吸收水分的功能。

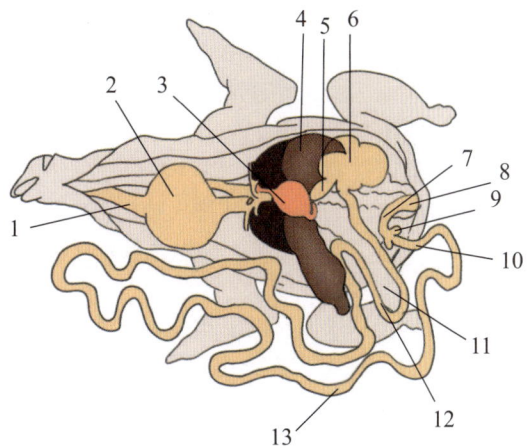

图 12-9　鸽的消化系统模式图
1—食管；2—嗉囊；3—心脏；4—肝脏；5—腺胃；
6—肌胃；7—直肠；8—泄殖腔；9—盲肠；10—回肠；
11—胰脏；12—十二指肠；13—空肠

⑥ 泄殖腔　肛门开口于此，泄殖腔的背面有一特殊的腺体，称为腔上囊，性成熟后随年龄增长而缩小，可作测定年龄的指标，它同时也具有一定的免疫功能。

（2）消化腺　主要由唾液腺、胃腺、肝脏、胰腺等组成。

① 唾液腺　主要分泌黏液润湿食物，便于吞咽，一般不含消化液。

② 肝脏　一般分两叶，右叶大于左叶，但有个体差异。右肝叶的肝管与胆囊管汇合成胆管，开口于十二指肠末端，左肝叶的肝管直接开口于十二指肠末端。

③ 胰腺　呈带状，沿着"U"形的十二指肠内弯处向两端延伸附着，通过两条或三条胰管通入十二指肠。胰液含有混合酶，包括分解蛋白、脂肪的酶。

观赏鸟消化能力强，消化过程迅速，这与其飞翔运动量大、代谢旺盛的特点相适应。

2. 呼吸系统

观赏鸟的呼吸系统包括鼻腔、喉、气管、鸣管、支气管、肺和气囊（图 12-10）。肺和气囊形成特殊的"双重呼吸"的呼吸方式。

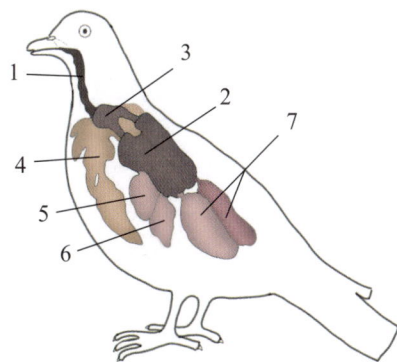

图 12-10　鸽的呼吸系统模式图
1—气管；2—肺；3—颈气囊；4—锁骨气囊；
5—胸前气囊；6—胸后气囊；7—腹气囊

（1）鼻　外鼻孔和内鼻孔各一对，外鼻孔位于喙的基部，内鼻孔通咽，咽后为喉。

（2）喉　喉门纵裂状，由一个环状软骨和一对勺状软骨支持着。

（3）气管和鸣管　喉后接气管，气管为一圆桶形长管，由许多软骨环构成架。气管进入脑腔后，在分出左右支气管交界处有一鸣管，是鸟类的发声器官。

（4）肺　弹性很小，体积不大，紧贴于体腔背部肋骨之间，由各级分支的气管形成彼此相通的网状管道系统构成。进入肺部的支气管直达肺部后，与腹气囊相连。主气管又分成中支气管，中支气管再行分出次级支气管，次级支气管再行分支，称为三级支气管。三级支气管辐射出许多细小的微气管，管壁只有单层细胞，彼此联通成网状，周围被毛细管包围。气体交换就在微支气管和毛细管间进行，其呼吸面积比其他脊椎动物大得多。

（5）气囊　共9个，均为各级气管末端膨大的薄膜，分别为颈气囊1对、锁间气囊1个、前胸气囊1对、后胸气囊1对和腹气囊1对。气囊分布于内脏器官之间，还有气囊分出的小管通入肌肉、皮下和骨腔内。鸟的呼吸过程，当吸气时，大部分新鲜空气沿初级支气管进入气囊，未经气体交换而富有氧气。一部分新鲜空气经过肺内的微支气管时，进行了一次气体交换，当呼气时，后群气囊的新鲜空气被挤入肺内的毛细管，又进行了一次气体交换。这种在吸气和呼气时，都在进行气体交换的现象，称为"双重呼吸"。

3. 泌尿系统

鸟无膀胱和尿道，泌尿器官由成对的肾和输尿管组成。

（1）肾　鸟类的肾脏相对较大，呈淡红色至红褐色，质软而脆，位于综荐骨两旁髂骨肾窝内，形狭长，可分前、中、后三部。没有肾门，肾的血管、神经和输尿管直接从表面进出，输尿管在肾内不形成肾盂或肾盏，而是分支为初级分支（约17条）和次级分支（每一初级分支上有5～6条）。肾实质由许多肾叶构成，每个肾叶又被表面的浅沟分成数个肾小叶，肾小叶形状不规则，彼此间由小叶间静脉隔开。每个肾小叶也分为皮质和髓质，但由于肾小叶的分布有浅有深，因此整个肾不能区分出皮质和髓质。

（2）输尿管　为一对细管，从肾中部走出，沿肾的腹侧面向后延伸，最后开口于泄殖道顶壁两侧。输尿管壁很薄，有时因管内尿液含有较浓的尿酸盐而呈白色。尿沿输尿管到泄殖腔与粪混合，形成浓稠灰白色的粪便一起排出体外。

（3）尿生成的特点　肾小球的有效滤过压较低；肾小管上皮细胞向小管波中分泌尿酸而不是尿素，另外，还有肌酸、马尿酸、鸟变酸、肌酐等其他有关成分；肾小管浓缩尿的能力较低，而泄殖腔却有很强的重吸收水分的能力；尿量较少，奶油色，较浓稠，呈弱酸性，pH为6.2～6.7，尿中尿酸多于尿素，肌酸多于肌酐酸。

4. 生殖系统

（1）公鸟生殖器官的形态结构　公鸟生殖器官包括睾丸、附睾、输精管和交配器官。

① 睾丸和附睾　左右对称，均呈豆形，位于腹腔内，以短的系膜悬挂在肾前部的腹侧。大小随年龄和季节而有变化。幼鸟只有米粒大，淡黄色；成鸟在生殖季节可达鸽蛋大小，颜色变白。睾丸增大主要是由于精小管的加长和增粗以及间质细胞增多。

② 输精管　是一对弯曲的细管，与输尿管并行，向后因壁内平滑肌增多而逐渐加粗，终部变直，然后略扩大成纺锤形，进入泄殖腔内，末端形成输精管乳头，突出于输尿管口外下方。输精管是精子的主要储存处，在生殖季节增长并加粗，弯曲密度也变大，此时常因储有精液而呈乳白色。

③ 交配器官　不发达，包括三个小阴基体、一对淋巴褶和一对泄殖腔旁血管体。交配射精时，外侧阴茎体因充满淋巴面勃起增大，并与正中阴茎体形成阴茎沟，插入母鸟阴道内，精液沿阴茎沟导入阴道。

（2）母鸟生殖器官形态结构　母鸟生殖器官由卵巢和输卵管组成。母鸟生殖器官仅左侧发育正常，右侧则退化。

① 卵巢　卵巢以短的系膜附着在左肾前部及肾上腺腹侧。雏鸟卵巢为扁平椭圆形，表面呈颗粒状，被覆生殖上皮，皮质内有明泡，髓质为疏松结缔组织和血管。随年龄的增长和性活动，卵泡不断发育，并突出于卵巢表面，仅以细的卵泡蒂与卵巢相连，呈葡萄状。排卵时，卵泡膜在薄弱无血管的卵泡斑处破裂，将卵子释放出。鸟卵泡没有卵泡腔和卵泡液，排卵后不形成黄体，卵泡膜于排卵2周后退化消失。鸟卵泡在发育过程中也发生大量退化和闭锁现象，较大的卵泡在萎缩时，细胞膜和卵泡膜破裂，卵黄外溢而被吸收。

② 输卵管　输卵管形态因生殖周期而具有显著的变化，产蛋期粗长而弯曲，形如肠管；停产期的输卵管萎缩。根据其构造和功能，由前向后可顺次分为漏斗、膨大部、峡、子宫和阴道五

部分。

a.漏斗：是输卵管的起始部，前端形成漏斗伞，朝向卵巢，中央有一裂缝状的输卵管腹腔口。

b.膨大部：又称蛋白分泌部，是输卵管最长和最弯曲的一段。

c.峡：膨大部以短而细的峡与子宫连接。

d.子宫：扩大成囊状，壁较厚。

e.阴道：为输卵管的末段，弯曲成"S"形，先从子宫折转向前，再折转向后，最后开口于泄殖道的左侧。

（3）生殖器官的生理功能

① 公鸟生殖生理　鸟类精子呈细长的纤维状，体积较小，精子射出后，在体外有较强的活力，对温度变化也有较宽的范围（2~34℃）。鸟类没有副性腺，其精液来源是阴茎海绵体中的淋巴滤过液和输卵管的分泌物。交配前公鸟先有求偶行为，然后公鸟的泄殖腔紧贴母鸟泄殖腔进行交配，靠精子本体的运动，一部分精子越过子宫阴道连接处，再经输卵管的运动，约在自然交配1h后可达漏斗部，该部即发生受精。

② 母鸟生殖生理　在性活动期的母鸟卵巢内，会有许多不同发育程度的卵泡，每一个卵泡中有一个卵细胞，随着卵泡的发育，卵黄物质逐渐沉积，当卵泡才成熟后，卵泡破裂，于是发生排卵。排卵以后，卵泡壁发生皱缩，最后形成瘢痕组织。母鸟排卵通常在产蛋后15~75min内发生，排出的卵细胞进入输卵管漏斗部，在此停留15~25min，进行受精，受精卵在此处被包裹上一圈卵黄；在输卵管壁肌肉的收缩作用下，下行到膨大部，并在此停留，膨大部大量的腺体分泌浓稠的胶状蛋白围绕在卵黄的四周，构成蛋的全部蛋白，然后至峡部，停留约1.25h形成内外壳膜，同时也有少量水分进入蛋白；继续下行至子宫，在子宫内停留19~20h，在壳腺细胞的作用下形成蛋壳，蛋壳的色素在子宫内最后4~5h形成。卵从卵巢排出后进入输卵管，在输卵管内约经过25h，完成蛋的形成以后产出。已形成的蛋在产出前，先在子宫内旋转180°，以钝端向后产出。蛋产出时，阴道和泄殖腔外翻，使蛋与泄殖腔直接接触，故产出的蛋表面比较干净（表12-1）。

表12-1　蛋的形成过程

部位	蛋的形成过程	需要时间	部位	蛋的形成过程	需要时间
卵巢	蛋黄	7~9h	峡部	形成壳膜	1.25h
输卵管	所有非蛋白部分	24~25h	子宫	形成蛋壳	19~20h
漏斗部	受精	15min	阴道	形成保护膜蛋的产出	1~10min
膨大部	形成蛋白	3h	—	—	—

③ 抱窝　抱窝也称就巢性，是指母鸟的母性行为，表现为愿意伏在巢中进行孵蛋并育雏，在抱窝期间产蛋停止。就巢性受激素的控制，腺垂体分泌的催乳素能引起就巢性，注射雌激素或雄激素能终止就巢性。此外，某些环境因素包括高温、黑暗，巢中蛋的积累及出现雏鸟，则有助于引起母鸟的就巢性。

三、观赏鸟的其他系统解剖生理特征

1.心血管系统

（1）血液

① 血浆　鸟类的血浆蛋白含量较哺乳动物低，血糖含量较高，非蛋白含氮物主要是氨基氮和尿酸氮，尿素氮含量很低，几乎没有肌酸。血浆中钾含量高、钠含量低。在产蛋期的母鸟血钙含量明显升高。

② 血细胞　鸟类的血细胞可分为红细胞、白细胞和凝血细胞三种。

a. 红细胞：鸟类红细胞有细胞核，呈椭圆形。红细胞的数量常因种类、性别、品种、年龄和生理状态不同而有变化。

b. 白细胞：鸟类的白细胞可分为5种类型，即异嗜性粒细胞、嗜酸性粒细胞、嗜碱性粒细胞、单核细胞和淋巴细胞，其形态、功能与哺乳动物相似。异嗜性粒细胞类似于哺乳动物的中性粒细胞。白细胞总数常因年龄、性别和不同的生理状态而异。

c. 凝血细胞：鸟类的凝血细胞形态与鸟的红细胞相似，但胞体小，有椭圆形的核，胞质内有1～3个深染的颗粒，主要参与血液凝固过程。幼鸟的凝血细胞数量高于成年鸟。

（2）心脏　鸟类心脏位于胸腔前下方，心底朝向前上方，与1～2肋骨相对；心尖向后下方，夹在肝脏的左、右叶之间，与第5～6肋骨相对。右心房有静脉窦，是左、右前腔静脉和后腔静脉的注入处；右房室瓣是一片厚的肌肉瓣，呈新月形。右心室壁内较平滑，缺少乳头肌和腱索结构。左、右肺静脉相互合成一总干进入左心房。

（3）血管

① 动脉　肺动脉干由右心室发出，在接近臂头动脉的背侧分为左、右肺动脉，进入两肺；主动脉由左心室发出，可分为升主动脉、主动脉弓和降主动脉三段，升主动脉自起始部向前弯向右上后方形成右主动脉弓，延续为降主动脉。升主动脉在半月瓣平面分出左、右冠状动脉分布于心肌。主动脉弓分出左、右臂头动脉；每一臂头动脉又分为颈总动脉和锁骨下动脉，颈总动脉沿颈腹侧中线向前到颈前端分向两侧至头部；锁骨下动脉分布到翼部。降主动脉沿胸腹腔背侧向后行，分出成对的肋间动脉和腰荐动脉以及腹腔动脉、肠系膜前动脉、肠系膜后动脉和一对肾前动脉。

② 静脉　肺静脉有左、右两支，注入左心房，全身静脉汇集成两支前腔静脉和一支后腔静脉，开口于心房的静脉窦。前腔静脉是由同侧的颈静脉和锁骨下静脉汇合形成，两颈静脉在颈部皮下沿气管两侧延伸；后腔静脉是由两髂总静脉汇合而成，髂内静脉穿行于肾后部和中部内成为肾门后静脉，与髂外静脉汇合而成髂总静脉。门静脉有左、右两干，进入肝的两叶，由肠系膜后静脉注入。肝静脉有两支，由肝的两叶走出，直接注入后腔静脉。

2. 淋巴系统

（1）淋巴管　鸟类的淋巴管较小，管内瓣膜也较少，大多数伴随血管而行；胸导管一般有一对，从骨盆沿主动脉两侧向前行，最后分别进入前腔静脉。

（2）淋巴器官

① 胸腺　位于颈部两侧皮下，呈淡黄色或淡红色，性成熟前发育至最大，此后逐渐萎缩，但常保留一些遗迹。

② 腔上囊　又称泄殖囊或法氏囊，是鸟类特有的器官，位于泄殖腔背侧，开口于肛道，圆形或长椭圆形。鸟孵出时已存在，性成熟前发育至最大，此后，退化成小的遗迹，直至完全消失。

③ 脾　较小，位于腺胃右侧，呈褐红色，圆形或三角形。

（3）淋巴组织　广泛分布于体内各器官，主要分布于实质性器官和消化管壁内；多数呈弥散性，有的呈小结状，如盲肠扁桃体和食管扁桃体。

3. 内分泌系统

（1）甲状腺　一对，呈椭圆形，暗红色，位于胸腔前口附近，气管的两侧。甲状腺的大小因鸟的品种、年龄、季节和饲料中碘的含量而有变化。甲状腺分泌甲状腺激素，主要功能是调节新陈代谢和生长发育。

（2）甲状旁腺　有两对，很小（如芝麻粒大），呈黄色或淡褐色，紧贴于甲状腺之后。甲状旁腺主细胞分泌甲状旁腺激素，主要作用是调节钙、磷代谢。

（3）鳃后腺　是一对较小的腺体。呈淡红色，位于甲状腺与甲状旁腺后方，但右鳃后腺位置变化较大。腮后腺分泌降钙素，其作用主要是抑制破骨细胞的活动，抑制骨的溶解及骨钙的释放，从而使血钙降低。

（4）肾上腺　一对，呈卵圆形或扁平的不规则形，多为乳白色、黄色或橙色，位于肾前端。

（5）垂体　呈扁平长卵圆形，位于脑的腹侧，以垂体柄与间脑相连。包括腺垂体和神经垂体。腺垂体分泌促甲肾上腺素、促肾上腺皮质激素、生长激素和促性腺激素中的卵泡刺激素，它们的生理作用与哺乳动物相似；神经垂体分泌的催产素为鸟类所特有，与繁殖有密切关系。

（6）胰岛　为胰腺的内分泌部，主要分泌胰岛素和胰高血糖素。胰岛素的作用主要是降低血糖，但鸟类对胰岛素的敏感性远比哺乳动物低；胰高血糖素能使血糖升高，鸟类胰腺中胰高血糖素含量比哺乳动物高。

（7）性腺　公鸟的睾丸产生雄激素，主要生理作用是促进雄性生殖器官发育、促进雄性第二性征的出现、维持正常的性行为并促进体内蛋白质的合成。母鸟卵巢分泌的性激素主要为雌激素和孕酮。

4. 神经系统和感觉器官

观赏鸟的神经系统比爬行动物发达，大脑、小脑和视叶发达，而嗅叶退化，脑神经有 12 对，但第 11 对的副神经不发达；视觉器官发达，眼球大，多数呈扁圆形，具有上、下眼睑和发达的瞬膜，瞬膜透明，覆盖眼球，飞行时用以保护角膜，瞳孔开大肌和瞳孔括约肌均为横纹肌，收缩迅速有力，与飞翔相适应；听觉器官较为发达，耳的结构由短的外耳、中耳和内耳组成；除少数种类外，嗅觉器官不发达。

知识点三　观赏鱼的解剖生理特征

【知识目标】
1. 描述鱼骨骼的形态特征。
2. 说明鱼内脏系统的组成、形态位置、构造特点和生理特性。
3. 解释鱼运动系统与被皮系统的形态构造特点。

【技能目标】
1. 能够标出鱼体型外貌的名称。
2. 能够识别鱼各器官名称及位置。

【职业素养目标】
提升专业技能，以期为行业发展和社会需求做好服务。

观赏鱼是典型的水生脊椎动物，品种繁多，形态多样，深受人们喜爱。按其对水温的适应性可分为热带观赏鱼、温带观赏鱼和冷水观赏鱼。常见的观赏鱼有红鲫鱼、中国金鱼、日本锦鲤、神仙鱼、龙鱼等。观赏鱼营水生生活，体形差异大；体表覆盖鳞片，体色多样；有鳍，不同的鳍在游泳时发挥着不同的作用；呼吸器官主要为鳃；多数鱼有鳔，用于调节身体比重；体温与周围水温相适应。

一、观赏鱼的外形及运动被皮系统解剖结构特征

1. 外形

观赏鱼的身体可分为头部、躯干部和尾部三部分。头部和躯干部的分界线为最后一对鳃裂

或鳃盖后缘，躯干部和尾部的分界线是肛门或泄殖腔。

观赏鱼的体形一般左右对称，常见体形有纺锤形、侧扁形、平扁形和圆筒形等，也有一些特殊的体形，如带形、箱形、球形、海马形等。其头部形态多种多样，但头部的器官却无增减。观赏鱼头部主要的器官有口、唇、须、眼、鼻、鳃裂和鳃孔、喷水孔等。口的形态随食性的不同而略有差异；眼睛一般较大，多位于头部两侧；鳍可分为奇鳍和偶鳍两大类，奇鳍位于体之正中，不成对，包括背鳍、臀鳍，偶鳍均成对存在，位于身体两侧，包括胸鳍和腹鳍（图12-11）。

2. 骨骼

根据观赏鱼骨骼的性质可分软骨鱼类和硬骨鱼类，含软骨的为软骨鱼类，含不同程度硬骨的为硬骨鱼类。观赏鱼的骨骼系统包括中轴骨和附肢骨（图12-12）。

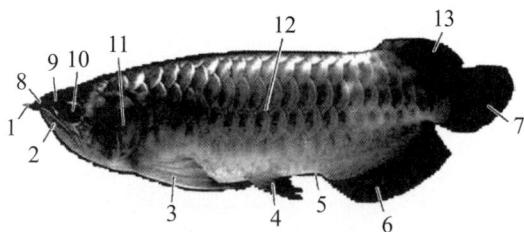

图 12-11　鱼类的体形外貌

1—须；2—下唇；3—胸鳍；4—腹鳍；5—肛门；
6—臀鳍；7—尾鳍；8—嘴；9—鼻孔；10—眼；
11—鳃盖；12—侧线器官；13—背鳍

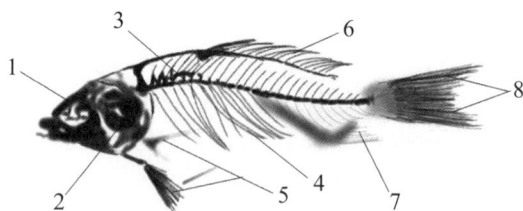

图 12-12　鱼的骨骼

1—头骨；2—鳃盖；3—脊柱；4—肋骨；5—胸鳍骨；
6—背鳍骨；7—臀鳍骨；8—尾鳍骨

（1）中轴骨　包括头骨和脊柱。

① 头骨　鱼的头骨可分为脑颅和咽颅两部分。脑颅位于整个头骨的上部，用来保护脑及嗅、视、听等感觉器官。咽颅也称脏颅，位于整个头骨的下部，呈弧状排列，包围着消化道前端（口咽腔及食管前部）的两侧。

② 脊柱　是由许多椎骨自头后一直到尾鳍基部相互衔接而成，用以支持身体和保护脊髓、主要血管等。鱼类的椎骨按其着生部位和形态的不同可以分为躯椎和尾椎两类。一个典型的躯椎是由椎体、椎弓、椎棘、椎管、椎体横突构成。尾椎与躯椎不同之处在于椎体腹面具有脉弓和脉棘，脉弓有血管通过，没有肋骨。

（2）附肢骨　包括鳍骨和带骨。

① 鳍骨　分为偶鳍骨（胸鳍和腹鳍）和奇鳍骨（背鳍、臀鳍）。偶鳍骨在软骨鱼类由基鳍骨、辐鳍骨和角质鳍条组成。硬骨鱼类的偶鳍骨简化，留有辐鳍骨和鳞质鳍条。

② 带骨　分为肩带和腰带，连接胸鳍为肩带，连接腹鳍为腰带。

3. 肌肉

观赏鱼的肌肉一般也是由横纹肌、平滑肌和心肌组成，但具有一些分节现象，躯干和尾部的肌肉也由一系列的肌节组成，肌节间有肌隔。这种排列有利于鱼类在水中进行左右屈伸运动。体壁肌肉产生了起于脊柱止于皮肤侧线位置的水平生骨隔，把肌肉分为背方的轴上肌和腹方的轴下肌。有些观赏鱼的肌肉转化为发电器官，放电功能可用于攻击、防卫和定位等。

4. 被皮系统

鱼类的皮肤由表皮和真皮构成，两者均含有多层细胞。皮下疏松结缔组织少，因而皮肤与肌肉连接紧密。皮肤的衍生物有黏液腺、鳞片和色素细胞。黏液腺由表皮衍生而来，分泌黏液以保护和润滑表皮，可防止微生物入侵和减少游泳时的阻力。鳞片是一种保护性结构，大多数鱼类的体表覆盖鳞片，根据鳞片的外形、构造和发生上的特点可分为盾鳞、硬鳞和骨鳞。其中骨鳞表面有很多同心环纹，称为年轮，据此可推算鱼的年龄。一些观赏鱼身体两侧被侧线孔所穿过的鳞片称为侧线鳞（图12-13）。鳞片的排列方式和数目因种而异，是分类的依据之一，用鳞式表示如下：

侧线鳞数＝侧线上鳞数／侧线下鳞数。

图12-13　鱼鳞位置
1—侧线鳞；2—侧线上鳞；3—侧线下鳞

二、观赏鱼的内脏解剖生理特征

1. 消化系统

鱼类的消化系统包括消化道和消化腺两部分。消化道分为口腔、咽、食管、胃、肠、泄殖腔（软骨鱼类）或肛门（硬骨鱼类）（图12-14）。消化腺主要是肝脏和胰脏。

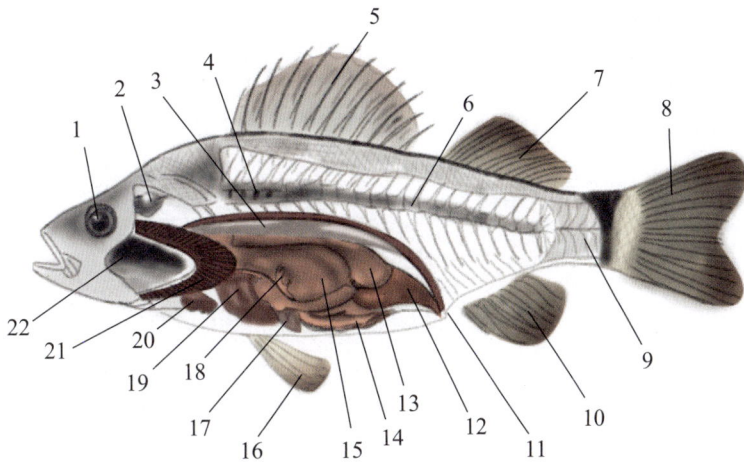

图12-14　鱼的内脏器官
1—眼；2—脑；3—肾；4—神经索；5、7—背鳍；6—脊椎；8—尾鳍；9—肌节；10—臀鳍；11—肛门；12—生殖腺；13—鳔；14—肠；15—胃；16—胸鳍；17—脾；18—幽门盲囊；19—肝脏；20—心脏；21—鳃耙；22—口咽腔

（1）口腔　口腔由上、下颌围绕而成。牙齿有捕捉和咬住食物的作用，无咀嚼功能。牙齿的形状多样，与食性有关，肉食性鱼牙齿较尖；草食性鱼咽喉齿有突起以切割水草。

（2）咽、食管　口腔与咽无明显界线，食管也很短，胃紧接食管后面。

（3）胃　草食性和杂食性观赏鱼的胃分化不明显，但肠管较长。肉食性鱼不仅有胃，有些硬骨鱼在胃与肠交界处还生有幽门盲囊的突起。其组织结构与肠壁组织相似，其作用一般认为是用来扩充肠道的吸收面积，同时又能分泌与肠壁相同的分泌物。幽门盲囊均开口于小肠。幽门盲囊的数目可作分类的依据之一。

（4）肠　观赏鱼的肠的分化多数不明显，但也可以被分为小肠和大肠两部分，小肠又可分为十二指肠和回肠，大肠可分为结肠和直肠。

（5）泄殖腔或肛门　软骨鱼的直肠开口于泄殖腔，泄殖腔是直肠末端膨大而成，输尿管和生殖管均开口于此腔；而硬骨鱼的直肠末端有独立开口的肛门。

（6）消化腺　观赏鱼的消化腺主要有肝脏和胰腺。肝脏是鱼体内最大的消化腺，一般为黄色、黄褐色，大多数鱼类的肝脏分为两叶，有些硬骨鱼类的肝呈三叶或不分叶。有些种类的观赏鱼，如板鳃类的胰脏很发达，呈单叶或双叶，明显与肝脏分离，位于胃的末端与肠的相接处；硬骨鱼类的胰脏，大多数为弥散腺体，部分或全部埋在肝脏中，如真鲷、黑鲷、海龙等。

2. 呼吸系统

水生脊椎动物呼吸系统的形态与高等动物几乎完全不同，主要是鳃和鳔。

（1）鳃 是观赏鱼的主要呼吸器官。软骨鱼的鳃较原始，鳃裂直接通向体外，保留了鳃裂之间的鳃间隔，其前后表面各衍生出一个半鳃，两个半鳃称为全鳃，每侧有 4 个全鳃和 1 个半鳃共 9 个半鳃。硬骨鱼的鳃裂在外侧有鳃盖保护，鳃间隔已退化，在咽部每侧有 4 个全鳃，每个全鳃由 2 列鳃丝（2 个鳃瓣）构成，鳃丝上布满毛细血管（图 12-15）。鳃瓣生在鳃弓上，鳃弓内侧生有鳃耙，是滤食器官。第五对鳃弓无鳃而生有咽喉齿。

（2）鳔 大多数观赏鱼有鳔，是位于体腔背方的长形薄囊，鳔一般分两室，内含空气。鳔的功能主要是调节鱼体比重，来实现鱼在水中的升降（图 12-16）。

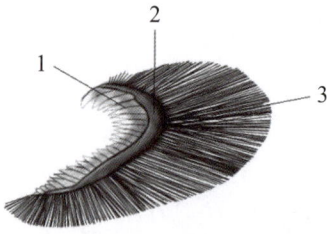

图 12-15 硬骨鱼鳃的结构
1—鳃耙；2—鳃弓；3—鳃丝

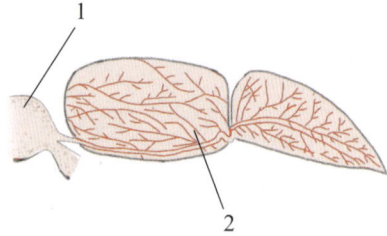

图 12-16 鱼的鳔
1—食管；2—鳔管

3. 泌尿系统

观赏鱼的泌尿系统由肾脏、输尿管、膀胱、尿道等部分组成（图 12-17）。肾脏位于体腔背壁，常为暗红色的狭长状，腹面有输尿管。硬骨鱼的两条输尿管末端合并，稍为膨大形成膀胱。肾脏除了泌尿功能外，还可以调节体内渗透压，保持盐分、水分平衡。

4. 生殖系统

（1）雄性生殖系统 鱼类的生殖器官由生殖腺和生殖导管共同组成。生殖腺由系膜悬系于腹腔的背壁、消化道的两侧。生殖细胞在生殖腺内发育成熟并经生殖导管排出体外，在体外水环境中完成受精过程。少数体内受精的种类，其雄性个体有能将成熟的精子输入雌鱼生殖导管内的交接器。

① 精巢 精巢是产生精子的器官，大多成对，未成熟时颜色微红，成熟时呈乳白色，表面光滑细腻。精巢多为长带状，根据内部构造，鱼类的精巢可以分为壶腹型精巢和辐射型精巢 2 种类型。

a. 壶腹型精巢：又称草莓型精巢，由许多草莓状的壶腹（滤泡）组成，这些壶腹不规则地充满精巢内部，精子的发育和成熟就在壶腹中进行。精巢的背侧有输精管，成熟时，壶腹彼此融合，壶腹与输精管之间出现孔洞，以便输送精子到体外。金鱼、锦鲤和孔雀鱼等鱼类的精巢属此类型。

b. 辐射型精巢：其中的精子成熟于呈辐射排列的叶片中，叶片壁由精巢膜构成。整个精巢的一侧具有纵裂状的凹穴，底部有输出管。

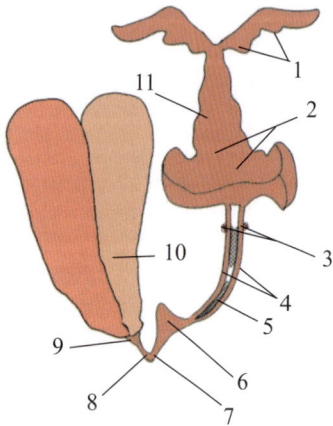

图 12-17 雌性鲤鱼泌尿生殖系统
1—头肾；2—肾脏中部；3—肾上腺；4—输尿管；5—余肾；6—膀胱；7—泄殖孔；8—泄殖窦；9—生殖腺导管；10—卵巢；11—肾脏前部

② 输精管 绝大多数观赏鱼的输精管前连精巢，后端朝向体外的开口有两种情况，一种是与输尿管汇合成的尿殖孔；另一种是独立开口于体表。

（2）雌性生殖系统

① 卵巢 卵巢是雌性鱼类的生殖腺，也称为性腺，是卵子发生、发育和储存的器官。鱼类的卵巢多数是成对的，在鱼体的左、右两侧各有 1 个，少数种类有两侧合一或一侧退化的现象。性腺在未发育成熟时呈半透明的条状，成熟时则呈长囊状，颜色多为黄色，也有的种类因卵的颜色不同而呈现其他色泽。鱼类的卵巢根据外包膜性质及有无与卵巢相通的输卵管等特点，可分为游离卵巢和封闭卵巢两种类型。

a. 游离卵巢：又称裸卵巢，卵巢外不被腹膜形成的卵巢囊所包围。这种卵巢一般不与输卵管直接相连，卵粒成熟后先排入腹腔中，再经过输卵管腹腔口进入输卵管，鲨、鳐、鲟、肺鱼、七鳃鳗等的卵巢属于此类。具有游离卵巢的鱼类，很难通过外部挤压的方式将游离到腹腔中的成熟卵粒挤出，在进行人工繁殖，尤其是人工授精时不易获得成功。

b. 封闭卵巢：又称被卵巢，卵巢被腹膜所形成的卵巢囊所包围，卵巢囊上有环毛纵肌，收缩时可排卵。成熟后的卵子一般不排到体腔中，而直接进入卵巢腔内，卵巢囊后部变狭成为输卵管，与体外相通。封闭卵巢属于高级类型的卵巢结构，绝大多数观赏鱼类的卵巢都属于此类型。

② 输卵管 除少数鱼类外，大多数鱼类具有输卵管。输卵管有各种不同类型，绝大多数鱼类的输卵管是由卵巢囊后部变细形成的短管，末端与输尿管汇合，以尿殖孔开口于体外。有些鱼的腹部可见肛门和尿殖孔 2 个开口，如锦鲤等。少数鱼类输卵管与输尿管各自开口于体外，腹部从前到后可见肛门、生殖孔和泌尿孔 3 个开口，如丽鱼科的罗非鱼。

（3）生殖开孔 鱼类的生殖导管向体外的开口称生殖开孔，在不同种类或雌、雄个体间存在差异。

① 生殖孔 生殖导管单独开口于体外的孔，就是生殖孔。许多鱼类的雌性以及某些鱼类的雌、雄两性都以这种方式开口，这类鱼在臀鳍前面有 3 个开孔，由前向后依次为肛门、生殖孔和泌尿孔。

② 尿殖孔 尿殖孔是输尿管与生殖导管的共同开孔，以此开孔的鱼类臀鳍前只有 2 个开孔，由前向后依次为肛门和尿殖孔。

（4）鱼类的产卵和排精 在繁殖期，当鱼类的性腺发育成熟后，会出现雄鱼追逐雌鱼的兴奋现象，称之为发情。发情达到高峰时，往往雄鱼头顶雌鱼腹部，使雌鱼侧卧水面，腹部和尾部激烈收缩运动，卵球由生殖孔一涌而出，同时雄鱼紧贴雌鱼腹部而排精。有时可看到雌鱼和雄鱼扭在一起产卵、排精。一般雌鱼开始产卵后，每隔几分钟到几十分钟产卵一次，雄鱼同时排精，需经过一段时间才能完成产卵和排精过程。整个产卵、排精过程持续时间的长短随鱼的种类、生态条件等而有差异。

三、观赏鱼的其他系统解剖生理特征

1. 循环系统

循环系统主要包括心脏、动脉和静脉。

（1）心脏 鱼的心脏有心包包围，位于体腔前端，接近头部，腹面有肩带保护。心脏为一心房一心室的两腔心脏，心室前端有动脉圆锥（软骨鱼类）或动脉球（硬骨鱼类），心房后面连接静脉窦，窦房间、房室间和动脉圆锥内有瓣膜，可防止血液倒流。心房壁薄，心室壁厚，心脏具有自动的节律性收缩和舒张，保证血液连续压出和流入心脏，使血液不断循环。

（2）动脉 从心室的动脉圆锥或动脉球流出而进入腹主动脉，然后流出 5 对或 1 对入腮动脉。在鳃获得氧气后于背部汇合为一条背主动脉，再分支到身体各部和内脏器官。

（3）静脉 一般由一对前主静脉、一对下颈静脉、一对侧腹静脉、后主静脉、肝门静脉和肾门静脉构成。但硬骨鱼无侧腹静脉。

2. 神经系统和感觉器官

观赏鱼有明显五部分的脑和适应水生生活的感觉器官。

（1）神经系统　脑由大脑、间脑、中脑、小脑和延脑五部分构成。大脑的主要功能是嗅觉；间脑有探测水深和影响观赏鱼色素细胞的功能；中脑为视觉中枢；小脑主要调节运动；延脑为脑的最后部分，有多种神经中枢，重要的有听觉、侧线感觉中枢和呼吸中枢。

（2）感觉器官　鱼类的感觉器官具有适应水生生活的结构和功能。

① 侧线器官　分布于鱼的头部和躯干部两侧，侧线的重要功能是感觉水流。软骨鱼的头部侧线还有感觉水压、水温和电压的功能。

② 视觉器官　观赏鱼的角膜扁平而靠近晶状体，适于近视。观赏鱼没有防干燥的眼睑和泪腺。

③ 平衡觉和听觉器官　观赏鱼的听觉器官只有内耳，没有中耳和外耳。内耳主要功能是平衡作用，其次是听觉。

④ 嗅觉器官　观赏鱼的嗅觉器官是一对内陷的嗅囊，由大量嗅觉上皮组成。

知识点四　宠物鼠的解剖生理特征

【知识目标】

1. 描述鼠骨骼的形态特征。
2. 说明鼠内脏的形态结构、位置及功能特征。
3. 归纳常见宠物鼠运动系统与被皮系统的形态构造特点。

【技能目标】

1. 能够在模式图中标出宠物鼠的各系统的名称
2. 能够阐述物鼠的各系统功能。

【职业素养目标】

培养不断拓展专业知识的求知态度，提升追求突破、精益求精的职业品质。

宠物鼠种类较多，主要有仓鼠科、豚鼠科、松鼠科和绒鼠科等，主要品种有豚鼠、黄金鼠、通心粉鼠、花鼠、毛丝鼠和仓鼠等。下面以豚鼠为例来介绍其解剖生理特征。豚鼠又名天竺鼠、海猪、荷兰猪等，属哺乳纲，啮齿目，豚鼠科、豚鼠属。豚鼠为草食动物，喜食纤维素较多的禾本科嫩草，性情温顺，胆小易惊，喜欢安静、干燥、清洁的环境。豚鼠有结群而居的特性。

一、宠物鼠的外形与骨骼

1. 外形

豚鼠体形粗短、身圆、颈部和四肢较短，全身被毛，前肢有四趾，后肢有三趾，趾端有尖锐的短爪（图 12-18）。

2. 骨骼

豚鼠的骨骼系统由头骨、躯干骨和四肢骨组成。

（1）头骨　由颅骨、面骨组成。头骨多为板状扁骨，数量较多，构成脑颅和面颅两部分。

（2）躯干骨　由脊柱、胸骨、肋骨组成。脊柱由颈椎、胸椎、腰椎、荐椎、尾椎组成。其中颈椎 7 块、胸椎 13 块、

图 12-18　豚鼠

腰椎6块、荐椎4块、尾椎6块。肋骨13对，其中真肋6对，假肋3对，浮肋4对。胸椎、肋骨、胸骨间关节、韧带等连接起来围成胸廓。

（3）四肢骨　由前肢骨和后肢骨组成。前肢骨主要有肩胛骨、锁骨、上臂骨、前臂骨、前脚骨；后肢骨主要有髋骨、大腿骨（股骨）、小腿骨及后脚骨。

二、宠物鼠的内脏解剖生理特征

1. 消化系统

豚鼠的消化系统由消化管和消化腺组成。

（1）消化器官　主要由口腔、咽、食管、胃、小肠和大肠组成。豚鼠口腔内有齿，各种齿的数量为切齿4个、前臼齿4个、臼齿12个。消化管管壁较薄，胃黏膜呈襞状，胃容量为20～30mL；肠管较长，约为体长的10倍，其中小肠最长，盲肠发达，约占腹腔的三分之一。

（2）消化腺　主要由唾液腺、肝脏和胰脏组成。

① 肝脏　呈深红色，光滑、坚实而脆，由5个肝叶组成，分为外侧的左叶、外侧右叶、内侧左叶、内侧右叶和尾状叶。胆囊位于胆囊窝内，胆管长约10cm。

② 胰脏　呈乳白色，片状，位于十二指肠弯曲部的肠系膜上，紧贴胃大弯，可分为体部和左右两叶。其分泌的胰液经胰腺管流入十二指肠内，可帮助消化。

2. 呼吸系统

豚鼠的呼吸系统主要器官由鼻、咽、喉、气管和肺脏组成。豚鼠的气管腺不发达，仅在喉部有气管腺，支气管以下无气管腺。豚鼠的肺呈粉红色，位于胸腔内，可分为7个肺叶，右肺4叶，分别是右前叶、右中叶、右后叶及副叶；左叶分3叶，分别是左前叶、左中叶、左后叶。肺组织中淋巴组织特别丰富。

3. 泌尿生殖系统

（1）肾脏　左、右各一个，形如蚕豆，表面光滑，呈棕红色，位于腹腔前部背侧，左、右肾脏不对称。肾上腺位于肾脏的顶端，呈土黄色。

（2）雌性生殖系统　主要器官有卵巢、输卵管、子宫、阴道、外阴等。卵巢呈卵圆形，位于肾的后端。雌鼠有左、右两个完全分开的子宫角，具有无孔的阴道闭合膜。

（3）雄性生殖系统　主要器官有睾丸、附睾、阴囊、输精管、副性腺和阴茎。

① 睾丸　左右各一个，椭圆形，位于腹腔内骨盆腔两侧突出的阴囊血管非常发达。出生后睾丸并不下降到阴囊内，但通过腹壁可以触摸到。

② 附睾　由许多弯曲回旋的细管组成，附睾与左右输精管相连，汇合开口于尿道基部。

③ 副性腺　由前列腺、尿道球腺和精囊等组成，有分泌精清、稀释精液的作用。

④ 阴茎　阴茎端有两个特殊的呈圆锥形的角形物。用手指压迫包皮的前面能将阴茎挤出，包皮的尾侧是会阴囊孔。

三、宠物鼠的其他系统解剖生理特征

1. 循环系统

豚鼠循环系统可分为血液循环系统和淋巴循环系统。豚鼠的血液循环系统为完全双循环，心脏位于胸腔前中央，分为左心房、左心室、右心房和右心室四腔。豚鼠的淋巴循环系统较发达。

2. 免疫系统

琢鼠的免疫系统是由胸腺、脾、淋巴结和淋巴管等组成的。胸腺为两个光亮淡黄色、细长成椭圆形的腺体，位于颈部淋巴结的下方。脾脏呈扁平长圆，位于胃大弯侧。

3. 神经系统

豚鼠的神经系统在啮齿类动物中属于较发达的，它的大脑半球只有原始的深沟和神经，属于平滑脑组织。

4. 生理指标

豚鼠的正常生理常数：体温为 37.8～39.5℃，呼吸次数为 69～104 次 /min，心率约 360 次 /min。

📖 目标检测

1. 与犬对比总结猫运动系统的特点，按系统总结猫的哪些内脏器官解剖结构与犬不同。

2. 结合犬的骨骼特征，利用表格对比鸟类与犬骨骼的不同点。

3. 列表对比鸟类与犬的消化系统的形态结构和生理功能。

4. 阐述鸟类呼吸系统由哪些器官组成及其各个器官的功能。

5. 完成《宠物解剖生理填充图谱》中模块十二内容。

在线答题

参考文献

[1] 曲强. 动物解剖生理 [M]. 2 版. 北京：中国农业大学出版社，2025.

[2] 霍军，曲强. 宠物解剖生理 [M]. 北京：化学工业出版社，2011.

[3] 韩行敏. 宠物解剖生理 [M]. 北京：中国轻工业出版社，2012.

[4] 李静. 宠物解剖生理 [M]. 北京：中国农业出版社，2007.

[5] 王太一，韩子玉. 实验动物解剖图谱. 沈阳：辽宁美术出版社，2000.

[6] Robert A.Kainer，Thomas O.McCracken. 犬解剖填色图谱 [M]. 常建宇，韦铮，李滢，等译. 北京：中国农业大学出版社，2017.

[7] 梁书文，张卫宪. 宠物繁殖 [M]. 北京：中国农业科学技术出版社，2008.

[8] 杨万郊，张似青. 宠物繁殖与育种 [M]. 北京：中国农业出版社，2007.

[9] 安铁洙，谭建华，韦旭斌. 犬解剖学 [M]. 长春：吉林科学技术出版社，2003.

[10] 张春光. 宠物解剖 [M]. 北京：中国农业大学出版社，2007.

[11] 尹秀玲，肖尚修. 动物生理 [M]. 北京：化学工业出版社，2009.

[12] 李育良. 犬体解剖学 [M]. 西安：陕西科学技术出版社，1995.

[13] 陈杰. 家畜生理学 [M]. 4 版. 北京：中国农业出版社，2003.

[14] 董常生. 家畜解剖学 [M]. 5 版. 北京：中国农业出版社，2015.

[15] 陈耀星. 畜禽解剖学 [M]. 4 版. 北京：中国农业大学出版社，2022.

[16] 姚泰. 生理学 [M]. 2 版. 北京：人民卫生出版社，2010.

[17] 柏树令，应大君. 系统解剖学 [M]. 9 版. 北京：人民卫生出版社，2018.

[18] 南京农业大学. 家畜生理学 [M]. 3 版. 北京：中国农业出版社，2009.

[19] 小野宪一郎，今井壮一，多川正弘，等. 犬病图解 [M]. 黄治国，张素芳，译. 南京：江苏科学技术出版社，2004.

[20] 塞普提摩斯·谢逊. 家畜解剖学 [M]. 张鹤宇，林大诚，孔繁瑶，等译. 北京：科学出版社，1962.

[21] 马仲华. 家畜解剖学及组织胚胎学 [M]. 3 版. 北京：中国农业出版社，2002.

[22] 周冬根，胡丽华. 生理学 [M]. 杭州：浙江大学出版社，2014.